软件工程系列教材

面向对象技术 UML 教程

王少锋 编著

清华大学出版社
北京

内 容 简 介

本书主要介绍统一建模语言 UML 及其应用。全书内容丰富,包括 UML 的用例图、顺序图、协作图、类图、对象图、状态图、活动图、构件图和部署图等 9 个图中所涉及的术语、规则和应用,以及数据建模、OCL、业务建模、Web 建模、设计模式、OO 实现语言、RUP 等方面的内容,同时介绍了 Rose 开发工具中的一些用法。本书最后是一个课程注册系统的实例研究,以及一些思考题和设计题。附录中是两套模拟试题及答案,模拟试题中的题目可以作为 UML 应用的实例,完成这些练习题可以使读者加深对 UML 的认识。

本书可作为大专院校计算机软件专业研究生和高年级本科生学习 UML 和面向对象技术的教材,也可作为广大软件开发人员自学 UML 和面向对象技术的参考书。

本书封面贴有清华大学出版社防伪标签,无标签者不得销售。
版权所有,侵权必究。举报:010-62782989,beiqinquan@tup.tsinghua.edu.cn。

图书在版编目(CIP)数据

面向对象技术 UML 教程/王少锋编著. ―北京:清华大学出版社,2004.1(2021.8重印)
(软件工程系列教材)
ISBN 978-7-302-07740-4

Ⅰ.①面… Ⅱ.①王… Ⅲ.①面向对象语言,UML-程序设计-教材 Ⅳ.①TP312

中国版本图书馆 CIP 数据核字(2003)第 112445 号

责任编辑:龙啟铭
责任印制:杨 艳

出版发行:清华大学出版社
网　　址:http://www.tup.com.cn,http://www.wqbook.com
地　　址:北京清华大学学研大厦 A 座　　邮　编:100084
社 总 机:010-62770175　　邮　购:010-83470235
投稿与读者服务:010-62776969,c-service@tup.tsinghua.edu.cn
质 量 反 馈:010-62772015,zhiliang@tup.tsinghua.edu.cn

印 装 者:三河市铭诚印务有限公司
经　　销:全国新华书店
开　　本:185mm×260mm　　印　张:17.5　　字　数:399 千字
印　　次:2021 年 8 月第 24 次印刷
定　　价:26.00 元

产品编号:009977-02/TP

前 言

本书以介绍面向对象的统一建模语言 UML 为主，目的是使读者了解面向对象技术的基本概念，掌握面向对象的分析和设计方法，以及与面向对象技术相关的一些软件开发技术，同时掌握在 Rose 环境下用 UML 进行分析和设计的技术。

UML 是由著名的面向对象技术专家 Grady Booch、James Rumbaugh 和 Ivar Jacobson 在各自方法的基础上，汲取其他面向对象方法的优点，广泛征求意见，几经修改完成的一种建模语言。UML 是一种定义良好、易于表达、功能强大且适用于各种应用领域的建模语言，已被 OMG 采纳为标准，目前 UML 已成为面向对象技术领域内占主导地位的标准建模语言。掌握 UML 语言，不仅有助于理解面向对象的分析与设计方法，也有助于对软件开发全过程的理解。

本书包括 19 章的内容及附录。第 1 章面向对象技术概述主要是对所涉及的软件工程中一些知识点的回顾；第 2 章是 UML 概述，目的是让读者对 UML 有一个总体的印象；第 3 章讲述用例和用例图，用例是 UML 中一个非常重要的概念，用例驱动的软件开发方法已得到广泛的认同；第 4 章讲述 UML 的动态建模机制中所用到的两个图，即顺序图和协作图；第 5 章讲述类图和对象图，UML 中的类图具有很充分的表达能力和丰富的语义，是建模时非常重要的图；第 6 章讲述数据建模的概念，任何稍具规模的系统都会涉及数据库设计的问题，数据建模可以看作类图的一个应用；第 7 章讲述 UML 中的包，包是一种很有用的建模机制，除了在 OO 分析设计中对建模元素进行分组外，在数据建模、Web 建模、支持团队开发等方面有不可替代的作用；第 8 章讲述状态图和活动图，状态图和活动图都用于对系统的动态行为建模；第 9 章和第 10 章分别讲述 UML 中对 OO 系统的物理方面建模的两个图，即构件图和部署图；第 11 章讲述对象约束语言 OCL，OCL 已成为 UML 规范说明的一部分，它可以表示施加于模型元素本身或模型元素的属性、操作等的约束条件，用于表示一些用图形符号很难表示的细微的意义；第 12 章讲述业务建模，对一个机构的业务过程进行建模可以更好地理解、分析、改善和替换机构中的业务过程，同时也可以作为软件系统开发的基础，使得软件系统能更好地支持机构中的业务过程，可以把业务建模看作 UML 的一个具体应用；第 13 章讲述 Web 建模，主要介绍如何用 UML 中的扩展机制对 Web 应用系统建模；第 14 章讲述设计模式，在软件设计过程中，设计模式的作用非常大，本章介绍了 3 个设计模式，可使读者对设计模式有一定的了解；第 15 章讲述面向对象的实现技术，主要介绍一些对 OO 技术影响比较大、或本身很有特色的 OO 语言；第 16 章讲述 RUP 软件开发过程，UML 是一个建模语言，它需要在具体的软件开发过程中使用，RUP 总结了一些好的开发经验，学习 RUP 有助于理解软件开发过程；第 17 章讲述与 UML 有关的一些开发工具及其使用；第 18 章是一个课程注册系统的例子，本章对这个例子的模型内部结构做了分析；第 19 章是一些综合练习。书末附录是两套模拟试题及答案，对于部分答案给出了解释，模拟试题中的一些题目可以作为UML应用的实例,完成这些题目会使读者加深对UML的认识。

  本书的主要内容曾作为清华大学计算机系研究生(一届)和软件学院研究生(三届)"面向对象技术与应用"课程的讲义,本书是在讲义的基础上做了进一步的丰富和完善后完成的,希望本书能够帮助读者全面、细致地了解UML及其应用。在写作过程中,作者对书中的内容反复多次修改,以求尽量减少错误,但由于时间关系,加之UML涉及的内容非常广泛,在编写过程中难免会有各种错误和疏漏,敬请广大读者批评指正。作者E-mail信箱为:wang_shaofeng@sina.com。

王少锋
于清华大学

目 录

第 1 章 面向对象技术概述 ······ 1
1.1 软件危机及软件工程 ······ 1
1.2 对软件开发的基本认识 ······ 2
1.3 软件的固有复杂性 ······ 3
1.4 控制软件复杂性的基本方法 ······ 4
1.5 面向对象技术 ······ 5
1.6 面向对象领域中的基本概念 ······ 6
    1.6.1 对象和实例 ······ 7
    1.6.2 类 ······ 7
    1.6.3 封装 ······ 7
    1.6.4 继承 ······ 7
    1.6.5 多态 ······ 9
    1.6.6 消息 ······ 10
1.7 小结 ······ 10

第 2 章 UML 概述 ······ 11
2.1 为什么要学习 UML ······ 11
2.2 UML 的历史 ······ 12
2.3 UML 的特点 ······ 14
2.4 UML 的构成 ······ 14
2.5 UML 中的视图 ······ 16
2.6 UML 的应用领域 ······ 17
2.7 支持 UML 的工具 ······ 17
2.8 一个 UML 的例子 ······ 18
2.9 小结 ······ 20

第 3 章 用例和用例图 ······ 21
3.1 用例 ······ 21
3.2 参与者 ······ 24
3.3 脚本 ······ 25
3.4 用例间的关系 ······ 25
    3.4.1 泛化关系 ······ 25
    3.4.2 包含关系 ······ 25

3.4.3　扩展关系 ·· 26
　　　3.4.4　用例的泛化、包含、扩展关系的比较 ································ 27
　3.5　用例图 ·· 28
　3.6　用例的描述 ·· 29
　3.7　寻找用例的方法 ·· 34
　3.8　常见问题分析 ··· 35
　3.9　小结 ··· 36

第4章　顺序图和协作图 ··· 37
　4.1　交互图概述 ·· 37
　4.2　顺序图 ·· 37
　4.3　顺序图中的消息 ·· 38
　　　4.3.1　调用消息 ·· 39
　　　4.3.2　异步消息 ·· 39
　　　4.3.3　返回消息 ·· 39
　　　4.3.4　阻止消息和超时消息 ··· 40
　　　4.3.5　消息的语法格式 ··· 40
　4.4　建立顺序图的步骤 ··· 41
　4.5　协作图 ·· 42
　4.6　建立协作图的步骤 ··· 43
　4.7　顺序图和协作图的比较 ·· 43
　4.8　工具支持 ··· 43
　4.9　常见问题分析 ··· 44
　4.10　小结 ·· 46

第5章　类图和对象图 ·· 48
　5.1　类的定义 ··· 48
　　　5.1.1　类的属性 ·· 48
　　　5.1.2　类的操作 ·· 49
　5.2　类之间的关系 ··· 50
　　　5.2.1　关联 ·· 50
　　　5.2.2　聚集和组合 ··· 56
　　　5.2.3　泛化关系 ·· 57
　　　5.2.4　依赖关系 ·· 57
　5.3　派生属性和派生关联 ··· 58
　5.4　抽象类和接口 ··· 58
　5.5　版型 ··· 59
　5.6　边界类、控制类和实体类 ··· 60
　　　5.6.1　边界类 ··· 60

5.6.2　实体类 …………………………………………………… 61
　　　5.6.3　控制类 …………………………………………………… 61
　5.7　类图 ……………………………………………………………… 62
　　　5.7.1　类图的抽象层次 …………………………………………… 62
　　　5.7.2　构造类图 …………………………………………………… 63
　5.8　领域分析 …………………………………………………………… 64
　5.9　OO 设计的原则 …………………………………………………… 65
　　　5.9.1　开闭原则 …………………………………………………… 65
　　　5.9.2　Liskov 替换原则 …………………………………………… 66
　　　5.9.3　依赖倒置原则 ……………………………………………… 66
　　　5.9.4　接口分离原则 ……………………………………………… 67
　5.10　对象图 …………………………………………………………… 69
　5.11　小结 ……………………………………………………………… 70

第 6 章　数据建模 …………………………………………………… 72
　6.1　数据建模概述 ……………………………………………………… 72
　6.2　数据库设计的基本过程 …………………………………………… 72
　6.3　数据库设计的步骤 ………………………………………………… 73
　6.4　对象模型和数据模型的相互转换 ………………………………… 80
　　　6.4.1　对象模型转换为数据模型 ………………………………… 80
　　　6.4.2　数据模型转换为对象模型 ………………………………… 83
　6.5　小结 ………………………………………………………………… 85

第 7 章　包 …………………………………………………………… 86
　7.1　包的基本概念 ……………………………………………………… 86
　7.2　设计包的原则 ……………………………………………………… 87
　　　7.2.1　重用等价原则 ……………………………………………… 88
　　　7.2.2　共同闭包原则 ……………………………………………… 88
　　　7.2.3　共同重用原则 ……………………………………………… 88
　　　7.2.4　非循环依赖原则 …………………………………………… 89
　7.3　包的应用 …………………………………………………………… 89
　7.4　小结 ………………………………………………………………… 89

第 8 章　状态图和活动图 …………………………………………… 90
　8.1　什么是状态图 ……………………………………………………… 90
　8.2　状态图中的基本概念 ……………………………………………… 91
　　　8.2.1　状态 ………………………………………………………… 91
　　　8.2.2　组合状态和子状态 ………………………………………… 91
　　　8.2.3　历史状态 …………………………………………………… 93

    8.2.4 转移 ··· 93
    8.2.5 事件 ··· 94
    8.2.6 动作 ··· 96
  8.3 状态图的工具支持 ··· 96
  8.4 什么是活动图 ··· 97
  8.5 活动图中的基本概念 ··· 98
    8.5.1 活动 ··· 98
    8.5.2 泳道 ··· 98
    8.5.3 分支 ··· 99
    8.5.4 分叉和汇合 ··· 99
    8.5.5 对象流 ··· 100
  8.6 活动图的用途 ··· 100
  8.7 活动图的工具支持 ··· 102
  8.8 状态图和活动图的比较 ··· 102
  8.9 小结 ··· 102

第 9 章 构件图 ··· 103
  9.1 什么是构件和构件图 ··· 103
  9.2 构件图的作用 ··· 104
  9.3 构件图的工具支持 ··· 105
  9.4 小结 ··· 111

第 10 章 部署图 ··· 112
  10.1 什么是部署图 ··· 112
  10.2 部署图中的基本概念 ··· 112
    10.2.1 结点 ·· 112
    10.2.2 连接 ·· 113
  10.3 部署图的例子 ··· 113
  10.4 小结 ··· 114

第 11 章 对象约束语言 ··· 115
  11.1 为什么需要 OCL ··· 115
  11.2 OCL 的特点 ·· 115
  11.3 OCL 的构成 ·· 116
  11.4 OCL 使用实例 ·· 118
  11.5 OCL 扩展讨论 ·· 119
  11.6 小结 ··· 120

第 12 章 业务建模 ······ 121
12.1 业务建模概述 ······ 121
12.2 业务建模中的基本概念 ······ 122
12.3 UML 的业务建模扩展 ······ 122
12.4 业务体系结构 ······ 126
12.5 从业务模型到软件模型 ······ 129
12.6 小结 ······ 130

第 13 章 Web 建模 ······ 131
13.1 Web 建模的基本概念 ······ 131
13.2 Web 应用系统的体系结构 ······ 132
13.3 Web 建模扩展 WAE ······ 134
13.3.1 服务器页 ······ 135
13.3.2 客户机页 ······ 135
13.3.3 <<Build>> 关联 ······ 135
13.3.4 <<Link>> 关联 ······ 136
13.3.5 表单 ······ 136
13.3.6 <<Submit>> 关联 ······ 137
13.3.7 框架集 ······ 138
13.3.8 <<Include>> 关联 ······ 139
13.3.9 <<Forward>> 和 <<Redirect>> 关联 ······ 140
13.3.10 Session 和 JavaBean 建模 ······ 140
13.3.11 Servlet 建模 ······ 140
13.4 Rose 的 Web 建模使用说明 ······ 141
13.5 Web 建模实例 ······ 147
13.6 小结 ······ 153

第 14 章 UML 与设计模式 ······ 154
14.1 为什么要使用设计模式 ······ 154
14.2 设计模式的历史 ······ 154
14.3 设计模式的分类 ······ 155
14.4 设计模式实例 ······ 156
14.4.1 Facade 设计模式 ······ 156
14.4.2 Abstract Factory 设计模式 ······ 159
14.4.3 Visitor 设计模式 ······ 162
14.5 在 Rose 中使用设计模式 ······ 168
14.6 小结 ······ 171

第 15 章 面向对象实现技术 ······ 172
15.1 面向对象程序设计语言概述 ······ 172

15.2 几种典型的 OOPL … 173
15.2.1 Smalltalk … 173
15.2.2 Eiffel … 174
15.2.3 C++ … 176
15.2.4 Java … 176
15.2.5 Objective-C … 177
15.2.6 CLOS 语言的特色 … 177
15.3 其他 OOPL … 178
15.4 小结 … 178

第 16 章 RUP 软件开发过程 … 179
16.1 什么是软件开发过程 … 179
16.2 RUP 的历史 … 179
16.3 6 个最佳开发经验 … 180
16.3.1 迭代式开发 … 181
16.3.2 管理需求 … 181
16.3.3 使用基于构件的体系结构 … 181
16.3.4 可视化软件建模 … 181
16.3.5 验证软件质量 … 182
16.3.6 控制软件变更 … 182
16.4 RUP 软件开发生命周期 … 182
16.5 RUP 中的核心概念 … 184
16.6 RUP 的特点 … 185
16.6.1 用例驱动 … 185
16.6.2 以体系结构为中心 … 185
16.6.3 迭代和增量 … 186
16.7 RUP 裁剪 … 187
16.8 RUP Builder … 187
16.9 小结 … 192

第 17 章 UML 开发工具 … 193
17.1 支持 UML 的常见工具 … 193
17.1.1 Together … 193
17.1.2 ArgoUML … 193
17.1.3 MagicDraw UML … 194
17.1.4 Visual UML … 194
17.1.5 Visio … 194
17.1.6 Poseidon for UML … 194
17.1.7 BridgePoint … 195

17.2 Rational Suite 2003 开发工具 …… 195
 17.2.1 Rational RequisitePro …… 195
 17.2.2 Rational ClearCase …… 196
 17.2.3 Rational ClearQuest …… 196
 17.2.4 Rational PureCoverage …… 197
 17.2.5 Rational Purify …… 197
 17.2.6 Rational Quantify …… 197
 17.2.7 Rational SoDA for Word …… 198
 17.2.8 其他工具 …… 198
17.3 Rose 2003 …… 198
17.4 Rose Model Integrator …… 199
17.5 Rose Web Publisher …… 199
17.6 Rose 脚本 …… 200
17.7 Rose 插入件 …… 203
17.8 在 Rose 中增加新的 Stereotype …… 206
17.9 小结 …… 210

第 18 章 实例应用分析 …… 211

18.1 引言 …… 211
18.2 问题陈述 …… 211
18.3 分析阶段模型说明 …… 214
 18.3.1 分析阶段的用例图 …… 214
 18.3.2 分析阶段的逻辑视图 …… 217
18.4 设计阶段模型说明 …… 221
 18.4.1 设计阶段的用例图 …… 221
 18.4.2 设计阶段的逻辑视图 …… 221
 18.4.3 设计阶段的进程视图 …… 227
 18.4.4 设计阶段的部署视图 …… 228
18.5 课程注册系统实例总结 …… 229

第 19 章 综合练习 …… 230

附录 …… 234
 附录 A 模拟试题（一）及答案 …… 234
 附录 B 模拟试题（二）及答案 …… 248

参考文献 …… 263

第1章 面向对象技术概述

1.1 软件危机及软件工程

20世纪60年代中期开始爆发的软件危机,使人们认识到大中型软件系统与小型软件有本质的不同:大型软件系统的开发周期长、开发费用昂贵、开发出来的软件质量难以保证、开发生产率低,它们的复杂性已远远超出人脑所能直接控制的程度。就像用制造小木船的方法不能生产航空母舰一样,大型软件系统的开发不能再沿袭早期手工作坊式的开发方式,而必须立足于科学的理论基础上,实行大兵团式的工程化作业,这一认识导致了软件工程学的诞生。1968年,北大西洋公约组织(NATO)科技委员会在当时的联邦德国Garmisch召开了有近五十名一流的计算机科学家、编程人员和工业界人士参加的研讨会,商讨摆脱软件危机的办法,在这次会议上第一次提出了软件工程的概念,这是软件开发史上重要的里程碑,它标志着软件开发进入了划时代的新阶段。

经过三十多年的探索和发展,软件工程这门学科有了长足进展,但软件危机依然存在,而且有越来越严重的趋势。大量事实说明,软件的质量和生产率问题远没有得到解决,与三十多年前的软件相比,现在的软件在规模、复杂性等方面远远超过以前的软件,大型软件开发中许多问题,如开发效率低、产品质量差、产品难以维护、软件可移植性差、开发费用超过预算、开发时间超期等依然存在。一般说来,软件项目越大,情况越坏,所有的大型系统中,大约有四分之三的系统有运行问题,要么不像预料的那样起作用,要么根本就不能使用。如美国丹佛新国际机场自动化行李系统软件投资1.93亿美元,原计划在1993年万圣节前启用,但系统开发人员一直为系统中的错误所困扰,推迟到12月,系统仍无法交付使用。为了排除系统中存在的故障,一直拖延到1994年3月,最后到6月份,机场的计划者承认,他们无法预测行李系统何时能启用[YYW97]。

就国内外软件开发现状而言,对于小型软件系统,有比较好的开发方法,成功率也较高,但对于中大型软件系统的开发,情况则不尽如人意,在开发效率、开发费用、产品质量等重要方面都不能令人满意。

针对大型软件系统开发中存在的问题,人们提出了各种各样的软件开发方法,如瀑布式软件开发方法、快速原型方法、螺旋式软件开发方法、变换式软件开发方法、增量式软件开发方法、净室(cleanroom)软件开发方法、喷泉式软件开发方法等。但这些方法并未完全解决软件危机的问题,都存在这样或那样的问题,软件危机依然存在。

1.2 对软件开发的基本认识

大型软件系统的特点是：开发代价高，开发时间长，参加开发的人员多，软件生命周期长。采用传统的软件工程方法开发大型软件存在开发效率低、产品质量差、产品难以维护、软件可移植性差、软件可重用性低等问题。

一个软件系统的开发可以从两个方面进行刻画，一方面是软件开发过程，从软件需求、总体设计、详细设计、代码实现、测试到最终产品的提交，以及后期的软件维护及再开发过程，这方面要求软件开发具有连续性，开发各阶段得到的产品要求在逻辑上相互一致；另一方面是软件开发过程中所涉及的各种资源，它们包括参与开发的各种工作人员、硬件资源和软件资源，这些资源在使用过程中需要进行协调和管理。正是这两个方面之间的相互作用，形成了完整的软件开发活动。目前软件开发中存在的问题，究其原因，往往是由于在这两个方面上控制不当，或协调不一致造成的。

软件工程的目的就是要在规定的时间、规定的开发费用内开发出满足用户需求的高质量的软件系统。这里所说的高质量不仅是指错误率低，还包括好用、易用、可移植、易维护等要求。当初提出软件工程就是希望采用工程的概念、原理、技术和方法，把经过时间考验而证明有效的管理技术和当前能够得到的最好的技术方法结合起来，以指导计算机软件的开发和维护。

为了深入理解软件工程，有必要探讨软件的特点。软件是一个逻辑部件，而不是一个物理部件，所以软件具有与硬件不同的特点：

- 表现形式不同。硬件属于客观实体，看得见、摸得着，而软件是人的思想的产物，没有颜色、形状，看不见，摸不着，它的正确与否，是好是坏，一般要到软件在计算机上运行后才能知道，这就给软件的开发和管理带来许多困难。
- 生产方式不同。尽管软件开发与硬件制造两者之间有许多共同点，但这两种活动是根本不同的，在硬件制造过程中可能出现的质量问题在软件开发中可能不会出现，反之亦然。这两种活动都依靠人，但人的作用和相互之间的关系是完全不同的。由于软件是逻辑产品，软件的开发和人的智力活动紧密相关，在很多人共同完成一个软件项目时，人与人之间就有一个思想交流的问题，即沟通问题。沟通不但要花费时间，而且由于沟通中的疏忽会使错误出现的可能性增大。
- 产品要求不同。硬件产品允许有误差，生产时，只要达到规定的精度要求就算合格，而软件产品却不允许有误差。因此软件的生产要求有很高的质量保证体系。
- 维护方式不同。硬件在使用过程中，由于磨损、振动、腐蚀、空气污染等原因用旧或用坏，可以使用备用件。而对于软件来说不存在备用件，软件中任何缺陷都会在计算机上导致同样的错误。如果软件在使用过程中发现有缺陷，则需要进行修改。随着某些缺陷的改变，很可能引入一些新的缺陷，因而使软件的故障率增加，品质变坏，所以软件的维护比硬件复杂得多。

1.3 软件的固有复杂性

软件的特点说明了软件开发的复杂性和困难性。著名的计算机专家、被称之为 IBM 360 系列计算机之父的 F. Brooks 认为软件的复杂性是固有的，软件可能是人类所能制造出来的最复杂的实体[Bro87]。导致软件复杂性的原因很多，下面列出一些主要的原因。

首先，软件的复杂性和计算机的体系结构有关。计算机的体系结构从计算机诞生以来，尽管有了很大的进步，如采用流水线、超高速缓冲存储器等，但主要仍然是冯·诺依曼式的，虽然在计算机的发展过程中，也出现过一些新型的体系结构，但这些体系结构并没有获得主导地位。

冯·诺依曼所提出的存储程序方式的计算机体系结构的主要特点是硬件（存储器、运算器和控制器等）简单，而软件却很复杂，所需全部功能由软件来完成。在一些很单纯的应用中（如数值计算），这种体系结构尚且可行，但在目前需要庞大而复杂的软件系统的情况下，这种体系结构存在难以克服的缺点。如果计算机继续采用冯·诺依曼式的体系结构，则软件的复杂性将很难消除。

其次，软件开发是人的一种智力活动，软件系统从本质上来说是由许多相互联系的概念所组成的结构。这种概念结构很难用一组数学公式或物理定律来描述，也就是说，很难找到一种好的方法或工具来刻画软件系统的内在本质特征或规律。

第三，造成软件系统复杂性的另一个原因是，软件系统中各元素之间的相互作用关系具有不确定性。从理论上讲，任何两个元素之间都可以存在交互关系，几乎不受任何外界因素的限制，而且随着元素数目的增加，元素之间的交互关系呈非线性递增的趋势。

第四，由于软件没有固定的形式与坚硬的外壳，人们普遍认为软件系统是"软"的，似乎可以随意扩充和修改。因此软件系统还面临不断变化的压力，不同的软件系统需要满足不同用户的工作方式和习惯。用户总是尝试用更合理和更方便的方式使用软件，并且希望系统为他们完成更多种类和更大数量的工作。新的功能或变化的功能不断地向软件系统提出新的要求，这种持续的变化又增加了软件系统的复杂性。

第五，规模较大的软件系统的生命周期一般都超过相应硬件系统的生命周期。在此期间，硬件系统可能在不断变化，原有的软件系统将不得不根据实际应用环境的要求随时做出调整与变化，以适应不同的硬件系统，这又给软件系统本身带来许多新的复杂性。

由于软件的固有复杂性，使得开发成员之间的沟通变得困难，开发费用超支，开发时间延期，等等；复杂性也导致产品有缺陷、不易理解、不可靠、难以使用、功能难以扩充，等等。

在一些传统的工程领域，设计人员往往有好的理论帮助其进行设计。如桥梁专家在设计桥梁时有完整的力学理论帮助其进行设计，硬件设计师在设计芯片时有微电子学理论的指导。但对于软件设计人员，几乎没有任何类似的数学或物理理论帮助或制约设计人员对软件系统进行设计，即使存在这种约束，那也是设计人员为了达到控制软件复杂性的目的,人为地强加给软件系统的。软件开发过程中这种巨大的自由性使得软件系统可以具有极大的无序度,使得软件系统难以理解、认识、掌握与控制。

软件系统复杂到一定程度,人的智力将很难考虑到其中包含的所有问题。尽管可以人为地给软件强加某些约束关系,但毕竟是人为的。软件设计人员所面临问题的复杂性远远超过了设计一座桥梁、设计一个芯片等所面临问题的复杂性,软件设计人员既要为自己建立设计与实现的准则,又要利用这些准则构造符合要求的软件系统,因此所面临的困难比其他设计领域更多。

1.4 控制软件复杂性的基本方法

软件的复杂性不是因为某个软件系统要解决一个特定的复杂问题而偶然产生的,它是大型软件系统的一个固有的本质特征,软件的开发过程必然会受到软件复杂性的影响。

软件的固有复杂性是导致软件开发与维护过程中众多问题的根源,它使得软件开发过程难以控制,造成软件项目的延期及预算超支,达不到预定的设计要求。但由于软件的复杂性是固有的,人们无法彻底消除这些复杂性,因此只能采用控制复杂性的方法,尽量减少软件复杂性对软件开发过程的影响,而分解、抽象、模块化、信息隐蔽等是控制软件复杂性的有效方法。

1. 分解

人类解决复杂问题时普遍采用的一个策略就是"各个击破",也就是对问题进行分解,然后再分别解决各个子问题。著名的计算机科学家 Parnas 认为,巧妙地分解系统可以有效地划分系统的状态空间,降低软件系统的复杂性所带来的影响[Par72]。对于复杂的软件系统,可以逐步将它分解为越来越小的组成部分,直至不能分解为止。这样就可以使系统的复杂性,在特定的层次与范围内不会超过人的理解能力。UNIX 中的 shell 和管道即是采用分解思想的例子。

2. 抽象

抽象指的是抽取系统中的基本特性而忽略非基本的特性,以便更充分地注意与当前目标有关的方面。现实世界中的大多数系统都有其内在的复杂性,远远超出人当时所能处理的程度。当使用抽象这个概念时,我们承认正在考虑的问题是复杂的,但我们并不打算理解问题的全部,而只是选择其中的主要部分,我们知道这个问题还应包括附加的细节,只是此时不去注意那些细节而已。

Miller 在一篇经典的文献"神奇的数字 7"中提到,人在同一时间里,一般只能集中于 7 项左右的信息,而不受信息的内容、大小等因素的影响[Mil56]。大型软件系统所包含的元素数目远远超过了这一数字。虽然我们仍然受 Miller 规则的限制,但可以利用抽象来克服这一困难。通过忽略系统内许多非本质的细节,仍然有可能理解和控制各种复杂的系统。

一般说来，抽象又可分为过程抽象和数据抽象。

过程抽象是广泛使用的一种抽象形式。任何一个有明确功能的操作都可被使用者作为单个的实体看待，尽管这个操作实际上可能由一系列更低级的操作来完成。在实际应用中，将处理分解成子步骤是对付复杂性的一个基本方法。

数据抽象定义了数据类型和施加于该类型上的操作，并限定了数据类型的值只能通过这些操作来修改和读取。数据抽象是一个强有力的抽象机制，是控制复杂性的一个重要方法。

3. 模块化

Parnas 对模块化的原则有精辟的论述[Par76]。一般地，对模块的要求是高内聚(cohesion)、低耦合(coupling)。高内聚指在一个模块中应尽量多地汇集逻辑上相关的计算资源，低耦合指的是模块之间的相互作用应尽量少。

4. 信息隐蔽

也称封装。信息隐蔽的原则是把模块内的实现细节与外界隔离，用户只需知道模块的功能，而不需了解模块的内部细节。即将每个程序的成分隐蔽或封装在一个单一的模块中，定义每一个模块时尽可能少地暴露其内部的处理。信息隐蔽的基本思想是，无论喜欢或不喜欢，我们是生活在一个瞬息万变的环境中，如果将系统中极不稳定的部分封装起来，那么系统不可避免的变化对整体结构的威胁就减少了。

信息隐蔽能帮助人们在开发新系统时减少不必要的工作，将来如果需要对模块进行修改，则只需修改模块的内部结构，其外部接口可以不做变动。信息隐蔽原则提高了软件的可维护性，且模块内的错误不易蔓延到其他模块，极大地降低了模块间的耦合度，是控制软件复杂性的有效手段，现在信息隐蔽原则已成为软件工程学中的一条重要原则。

1.5 面向对象技术

面向对象(object-oriented，OO)技术充分体现了分解、抽象、模块化、信息隐蔽等思想，可以有效地提高软件生产率、缩短软件开发时间、提高软件质量，是控制软件复杂性的有效途径。

传统的结构化方法的着眼点在于一个信息系统需要什么样的方法和处理过程。以过程抽象来对待系统的需求，其主要思想就是对问题进行功能分解，如果分解后得到的功能过大，那么再对这些功能进行分解，直到最后分解得到的功能能比较方便地处理和理解为止。所以结构化方法也称作功能分解法(functional decomposition)。

与传统的结构化软件开发方法相比，面向对象软件开发方法在描述和理解问题域时采用截然不同的方法。其基本思想是，对问题域进行自然分割，以更接近人类思维的方式建立问题域模型，从而使设计出的软件尽可能直接地描述现实世界，具有更好的可维护性，能适应用户需求的变化。

面向对象技术的优点是非常明显的：

首先，用 OO 技术开发的系统比较稳定，较小的需求变化不会导致大的系统结构的改变。

其次，用 OO 技术开发的系统易于理解。结构化方法和面向对象方法对现实世界采用了不同的映射方法。在结构化方法中，现实世界被映射为功能的集合；在面向对象方法中，现实世界中的实体及其相互关系被映射为对象及对象间的关系，实体之间的相互作用被映射为对象间的消息发送，以及其他类似的各种映射关系。也就是说，面向对象的模型对现实世界的映射更直观、更有对应关系。

第三，采用 OO 技术开发的系统具有更好的适应性，能更好地适应用户需求的变化，有助于构造大型软件系统。

第四，用 OO 技术开发的系统具有更高的可靠性。

在面向对象方法中，分析和设计阶段采用一致的概念和表示法，面向对象的分析和面向对象的设计之间不存在鸿沟，这是与结构化分析和设计方法的一个很大区别。

图 1.1 表示了这两种方法之间的区别。

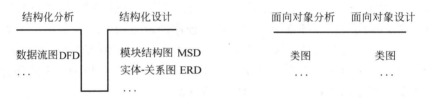

图 1.1　结构化方法与面向对象方法的比较

一般认为，面向对象分析和设计是以对象的观点看待问题域，其解决问题的思维过程和结构化分析及设计方法在本质上是有区别的，但早期提出的适用于结构化分析和设计的一些概念，如高内聚、低耦合、有意识地推迟设计决策等，同样可适用于面向对象分析和设计。也就是说，面向对象方法和结构化方法还是存在一定的联系。目前学术界关于面向对象方法对结构化方法来说究竟是"革命性"的还是"演化性"的，不同的人有不同的观点。一般来说，认为是"演化性"的人多一些。

1.6　面向对象领域中的基本概念

面向对象软件开发方法中有很多传统软件开发方法所没有的概念和术语。在本节中，将对 OO 领域中常见的几个概念和术语做一些简单的解释，对可能存在的错误认识做一些澄清。这些概念和术语包括：对象、实例、类、属性、方法、封装、继承、多态、消息等，与 UML 有关的概念和术语将在后面的相关章节中讨论。

1.6.1 对象和实例

对象(object)是系统中用来描述客观事物的一个实体,它是构成系统的一个基本单位。一个对象由一组属性和对这组属性进行操作的一组方法组成。

对象只描述客观事物本质的、与系统目标有关的特征,而不考虑那些非本质的、与系统目标无关的特征。

对象之间通过消息通信。一个对象通过向另一个对象发送消息激活某一个功能。

实例(instance)这个概念和对象很类似。在 UML 中,会经常遇到实例这个术语。一般来说,实例这个概念的含义更广泛一些,它不仅仅是对类而言,其他建模元素也有实例。如类的实例就是对象,而关联的实例就是链(在第 5 章讲 UML 类图时将解释具体什么是关联)。

1.6.2 类

类(class)是具有相同属性和方法的一组对象的集合,它为属于该类的全部对象提供了统一的抽象描述。同类对象具有相同的属性和方法,是指它们的定义形式相同,而不是说每个对象的属性值都相同。

类是静态的,类的语义和类之间的关系在程序执行前就已经定义好了,而对象是动态的,对象是在程序执行时被创建和删除的。

如图 1.2 所示是类的例子,其中类的名字是 Employee,该类有 5 个属性和 5 个方法。

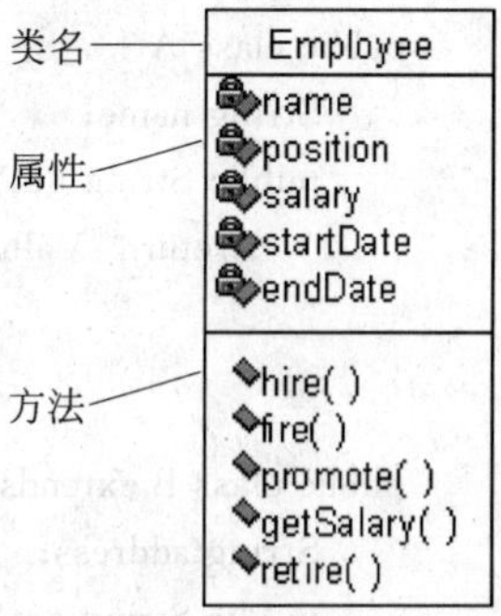

图 1.2 类 Employee

1.6.3 封装

封装(encapsulation)就是把对象的属性和方法结合成一个独立的系统单位,并尽可能地隐蔽对象的内部细节。封装使一个对象形成两个部分:接口部分和实现部分。对于用户来说,接口部分是可见的,而实现部分是不可见的。

封装提供了两种保护。首先封装可以保护对象,防止用户直接存取对象的内部细节;其次封装也保护了客户端,防止对象实现部分的变化可能产生的副作用,即实现部分的改变不会影响到相应客户端的改变。

1.6.4 继承

利用继承(inheritance),子类可以继承父类的属性或方法。在一些文献中,往往把子类/父类称作特殊类/一般类、子类/超类、派生类/基类等。

继承增加了软件重用的机会，可以降低软件开发和维护的费用，而继承是 OO 技术和非 OO 技术的一个很明显的区别。所以很多人认为 OO 技术的目的就是为了重用，这是一个很流行的关于面向对象技术和软件重用的误解。确实，采用 OO 技术可以增加软件重用的机会，但 OO 技术并不等于软件重用技术，软件重用技术也不等于 OO 技术，两者之间的关系如图 1.3 所示。

也就是说，两者之间并不存在相互包含的关系，OO 技术既不是重用技术的充分条件，也不是重用技术的必要条件。

利用继承可以开发更贴近现实的模型，使得模型更简洁。继承的另一个好处是可以保证类之间的一致性，父类可以为所有子类定制规则，子类

图 1.3　OO 技术和软件重用技术的关系

必须遵守这些规则。许多面向对象的程序设计语言提供了这种实现机制，如 C++ 中的虚函数，Java 中的接口等。

在子类中可以增加或重新定义所继承的属性或方法，如果是重新定义，则称为覆盖（override）。与覆盖很类似的一个概念是重载（overload），重载指的是一个类中有多个同名的方法，但这些方法在操作数或/和操作数的类型上有区别。覆盖和重载是 OO 技术中很常见的两个术语，也很容易混淆。下面举两个例子说明这两个概念之间的区别。

覆盖的例子如下所示：

```java
public class A {
    String name;
    public String getValues () {
        return "Value is:" + name;
    }
}

public class B extends A {
    String address;
    public String getValues () {
        return "Value is:" + address;
    }
}
```

其中类 B 是类 A 的子类，类 B 中定义的 getValues() 方法是对类 A 的 getValues() 的覆盖。

重载的例子如下所示：

```java
public class A {
    int age;
    String name;
    public void setValue (int i) {
        age = i;
    }
```

```
public void setValue (String s) {
    name = s;
}
```

类 A 定义了两个 setValue 方法,但这两个方法的参数不同。当一个对象要使用类 A 的一个对象的 setValue 方法时,根据传进来的参数类型可以确定具体要调用的是哪个方法。

继承可分为单继承和多继承。单继承指的是子类只从一个父类继承,而多继承指的是子类从多于一个的父类继承。

如图 1.4 所示是单继承的例子。其中,交通工具(Vehicle)是父类,地面交通工具(GroundVehicle)和水上交通工具(WaterVehicle)是子类。

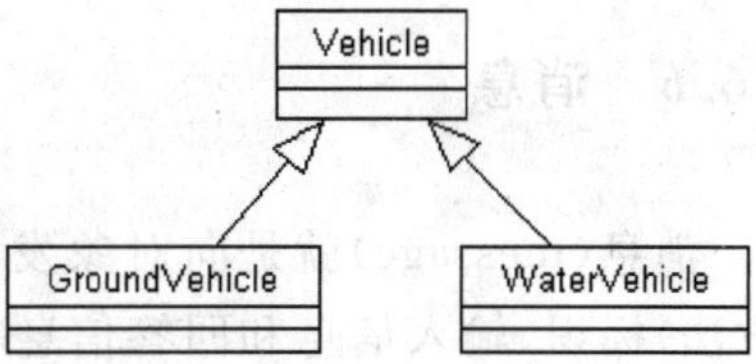

如图 1.5 所示是多继承的例子。其中两栖交通工具(AmphibiousVehicle)同时继承地面交通工具和水上交通工具。

图 1.4 单继承

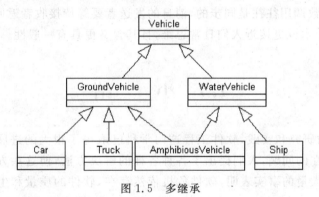

图 1.5 多继承

多继承虽然比较灵活,但多继承可能会带来"命名冲突"的问题。如果是在实现阶段,不同的程序设计语言可能有不同的解决方法。如 C++ 是采用成员名限定方法解决,Eiffel 是采用方法再命名机制解决,而 Java 干脆不支持多继承,如果要实现类似于多继承的功能,则采用接口来实现。

1.6.5 多态

从字面上理解,多态(polymorphism)就是有多种形态的意思。在面向对象技术中,多态指的是使一个实体在不同上下文条件下具有不同意义或用法的能力。

多态往往和覆盖、动态绑定(dynamic binding)等概念结合在一起。多态属于运行时的问题,而重载(overload)是编译时的问题。

如图 1.6 所示是多态的例子。在图 1.6 的继承结

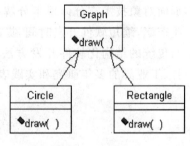

图 1.6 多态

构中,可以声明一个 Graph 类型对象的变量,但在运行时,可以把 Circle 类型或 Rectangle 类型的对象赋给该变量。也就是说,该变量所引用的对象在运行时会有不同的形态。如果调用 draw() 方法,则根据运行时该变量是引用 Circle 还是 Rectangle,来决定调用 Circle 中的 draw() 方法还是 Rectangle 中的 draw() 方法。

多态是保证系统具有较好适应性的一个重要手段,也是使用 OO 技术所表现出来的一个重要特征。

1.6.6 消息

消息(message)就是向对象发出的服务请求。它包含了提供服务的对象标识、服务(方法)标识、输入信息和回答信息等。

面向对象方法的一个原则就是通过消息进行对象之间的通信。初学面向对象方法的人往往把消息等同于函数调用,事实上两者之间存在区别。消息可以包括同步消息和异步消息,如果消息是异步的,则一个对象发送消息后,就继续自己的活动,不等待消息接收者返回控制,而函数调用往往是同步的,消息的发送者要等待接收者返回。

使用消息这个术语更接近人们日常思维,且其含义更具有一般性。

1.7 小　　结

1. 经过 30 多年的研究和实践,软件工程这门学科已取得了很大的进展。针对大型软件系统开发中存在的问题,人们提出了各种各样的解决方法,但这些方法都存在这样或那样的缺陷。大量的事实表明,软件危机依然存在,软件的质量和生产率问题远没有得到解决。
2. 软件危机和软件的固有复杂性有关,软件的固有复杂性是由软件本身的特性决定的。正是由于软件的固有复杂性,带来了软件开发费用超支、开发时间延期、开发出来的产品质量不合要求等问题。可以说,软件的固有复杂性是导致软件危机的根源。
3. 软件的复杂性是大型软件系统一个固有的本质特征,无法彻底消除这些复杂性,只能采用控制复杂性的方法,尽量减少软件复杂性对软件开发的影响。而分解、抽象、模块化、信息隐蔽等是控制软件复杂性的有效方法。
4. 面向对象技术充分体现了分解、抽象、模块化、信息隐蔽等思想,可以有效地提高软件生产率,缩短软件开发时间,提高软件质量。
5. 与传统的结构化软件开发方法相比,面向对象软件开发方法具有更大的优势。学术界、工业界的多年研究和实践表明,面向对象方法是解决软件危机的有效途径之一。

第 2 章 UML 概述

2.1 为什么要学习 UML

UML 是 Unified Modeling Language（统一建模语言）的简称。Booch 在其经典的"The Unified Modeling Language User Guide"一书中对 UML 的定义是：UML 是对软件密集型系统中的制品进行可视化、详述、构造和文档化的语言[BRJ99，p14]。定义中所说的制品（artifact）是指软件开发过程中产生的各种各样的产物，如模型、源代码、测试用例等。

在计算机图形学中，有一句名言，叫做"一幅图顶得上一千个字"。同样地，在软件开发的过程中，模型的重要性也非常明显，它可以达到以下目的：

- 使用模型可以更好地理解问题
- 使用模型可以加强人员之间的沟通
- 使用模型可以更早地发现错误或疏漏的地方
- 使用模型可以获取设计结果
- 模型为最后的代码生成提供依据

$$\int_0^\infty \frac{1}{x^2} dx$$

图 2.1 数学中使用的积分符号

在其他学科领域，往往都有该学科的通用语言。例如图 2.1 所示的符号，凡是学过微积分的人都明白这是在求积分，因为数学中所使用的表示积分的符号是统一的。

同样地，对于音乐家、电子工程师等也一样，他们使用各自领域中的通用语言进行交流，来表达各种各样的意思。

对于软件工程师来说，以前在做分析和设计时缺乏这样的通用语言，往往是不同的人使用不同的方法和建模语言。自从 UML 这个标准建模语言出现后，现在越来越多的软件工程开始用 UML 进行系统分析和设计。

对于软件开发可以有很多比喻，如建造房子、到西部旅行、指挥作战等，这些比喻有助于读者加深对软件开发的认识。如果以建造房子来比喻，那么编写一个小程序就像是盖一个简单的茅草屋，可能只要几个人用几天的时间就完成了。而开发大型软件就像要建造一座摩天大楼，需要很多人协作完成，需要有可行性分析、设计蓝图、施工、验收等过程，在投入使用后还要进行维护。建筑师在设计大厦时会考虑体系结构问题，软件工程师在设计软件时也同样要考虑体系结构问题。建造房子时可以使用预先做好的预制件，而不用从一砖一瓦开始做，同样，开发软件时也可以使用别人已做好的构件以缩短开发时间、提高产品质量。

对于软件开发还可以用到西部旅行的比喻。对于一个完全不熟悉旅途和目的地情况的人来说，在旅行过程中会遇到各种各样的问题，解决这些问题只能依赖别人的经验、书本知识和自己的判断等。如果这些问题解决得好，可能会成功到达目的地，如果解决得不好,就会走弯路,甚至离目的地越来越远,最后会由于时间或经费的原因不得不放弃旅行。如果这个人以前曾经成功到达过目的地,那么以后再次到西部旅行时就会熟悉沿途的情况,对可能遇到的风险就会预先做好防范,成功到达目的地的机会就会大大增加。

另外也可以把软件开发比作指挥作战。软件开发是一个团队工作,需要每个人协同工作,同时需要有高昂的士气。在开发时,如果团队中有几个人工作懈怠、对项目的成功完成表示悲观或怀疑,则往往很容易影响团队中其他人的士气。而项目经理的作用就像是指挥员,除了要保持团队的士气外,还要有运筹帷幄的能力,要根据当前的进攻目标分配人力和物力,在规定的时间内攻克目标。团队人员所使用的开发工具就像是战士手中的武器,工具提供的功能越强大、开发人员对工具越熟悉,整个团队的战斗力就会越强。

如果以建造房子做比喻,那么学习 UML 的过程,就是学习如何从建筑工人成长为建筑师的过程。一个软件工程师不能简单地只是掌握堆砌砖瓦的技术,还应该有设计高楼大厦的能力。

当然把软件开发比作建造房子只是为了帮助读者理解软件开发中的一些概念,这两者在本质上是有区别的。主要区别是软件开发得到的软件是人的智力活动的结果,而房子是一个具体的有形的建筑。

2.2 UML 的历史

如图 2.2 所示是 UML 发展历史的简图。

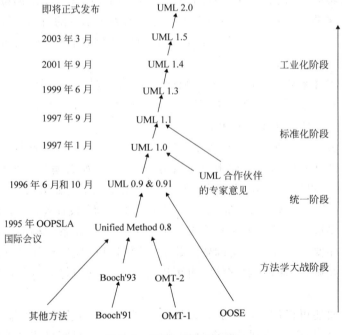

图 2.2 UML 的发展历史

UML 是由世界著名的面向对象技术专家 G. Booch、J. Rumbaugh 和 I. Jacobson 发起,在 Booch 方法、OMT 方法和 OOSE 方法的基础上,汲取其他面向对象方法的优点,广泛征求意见,几经修改而完成的。目前 UML 得到了诸多大公司的支持,如 IBM、HP、Oracle、Microsoft 等,已成为面向对象技术领域内占主导地位的标准建模语言,Booch、Rumbaugh 和 Jacobson 在一些文献中经常被称作"三个好朋友"(three amigos)。

目前最新的 UML 规范说明是 2003 年 3 月发布 1.5 版本(http://www.uml.org)。OMG(Object Management Group)在同时进行两个 UML 版本的工作,一个是对 1.x 版本的改进工作,一个是有较大改动的 2.0 版本的工作。OMG 从 2001 年开始 UML 2.0 的工作,由于 UML 2.0 是一个比较大的升级工作,其发布时间也一再推迟。经过对 2.0 版本草案的多次征求意见和修改,2003 年 8 月,OMG 发布了最后的征求意见版本,正式的版本将很快发布。

在 UML 建模语言成为标准之前,有很多的 OO 方法,每种方法学都声称自己的好,出现了所谓的方法学大战(method wars)。如 1988 年 Shlaer/Mellor 提出的面向对象的系统分析(Object-oriented Systems Analysis)方法;1990 年 Rebecca Wirfs-Brock 提出的职责驱动(Responsibility-Driven)CRC 卡片法(CRC-cards);1991 年 Peter Coad 和 Edward Yourdon 提出的 OOA/OOD 方法,该方法由于简单,容易掌握,提出的时间又早,所以在国内很流行,以前国内很多介绍面向对象方法的书籍大多是介绍 OOA/OOD 方法的。当然还包括 1991 年 Grady Booch 提出的 Booch 方法,1991 年 James Rumbaugh 提出的 OMT(Object Modelling Technique)方法,1992 年 Ivar Jacobson 提出的 OOSE(Object-oriented Software Engineering)方法,其他还有很多,在此不一一列举。有兴趣的读者可以在参考文献[Gra01]中找到对各种面向对象分析与设计方法进行比较的综述,其中对 50 种左右的 OO 方法的特点做了比较。随着 UML 被 OMG 采纳为标准,面向对象领域的方法学大战也宣告结束,这些方法的提出者很多也开始转向 UML 方面的研究。

由于 UML 在学术界和工业界越来越受到重视,从 1998 年开始,国际上每年召开一次专门的 UML 会议,到 2002 年已开了 5 次会议。表 2.1 是历次会议的召开时间、地点和会议网址。

表 2.1 UML 国际会议

	召开时间	召开地点	会议网址
UML 98	1998 年 6 月 3~4 日	法国 Mulhouse	
UML 99	1999 年 10 月 28~30 日	美国科罗拉多州 Fort Collins	http://www.yy.ics.keio.ac.jp/~suzuki/object/uml99/
UML 2000	2000 年 10 月 2~6 日	英国 York	http://www.cs.york.ac.uk/uml2000/
UML 2001	2001 年 10 月 1~5 日	加拿大多伦多	http://www.cs.toronto.edu/uml2001
UML 2002	2002 年 9 月 30 日~10 月 4 日	德国德累斯顿	http://www.inf.tu-dresden.de/uml
UML 2003	2003 年 10 月 20~24 日	美国旧金山	http://www.umlconference.org/

2.3 UML 的特点

UML 的主要特点可归纳为以下几点：
- 统一的标准。UML 已被 OMG 接受为标准的建模语言，越来越多的开发人员开始使用 UML 进行软件开发，越来越多的开发厂商开始支持 UML。
- 面向对象。UML 是支持面向对象软件开发的建模语言。
- 可视化、表示能力强大。
- 独立于过程。UML 不依赖于特定的软件开发过程，这也是 UML 能被众多软件开发人员接受的一个原因。
- 概念明确，建模表示法简洁，图形结构清晰，容易掌握和使用。

初学者往往弄不清楚 UML 和程序设计语言的区别。事实上，Java、C++等程序设计语言是用编码实现一个系统，而 UML 是对一个系统建立模型，这个模型可以由 Java 或 C++等程序设计语言实现，它们是在不同的软件开发阶段使用的。现在已经有一些软件工具可以根据 UML 所建立的系统模型来产生一些代码框架，这些代码框架是用 Java、C++或其他程序设计语言表示的。

需要注意的是，UML 不是一个独立的软件开发方法，而是面向对象软件开发方法中的一个部分。一般说来，方法应该包括表示符号和开发过程的指导原则，但 UML 没有关于开发过程的说明。也就是说，UML 并不依赖于特定的软件开发过程，其实这也是 UML 有强大生命力的一个原因。Martin Fowler 认为，对于建模语言确实有必要制定一个标准，但对于开发过程，是否也有必要制定一个标准？答案显然是否定的[FS99]。

为了更好地理解 UML，可以把 UML 中所提供的标准图符比作英语中的 26 个字母。要学习写作，必须先学会字母，再学习单词和语法，然后才能进一步创作出优秀的作品。同样，要设计软件，首先要懂得 UML 中的图符，然后再学习面向对象分析和设计的原则，才能设计出优秀的软件。学习面向对象分析和设计方法就是学习如何活用 UML 中的图符，以及活用时所必须遵循的原则及步骤。

2.4 UML 的构成

图 2.3 是 UML 的构成图。UML 中有 3 类主要元素：
- 基本构造块(basic building block)
- 规则(rule)
- 公共机制(common mechanism)

其中基本构造块又包括 3 种类型：
- 事物(thing)
- 关系(relationship)

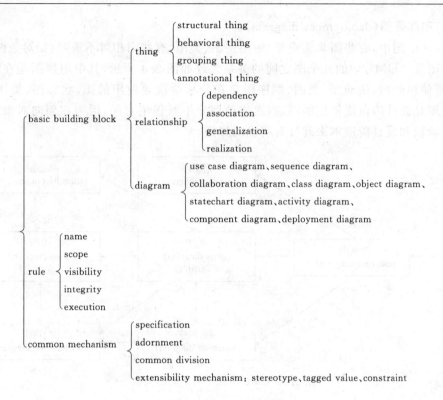

图 2.3 UML 的构成图

- 图(diagram)

其中事物又分为 4 种类型：

- 结构事物(structural thing)。UML 中的结构事物包括类(class)、接口(interface)、协作(collaboration)、用例(use case)、主动类(active class)、构件(component)和结点(node)。
- 行为事物(behavioral thing)。UML 中的行为事物包括交互(interaction)和状态机(state machine)。
- 分组事物(grouping thing)。UML 中的分组事物是包(package)。
- 注释事物(annotational thing)。UML 中的注释事物是注解(note)。

关系有 4 种类型，即：

- 依赖(dependency)
- 关联(association)
- 泛化(generalization)
- 实现(realization)

后续章节中会对以上 UML 中的元素做详细的介绍。

在 UML 中，共有 9 种类型的图，即用例图(use case diagram)、顺序图(sequence diagram)、协作图(collaboration diagram)、类图(class diagram)、对象图(object diagram)、状态图(statechart diagram)、活动图(activity diagram)、构件图(component diagram)和部署图(deployment diagram)。

在这 9 个图中,有些图非常重要,如用例图、类图,有些图相对不重要,如对象图、构件图、部署图等。UML 中的几个图之间的关系大致如图 2.4 所示,其中用例图是在需求获取阶段要使用的图,活动图、类图、顺序图是在分析阶段要使用的图,状态图、类图、对象图、协作图是设计阶段要使用的图,当然这种划分不是很绝对的,因为在面向对象的方法中,分析阶段和设计阶段本来就没有明确的界限。

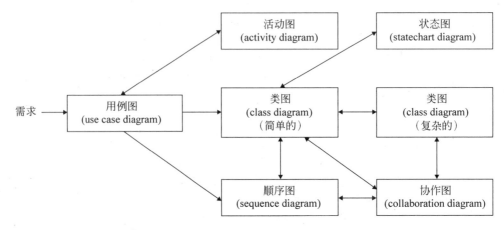

图 2.4 UML 中几个图之间的关系

以上讨论的是 UML 中的基本构造块,另外 UML 定义了 5 个方面的语义规则,即命名(name)、范围(scope)、可见性(visibility)、完整性(integrity)和执行(execution)。

UML 中还包括 4 种类型的通用机制,即规范说明(specification)、修饰(adornment)、通用划分(common division)和扩展机制(extensibility mechanism),其中扩展机制包括版型(stereotype)、标记值(tagged value)和约束(constraint)3 种类型。

2.5 UML 中的视图

UML 中的视图包括用例视图(use case view)、逻辑视图(logical view)、实现视图(implementation view)、进程视图(process view)、部署视图(deployment view)等,这 5 个视图一般称作"4+1"视图,如图 2.5 所示。用例视图用于表示系统的功能性需求,逻辑视图用于表示系统的概念设计和子系统结构等,实现视图用于说明代码的结构,进程视图用于说明系统中并发执行和同步的情况,部署视图用于定义硬件结点的物理结构。

UML 中的"4+1"视图最早是由 Philippe Kruchten 在文献[Kru95]中提出的,Kruchten 把其作为软件体系结构的表示方法。由于比较合理,所以被广泛接受。需要说明的是,UML 中的视图并不是只有这 5 个,视图只是 UML 中图的组合,如果认为这 5 个视图不能完全满足需要,用户也可以定义自己的视图。

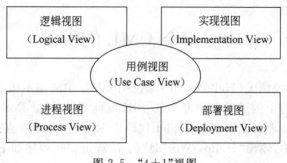

图 2.5 "4+1"视图

2.6 UML 的应用领域

UML 具有很广的应用领域,其中最常用的是为软件系统建模,UML 可以对下面这些领域的软件系统建模:企业信息系统、银行金融服务、电信、交通、国防/航空、零售领域、科学计算、分布式的基于 Web 的服务。

当然,UML 并不仅仅限于对以上应用领域的软件系统建模,而且 UML 也不限于对软件系统建模。UML 还可用来描述其他非软件系统,如一个机构的组成或机构中的工作流程等。

UML 在系统开发的各个阶段都能得到应用。在分析阶段,用户的需求采用 UML 用例图来描述;在设计阶段,引入具体的类来处理用户接口、数据库存取、通信和并行性等问题;在实现阶段,用面向对象程序设计语言将来自设计阶段的类转换成实际的代码;在测试阶段,UML 模型作为生成测试用例的依据,如进行单元测试时使用类图和类规格说明,集成测试时使用构件图和协作图,系统测试时使用用例图来验证系统的行为等。

2.7 支持 UML 的工具

目前有很多支持 UML 的工具,例如 Rational Rose 2003、Together 6.1、ArgoUML v0.14。其中 Rose 是 Rational 公司开发的用于分析和设计面向对象软件系统的工具,可以与 Rational 公司其他开发工具如 ClearCase、RequisitePro 等很好地集成使用,目前有较高的市场占有率。Together 是用纯 Java 开发的支持 UML 的工具,而 ArgoUML 是开放源代码项目,可以获得其源代码。其他还有很多工具,如 Visio、Visual UML 等,这些工具将在第 17 章介绍。

2.8 一个 UML 的例子

下面用一个简单的例子(HelloWorld)来说明 UML 中的基本概念，以便读者对 UML 有一个基本的认识，这个例子引自参考文献[BRJ99]。本节根据 Rose 的特点对原例子中的一些图做了改动，或者根据给出的 applet 代码由 Rose 逆向工程直接生成图。

在 Web 浏览器中，输出"Hello, World!"的 Java applet 程序如下所示：

```
import java.awt.Graphics;
class HelloWorld extends java.applet.Applet {
    public void paint (Graphics g) {
        g.drawString("Hello, World!", 10,10);
    }
}
```

在 UML 中，对这个 applet 的建模如图 2.6 所示，类 HelloWorld 用一个矩形表示。类 HelloWorld 中有 paint 操作，在一个附属的注解(note)中说明了该操作的实现。

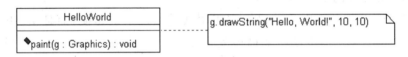

图 2.6　HelloWorld 的类图(1)

图 2.6 这个类图反映了"Hello World!"这个 applet 基本部分，并没考虑其他事物。根据代码可以发现，这个 applet 还涉及另外两个类，即类 Applet 和类 Graphics。其中类 Applet 是类 HelloWorld 的父类，类 Graphics 则在类 HelloWorld 的 paint 操作的特征标记(signature)和实现中被使用。这里所说的特征标记指的是操作声明的一部分，包括操作的名字、参数的类型及顺序排列，也可以把操作的返回类型作为特征标记的一部分，但这并不常见。

如果想更精确地表示 HelloWorld 类和这两个类的关系，则可以用如图 2.7 所示的类图表示，其中 HelloWorld 类和 Graphics 抽象类之间的依赖关系是后来手工加上的，由 Rose 逆向工程得到的类图中没有这个依赖关系。因为根据 HelloWorld 类的操作的特征标记可以知道这个依赖关系已隐含包括了。

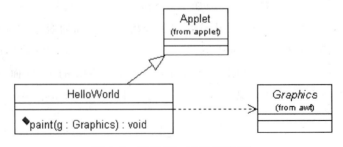

图 2.7　HelloWorld 的类图(2)

如果考虑类库及 Applet 类上的继承关系,可以得到另一个类图,如图 2.8 所示。

其中 Component 是类,ImageObserver 是接口,Component 和 ImageObserver 之间的短线表示 Component 和 ImageObserver 之间是实现(realizaiton)关系。

在 UML 中用顺序图表示不同对象间的协同工作,如图 2.9 所示。图中表示的是 HelloWorld 对象中的 paint 方法是如何与其他对象中的方法相互作用的。

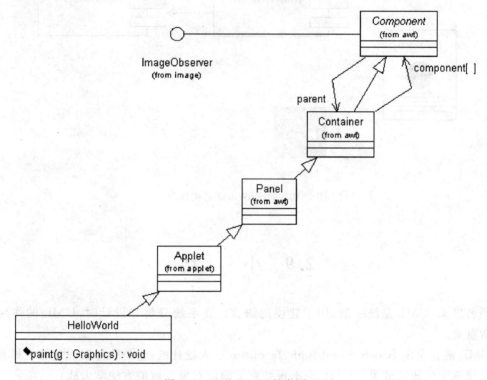

图 2.8　HelloWorld 的类图(3)

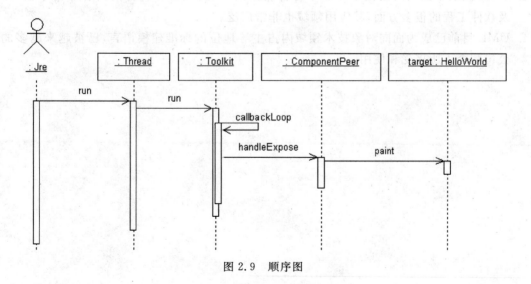

图 2.9　顺序图

对于 applet,它是不能单独运行的,一般需要嵌入 Web 页中,由 Web 浏览器执行。可以用 UML 的构件图表示 applet 和 Web 页面及其他要用到文件的关系。如图 2.10 所示是 HelloWorld 的构件图。图中的 HelloWorld.class、Hello.html、HelloWorld.java、hello.jpg 都是构件,虚线表示各构件之间的依赖关系。

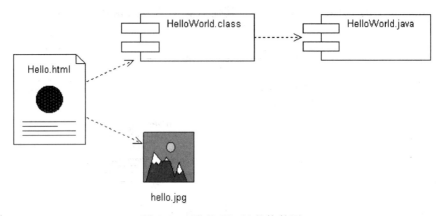

图 2.10　HelloWorld 的构件图

2.9　小　　结

1. 顾名思义,UML 是统一的、用于建模的语言。在系统分析和设计时,UML 的作用非常重要。
2. UML 最初是由 Booch、Rumbaugh、Jacobson 三人设计的,它是软件工程领域中具有划时代意义的研究成果。UML 的出现结束了面向对象领域的方法学大战。
3. UML 汲取了面向对象技术领域中各种流派的长处。UML 包含的内容非常丰富,涉及软件工程的很多方面,其应用领域也非常广泛。
4. UML 目前已成为面向对象技术领域内占主导地位的标准建模语言,已被越来越多的公司和个人所接受和使用。

第3章 用例和用例图

3.1 用 例

用例(use case)这个概念是 Ivar Jacobson 于20世纪60～70年代在爱立信公司开发AKE、AXE系列系统时发明的,并在其博士论文"Concepts for modeling large realtime systems"(1985年)和1992年出版的论著"Object-oriented software engineering: a use case driven approach"中做了详细论述[Jac92]。

自Jacobson的著作出版后,面向对象领域已广泛接纳了用例这一概念,并认为它是第二代面向对象技术的标志。

一些国内出版的书籍也有把用例翻译为用况、用案等。目前对用例并没有一个被所有人接受的标准定义,不同的人对用例有不同的理解,不同的OO书籍中对用例的定义也是各种各样的。下面是两个比较有代表性的定义。

定义1: 用例是对一个活动者(actor)使用系统的一项功能时所进行的交互过程的一个文字描述序列[SY98, p153]。

定义2: 用例是系统、子系统或类和外部的参与者(actor)交互的动作序列的说明,包括可选的动作序列和会出现异常的动作序列[RJB99, p488]。

用例是代表系统中各个项目相关人员之间就系统的行为所达成的契约。软件的开发过程可以分为需求分析、设计、实现、测试等阶段,用例把所有这些都捆绑在一起,用例分析的结果也为预测系统的开发时间和预算提供依据,保证项目的顺利进行。因此可以说,软件开发过程是用例驱动的。在软件开发中采用用例驱动是Jacobson对软件界最重要的贡献之一。

在UML中,用例用一个椭圆表示,用例名往往用动宾结构或主谓结构命名(如果用英文命名,则往往是动宾结构)。图3.1表示的是用例的例子。

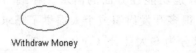
图3.1 用例的例子1

图3.2 用例的例子2

例3.1 在字处理程序中,"置正文为黑体"是一个用例,"创建索引"也是一个用例,如图3.2所示。从这个例子可以看到,用例的粒度可大可小,有的用例可能很简单,如"置正文为黑体"这个用例就比较简单,很快就可以实现,但"创建索引"这个用例就比较复杂,实现起来可能要花很长的时间。

例3.2 在一个银行业务系统中,可能会有以下一些用例:

- 浏览账户余额
- 列出交易内容
- 划拨资金
- 支付账款
- 登录
- 退出系统
- 编辑配置文件
- 买进证券
- 卖出证券

根据上面的例子,可以发现采用用例进行需求分析时的一些特点:

1. 用例从使用系统的角度描述系统中的信息,即站在系统外部察看系统功能,而不考虑系统内部对该功能的具体实现方式。

2. 用例描述了用户提出的一些可见需求,对应一个具体的用户目标。使用用例可以促进与用户沟通,理解正确的需求,同时也可以用来划分系统与外部实体的界限,是 OO 系统设计的起点,是类、对象、操作的来源。

3. 用例是对系统行为的动态描述,属于 UML 的动态建模部分。UML 中的建模机制包括静态建模和动态建模两部分,其中静态建模机制包括类图、对象图、构件图和部署图;动态建模机制包括用例图、顺序图、协作图、状态图和活动图。需要说明的是,有些书中把用例图归类到静态建模,但根据 Booch 在[BRJ99,p233]中的说明,用例图属于动态建模部分。

理论上可以把一个软件系统的所有用例都画出来,但实际开发过程中,进行用例分析时只需把那些重要的、交互过程复杂的用例找出来。

不要试图把所有的需求都以用例的方式表示出来,这也是 UML 初学者易犯的一个错误。初学者对 UML 的一个普遍误解就是,认为用例可以表示所有的系统需求,因此千方百计地要用 UML 中的符号来表示那些事实上很难用用例表示的需求。需求有两种基本形式:功能性需求和非功能性需求。那些用 UML 难以表示的需求很多是非功能性的需求,例如,开发项目中所涉及的术语表(glossory)就很难用 UML 表示。对于这些需求往往是采用附加补充文档的形式来描述。

用例并不是系统的全部需求,用例描述的只是功能性方面的需求。在编写一个系统的需求说明时,应该根据特定的需求大纲来写,很多开发组织或个人提供了需求大纲供参考。例如 A. Cockburn 给出的需求大纲把需求分为 6 大部分[Coc00,p13]:

- 系统的目的和范围
- 系统中的术语表
- 用例
- 系统采用的技术
- 开发过程中的参加人员、业务规则、系统运行所依赖的条件、安全要求、文档要求等各种其他需求
- 法律、政治、组织机构等方面的问题

从上面的需求大纲可以看到,用例只是所有需求中的一部分内容。

用例这种技术很容易使用,但也很容易误用。正确使用用例分析来做好领域建模(domain modeling),以确保定义正确的需求(right requirements),然后开发出正确的系统(right system),是保证 OO 软件开发成功的基础。对于初学者来说,掌握用例的概念并不难,但要在具体的项目中灵活使用用例来捕获用户的需求,并不是一件容易的事情,往往需要用户的经验、沟通能力、丰富的领域知识等。目前有很多介绍如何使用用例分析的书,其中 A. Cockburn 的"Writing Effective Use Cases"一书对如何确定一个系统的用例有深入的论述,书中总结并分析了一些使用用例时的常见错误,并有很多例子说明[Coc00]。

本质上,用例分析是一种功能分解(functional decomposition)的技术,并未使用到面向对象思想。因而有人认为用例分析只是面向对象分析与设计(Object-Oriented Analysis/Object-Oriented Design,OOA/OOD)的先导性工作,并非 OOA/OOD 过程的一部分,但也有人视其为 OOA/OOD 的一环。不管怎样,用例是 UML 的一部分,确定一个系统的用例是开发 OO 系统的第一步,用例分析这步做得好,接着的交互图分析、类图分析等才有可能做得好,整个系统的开发才能顺利进行。

用例是与实现无关(implementation-independent)的关于系统功能的描述。在 UML 中,可以用协作(collaboration)来说明对用例的实现。协作是对由共同工作的类、接口和别的元素所组成的群体的命名,这组群体提供合作的行为。(其实协作也可以用来说明操作的实现,但用得不多。除非是比较复杂的操作,大多数情况下,可以直接用活动图或代码说明操作的实现。)图 3.3 是用例 Login 及其两个实现。

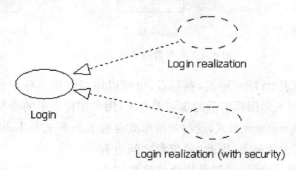

图 3.3　用例及其实现

在 UML 中,协作用虚线椭圆表示。在图 3.3 中,对用例 Login 共有两个实现,一个是简单的实现,另一个是带有安全验证功能的实现,这里没有显示协作的内部结构和行为方面的内容。协作的内部由两部分组成,一是结构部分,如类、接口以及其他一些建模元素等;另一部分是说明类、接口以及其他建模元素如何协调工作的行为部分,如协作图(collaboration diagram)、顺序图(sequence diagram)、类图(class diagram)等。

在大多数情况下,一个用例由一个协作实现,这时可以不用在模型中显式指明这种实现关系。

3.2 参 与 者

参与者(actor)是指系统以外的、需要使用系统或与系统交互的东西,包括人、设备、外部系统等。由于 UML 是最近几年才在国内流行起来的,所以很多译名并没有统一,如 actor 就有很多不同的译名,包括参与者、活动者、执行者、行动者等。在本书中,将采用参与者这个译名。

例 3.3 在一个银行业务系统中,可能会有以下参与者:

- 客户:从系统获取信息并执行金融交易。
- 管理人员:开办系统的用户。获取并更新信息。
- 厂商:接受作为转账支付结果的资金。
- mail 系统。

一个参与者可以执行多个用例,一个用例也可以由多个参与者使用。但需要注意的是,参与者实际上并不是系统的一部分,尽管在模型中会使用参与者。

在第 5 章讲到版型(stereotype)的时候会提到,参与者实际上是一个版型化的类,其版型是 << Actor >> 。图 3.4 是参与者的 3 种表示形式。

图 3.4 参与者的 3 种表示形式

可以用人形图标表示(Icon 形式)参与者,也可以用带有版型标记的类图标表示(Label 形式)参与者。一般用人形图标表示的参与者是人,用类图标表示的参与者是外部系统。另外一种表示形式是 Decoration 形式,这种表示形式兼有 Icon 形式和 Label 形式的特征。

由于参与者事实上就是类,因此,参与者之间也有继承关系(但在分析设计阶段,一般是用泛化这个词表示继承的意思)。参与者之间的泛化(generalization)关系表示一个一般性的参与者(称作父参与者)与另一个更为特殊的参与者(称作子参与者)之间的联系。子参与者继承了父参与者的行为和含义,还可以增加自己特有的行为和含义,子参与者可以出现在父参与者能出现的任何位置上。在 UML 中,泛化关系用带三角形箭头的实线表示。如图 3.5 所示是参与者之间泛化关系的例子,其中 Commercial Customer 是子参与者,Customer 是父参与者。

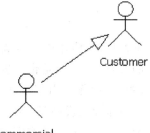

图 3.5 参与者之间的泛化关系

3.3 脚 本

脚本(scenario)也被翻译为情景、场景、情节、剧本等。在 UML 中,脚本指贯穿用例的一条单一路径,用来显示用例中的某种特殊情况。

脚本是用例的实例(instance),如果与类和对象之间的关系作比较,则脚本与用例的关系相当于对象与类的关系。

每个用例都有一系列的脚本,其中包括一个主要脚本,以及多个次要脚本。相对于主要脚本来说,次要脚本描述了执行路径中的异常或可选择的情况。

例 3.4 在"订货"这个用例中,包含着几个相关的脚本。一个是订货进行顺利的脚本;一个是相关货源不足的脚本;一个是涉及购货者的信用卡被拒的脚本,等等。这些脚本的组合构成了一个用例。

一个脚本用具体的文字描述来表示,在 3.6 节讨论用例的表示时有具体的脚本描述的例子。

3.4 用例间的关系

用例除了与参与者有关联(association)关系外,用例之间也存在着一定的关系(relationship),如泛化(generalization)关系、包含(include)关系、扩展(extend)关系等。当然也可以利用 UML 的扩展机制自定义用例间的关系,如果要自定义用例间的关系,一般是利用 UML 中的版型这种扩展机制。

3.4.1 泛化关系

泛化(generalization)代表一般与特殊的关系。泛化这个术语是 OOA/OOD 中用得较多的术语,它的意思与 OO 程序设计语言中继承这个概念类似,但在分析和设计阶段,用泛化这个术语更多一些。

在泛化关系中,子用例继承了父用例的行为和含义,子用例也可以增加新的行为和含义或覆盖父用例中的行为和含义。

如图 3.6 所示是用例之间泛化关系的例子。

在图 3.6 的例子中,父用例是 Validate User,子用例有 Check Password 和 Retinal Scan 两个。父用例的名字用的是斜体字体,表示该父用例是抽象父用例。

3.4.2 包含关系

包含(include)关系指的是两个用例之间的关系,其中一个用例(称作基本用例,base

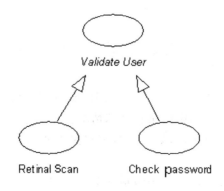

图 3.6　用例之间的泛化关系

use case)的行为包含了另一个用例(称作包含用例,inclusion use case)的行为。

包含关系是依赖关系的版型,也就是说包含关系是比较特殊的依赖关系,它们比一般的依赖关系多一些语义。如图 3.7 所示是包含关系的例子,其中用例 ATM Session 是基本用例,用例 Identify Customer 和 Validate Account 是包含用例。

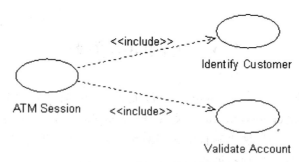

图 3.7　用例之间的包含关系

在包含关系中,箭头的方向是从基本用例到包含用例,也就是说,基本用例是依赖于包含用例的。

需要说明的是,在 UML 1.1 版本的规范说明中,用例之间是使用(uses)和扩展(extends)这两种关系,且这两种关系都是泛化关系的版型。但在 UML 1.3 以后版本的规范说明中,用例之间是包含(include)和扩展(extend)这两种关系。UML 1.1 版本中的 uses 关系已被取消,且 UML 1.3 版本中 include 和 extend 都是依赖关系的版型,而不是泛化关系的版型。

3.4.3　扩展关系

扩展(extend)关系的基本含义与泛化关系类似。但在扩展关系中,对于扩展用例(extension use case)有更多的规则限制,即基本用例必须声明若干"扩展点"(extension point),而扩展用例只能在这些扩展点上增加新的行为和含义。与包含关系一样,扩展关系也是依赖关系的版型,也就是说,包含关系是特殊的依赖关系。

如图 3.8 所示是同时具有扩展关系和包含关系的例子,在这个例子中,可以看到基本用例、包含用例、扩展用例等概念间的联系和区别。

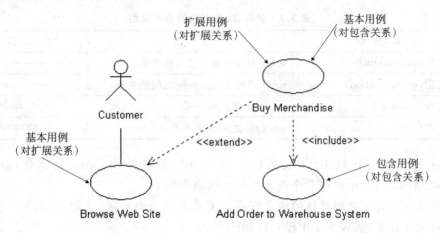

图 3.8　包含用例和扩展用例

对于 Buy Merchandise 这个用例,它扩展了 Browse Web Site 这个用例,同时也包含了 Add Order to Warehouse System 这个用例。因此对于 Browse Web Site 这个用例来说是扩展用例,但对于 Add Order to Warehouse System 这个用例来说是基本用例。

与包含关系不同的是,在扩展关系中,箭头的方向是从扩展用例到基本用例,也就是说,扩展用例是依赖于基本用例的。

3.4.4　用例的泛化、包含、扩展关系的比较

一般来说,可以用"is a"和"has a"来判断使用哪种关系。泛化关系和扩展关系表示的是用例之间的"is a"关系,包含关系表示的是用例之间的"has a"关系。扩展关系和泛化关系相比,多了扩展点的概念,也就是说,一个扩展用例只能在基本用例的扩展点上进行扩展。

在扩展关系中,基本用例一定是一个 well formed 的用例,即是可以独立存在的用例。一个基本用例执行时,可以执行、也可以不执行扩展部分。

在包含关系中,基本用例可能是、也可能不是 well formed。在执行基本用例时,一定会执行包含用例(inclusion use case)部分。

如果需要重复处理两个或多个用例时,可以考虑使用包含关系,实现一个基本用例对另一个用例的引用。

当处理正常行为的变型而且只是偶尔描述时,可以考虑只用泛化关系。

当描述正常行为的变型而且希望采用更多的控制方式时,可以在基本用例中设置扩展点,使用扩展关系。

扩展关系是 UML 中较难理解的一个概念,如果把扩展关系看作带有更多规则限制的泛化关系,则可以帮助理解。事实上,在 UML specificaition 1.1 版本以前,扩展关系就

是用泛化关系的版型表示的,在 1.3 版本后,扩展关系改为用依赖关系的版型表示。

表 3.1 是参与者、用例之间关系(relationship)的总结。

表 3.1 参与者、用例间的关系类型

关系类型	说明	表示符号
关联(association)	actor 和 use case 之间的关系	———
泛化(generalization)	actor 之间或 use case 之间的关系	——→
包含(include)	use case 之间的关系	<<include>>
扩展(extend)	use case 之间的关系	<<extend>>

在这里总结一下 UML 中关系(relationship)、关联(association)、泛化(generalization)、依赖(dependency)这几个概念之间的区别和联系。

关系是模型元素之间具体的语义联系。关系可以分为关联、泛化、依赖等几种,另外还有一种关系是实现,表 3.1 中没有提到。

关联是两个或多个类元(classifier)之间的关系,它描述了类元的实例之间的联系。这里所说的类元是一种建模元素,常见的类元包括类(class)、参与者(actor)、组件(component)、数据类型(data type)、接口(interface)、结点(node)、信号(signal)、子系统(subsystem)、用例(use case)等,其中类是最常见的类元。

泛化关系表示的是两个类元之间的关系。这两个类元中,一个相对通用,一个相对特殊。相对特殊的类元的实例可以出现在相对通用的类元的实例能出现的任何地方,也就是说,相对特殊的类元在结构和行为上与相对通用的类元是一致的,但相对特殊的类元包含更多的信息。

依赖关系表示的是两个元素或元素集之间的一种关系,被依赖的元素称作目标元素,依赖元素称作源元素。当目标元素改变时,源元素也要做相应的改变。包含关系和扩展关系都属于依赖关系。

3.5 用 例 图

用例图(use case diagram)是显示一组用例、参与者以及它们之间关系的图。在 UML 中,一个用例模型由若干个用例图描述。如图 3.9 所示是在 Rational Rose 2003 中画出的金融贸易系统的用例图。

在上面的例子中,有 Trading Manager、Accounting System、Trader、SalesPerson 等参与者。其中 Accounting System 这个参与者是一个外部系统,用例有 Set Limits、Update Accounts、Analyze Risk、Price Deal、Capture Deal、Limits Exceeded 等。

需要说明的是,Rose 中并没有实现 UML 1.5 规范说明中的所有建模符号,如 3.4.3 节提到的扩展点在 Rose 中就不能直接画出来,但这并不妨碍 Rose 成为市场领先的支持 UML 的工具。另外,在参考文献[BB02]中有如何使用 Rose 的详细说明,这里不具体介绍如何使用 Rose 工具。

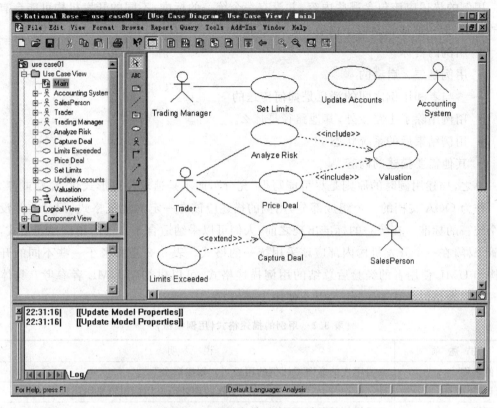

图 3.9　金融贸易系统的用例图

UML 规范说明中并不使用颜色作为图形语义的区分标记，但建模人员可以在 Rose 中给某些图符加上填充颜色，以强调某一部分的模型，或希望引起使用者的特别注意。但在语义上，使用填充颜色和不使用填充颜色的模型是一样的。

3.6　用例的描述

在用例图中，一个用例是用一个命名的椭圆表示的，但如果没有对这个用例的具体说明，那么还是不清楚该用例到底会完成什么功能。没有描述的用例就像是一本书的目录，我们只知道该目录标题，但并不知道该目录的具体内容是什么。对于 UML 初学者，一个很容易忽视的问题就是缺少用例的描述或用例的描述不完整，往往只是用一个椭圆表示用例。在 3.1 节给出的用例定义中也可以看到，用例是一个"文字描述序列"，是"动作序列的说明"。事实上，用例的描述才是用例的主要部分，是后续的交互图分析和类图分析必不可少的部分。

一般来说，用例采用自然语言描述参与者与系统进行交互时双方的行为，不追求形式化的语言表达。因为用例最终是给开发人员、用户、项目经理、测试人员等不同类型的人员看的，如果采用形式化的描述，对大部分人来说会很难理解。

用例的描述应该包含哪些内容,并没有一个统一的标准,不同的开发机构可能会有不同的要求,但一般应包括以下内容:
- 用例的目标
- 用例是怎么启动的
- 参与者和用例之间的消息是如何传送的
- 用例中除了主路径外,其他路径是什么
- 用例结束后的系统状态
- 其他需要描述的内容

总之,描述用例时的原则是尽可能写得"充分",而不是追求写得形式化、完整或漂亮。

作为 OOA 文档的一个组成部分,用例的描述应该有一定的规范格式,但目前并没有一个统一的标准。在统一的标准出现之前,人们可以采纳适合于自己的用例描述格式,但不管怎样,在一个开发机构内部应该采用统一的格式。表 3.2 是参考了一些不同的开发机构和 UML 使用者的经验后总结的用例描述格式,可以供初学 UML 者参考。具体使用时可用表格的形式表示,也可以不使用表格形式。

表 3.2 用例的描述格式(用例模板)

描 述 项	说 明
用例名称	表明用户的意图或用例的用途,如"划拨资金"
标识符[可选]	惟一标识符,如"UC1701",在文档的别处可以用标识符来引用这个用例
用例描述	概述用例的几句话
参与者	与此用例相关的参与者列表
优先级	一个有序的排列,1 代表优先级最高
状态[可选]	用例的状态,通常为以下几种之一:进行中、等待审查、通过审查或未通过审查
前置条件	一个条件列表,如果其中包含条件,则这些条件必须在访问用例之前得到满足
后置条件	一个条件列表,如果其中包含条件,则这些条件将在用例完成以后得到满足
基本操作流程	描述用例中各项工作都正常进行时用例的工作方式
可选操作流程	描述变更工作方式、出现异常或发生错误的情况下所遵循的路径
被泛化的用例	此用例所泛化的用例列表
被包含的用例	此用例所包含的用例列表
被扩展的用例	此用例所扩展的用例列表
修改历史记录[可选]	关于用例的修改时间、修改原因和修改人的详细信息
问题[可选]	与此用例的开发相关的问题列表
决策[可选]	关键决策的列表,将这些决策记录下来以便维护时使用
频率[可选]	参与者访问此用例的频率,如用户是每日访问一次还是每月访问一次

表 3.3 是对用例"处理订单"的描述。与表 3.2 的模板相比,少了问题、决策、频率这 3 个描述项。

表 3.3 用例"处理订单"的描述

用例名称	处理订单
标识符	UC1701
用例描述	当一个订单初始化或者被查询的时候是这个用例的开始。它处理有关订单的初始化定义和授权等问题,但订单业务员完成了同一个顾客的对话的时候,它就结束了
参与者	订单业务员
优先级	1
状态	通过审查
前置条件	订单业务员登录进入系统
后置条件	下订单;库存数目减少
基本操作流程	1. 顾客来订购一个吉他,并且提供信用卡作为支付手段…… 2. ……
可选操作流程	(可能有 4 个可选操作流程) 顾客来订购一个吉他,并且使用汇票的方式…… 顾客来订购一个风琴,并且提供信用卡作为支付手段…… 顾客使用信用卡下订单,但那张信用卡是无效的…… 顾客来下订单,但他想要的商品没有存货……
被泛化的用例	无
被包含的用例	无
被扩展的用例	无
修改历史记录	张三,定义基本操作流程,2003 年 5 月 4 日 张三,定义可选操作流程,2003 年 5 月 8 日

用例描述虽然看起来简单,但事实上它是捕获用户需求的关键一步。很多 UML 初学者虽然也能给出用例的描述,但描述中往往存在很多错误或不恰当的地方,在描述用例时易犯的错误包括:

- 只描述系统的行为,没有描述参与者的行为
- 只描述参与者的行为,没有描述系统的行为
- 在用例描述中就设定对用户界面的设计的要求
- 描述过于冗长

A. Cockburn 在[Coc00]中给出了很多错误的用例描述的例子。下面给出几个典型的例子。(为了说明问题,在给出描述时并没有完全按照表 3.2 中用例描述模板的格式,只给出了操作流程的描述。)

例 3.5 下面是一个用例描述的片断:

Use Case:Withdraw Cash

参与者:Customer

主事件流:

(1) 储户插入 ATM 卡,并键入密码。

(2) 储户按 Withdrawal 按钮,并键入取款数目。

(3) 储户取走现金、ATM 卡并拿走收据。

(4) 储户离开。

上述描述中存在的问题是只描述了参与者的动作序列,而没有描述系统的行为,改进的描述如下:

Use Case:Withdraw Cash

参与者:Customer

主事件流:

(1) 通过读卡机,储户插入 ATM 卡。

(2) ATM 系统从卡上读取银行 ID、账号、加密密码,并用主银行系统验证银行 ID 和账号。

(3) 储户键入密码,ATM 系统根据上面读出的卡上加密密码,对密码进行验证。

(4) 储户按 FASTCASH 按钮,并键入取款数量,取款数量应该是 5 美元的倍数。

(5) ATM 系统通知主银行系统,传递储户账号和取款数量,并接收返回的确认信息和储户账户余额。

(6) ATM 系统输出现金、ATM 卡和显示账户余额的收据。

(7) ATM 系统记录事务到日志文件。

例 3.6 下面是一个用例描述的片断:

Use Case:Withdraw Cash

参与者:Customer

主事件流:

(1) ATM 系统获得 ATM 卡和密码。

(2) 设置事务类型为 Withdrawal。

(3) ATM 系统获取要提取的现金数目。

(4) 验证账户上是否有足够储蓄金额。

(5) 输出现金、数据和 ATM 卡。

(6) 系统复位。

上述描述中存在的问题是只描述了 ATM 系统的行为,而没有描述参与者的行为,这样的描述很难理解、验证和修改,改进的描述同例 3.5。

例 3.7 下面是一个用例描述的片断:

Use Case:Buy Something

参与者:Customer

主事件流:

(1) 系统显示 ID and Password 窗口。

(2) 顾客键入 ID 和密码,然后按 OK 按钮。

(3) 系统验证顾客 ID 和密码,并显示 Personal Information 窗口。

(4) 顾客键入姓名、街道地址、城市、邮政编码、电话号码,然后按 OK 按钮。

(5) 系统验证用户是否为老顾客。

(6) 系统显示可以卖的商品列表。

(7) 顾客在准备购买的商品图片上单击,并在图片旁边输入要购买的数量。选购商品完毕后按 Done 按钮。

(8) 系统通过库存系统验证要购买的商品是否有足够库存。

……(后续描述省略)

上述描述中存在的问题是对用户界面的描述过于详细。对于需求文档来说,详细的用户描述对获取需求并无帮助。改进的描述如下所示:

Use Case:Buy Something

参与者:Customer

主事件流:

(1) 顾客使用 ID 和密码进入系统。

(2) 系统验证顾客身份。

(3) 顾客提供姓名、地址、电话号码。

(4) 系统验证顾客是否为老顾客。

(5) 顾客选择要购买的商品和数量。

(6) 系统通过库存系统验证要购买的商品是否有足够库存。

……(后续描述省略)

例 3.8 下面是一个用例描述的片断:

Use Case:Buy Something

参与者:Customer

主事件流:

(1) 顾客使用 ID 和密码进入系统。

(2) 系统验证顾客身份。

(3) 顾客提供姓名。

(4) 顾客提供地址。

(5) 顾客提供电话号码。

(6) 顾客选取商品。

(7) 顾客确定商品的数量

(8) 系统验证顾客是否为老顾客。

(9) 系统打开到库存系统的连接。

(10) 系统通过库存系统请求当前库存量。

(11) 库存系统返回当前库存量。

(12) 系统验证购买商品的数量是否少于库存量。

……(后续描述省略)

上述描述中存在的问题是对用例的描述过于冗长。可以采用更为简洁的描述方式,如合并类似的数据项(步骤(3)至步骤(5)),提供抽象的高层描述(步骤(9)至(12))等。改进的描述可以如下所示:

Use Case:Buy Something

参与者:Customer

主事件流：
（1）顾客使用 ID 和密码进入系统。
（2）系统验证顾客身份。
（3）顾客提供个人信息（包括姓名、地址、电话号码），选择要购买的商品及数量。
（4）系统验证顾客是否为老顾客。
（5）系统使用库存系统验证要购买的商品数量是否少于库存量。
……（后续描述省略）

3.7 寻找用例的方法

用例分析的步骤可以按下面的顺序进行：
（1）找出系统外部的参与者和外部系统，确定系统的边界和范围。
（2）确定每一个参与者所期望的系统行为。
（3）把这些系统行为命名为用例。
（4）使用泛化、包含、扩展等关系处理系统行为的公共或变更部分。
（5）编制每一个用例的脚本。
（6）绘制用例图。
（7）区分主事件流和异常情况的事件流，如果需要，可以把表示异常情况的事件流作为单独的用例处理。
（8）细化用例图，解决用例间的重复与冲突问题。
当然上述这个顺序并不是固定的，可以根据需要进行一些调整。

采用用例分析法捕获用户的需求，其中一个比较困难的工作是确定系统应该包含哪些用例，以及如何有效地发现这些用例。事实上，在做用例分析时，并没有一个固定的方式或方法来发现用例，而且对同一个系统，往往会同时存在多种解决方案，但其中某些方案会比另一些方案好。与设计和实现阶段相比，需求分析阶段更多的还是依赖于分析人员的个人经验和领域知识。例如，如果某分析人员以前做过类似的系统分析和开发工作，那么以后再做类似的工作时就比较容易，但如果是针对一个全新的领域，往往会觉得很难入手，这时就需要领域专家的帮助。

下面的这些启发性原则可以帮助分析人员发现用例：
- 和用户交互。寻找用例的一个途径就是和系统的潜在用户会面、交谈。有可能不同的用户对系统的描述会是完全不同的，即使是同一个用户，他对系统的描述也可能是模糊的、不一致的，这时就需要分析员做出判断和抉择。
- 把自己当作参与者，与设想中的系统进行交互。问一些问题，例如系统交互的目的是什么？需要向系统输入什么信息？希望由系统进行什么处理并从它那里得到何种结果？等等，都有助于发现用例。
- 确定用例和确定参与者不能截然分开。

Jacobson 作为用例方法的提出者，也提出了一些原则来帮助发现用例，如通过回答

下列问题来帮助发现用例:
- 参与者的主要任务是什么?
- 参与者需要了解系统的什么信息?需要修改系统的什么信息?
- 参与者是否需要把系统外部的变化通知系统?
- 参与者是否希望系统把异常情况的变化通知自己?

随着分析人员开发经验的不断积累,对于如何寻找用例会逐渐形成自己的一套方法,也可以通过与其他人的交流来提高自己的分析水平。

3.8 常见问题分析

(1) 用例的粒度问题。对于一个系统来说,不同的人进行用例分析后得到的用例数目有多有少。如果用例粒度(granularity)很大,那么得到的用例数就会很少,如果用例粒度很小,那么得到的用例数就会很多。那么用例数目多少比较适合?

答:这是很多人争论的问题。例如,Ivar Jacobson 认为,对一个 10 人年的项目,他需要大约 20 个用例,而在一个相同规模的项目中,Martin Fowler 则用了 100 多个用例。(Martin Fowler 是流行的 UML 入门书"UML distilled"的作者之一[FS99],该书在 UML 领域的影响很大。)

(2) 在一个系统中,有几个相似的功能,那么是将它们放在同一个用例中,还是分成几个用例?假设有这样的需求,在学生档案管理中,管理员经常需要做 3 件事:增加一条学生记录、修改一条学生记录、删除一条学生记录。如果要画出用例图,则以下两种方法哪种更合适?

方法 1:用例图如图 3.10 所示,并分成 3 个脚本,分别画 3 个交互图。脚本 1 为增加学生记录,脚本 2 为修改学生记录,脚本 3 为删除学生记录。

方法 2:用例图如图 3.11 所示,以后每个用例画一个交互图。

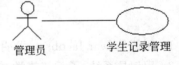

图 3.10 方法 1 的用例图

答:这种类型的例子在进行用例分析时会经常遇到。不同的人对这个问题会有不同的意见,如台湾某著名 OO 专家认为采用方法 2 较好,但也有不少 OO 专家认为采用方法 1 较好,如 A. Cockburn 等。从捕获用户需求的角度考虑,作者也建议采用方法 1。采用方法 2 的一个主要问题是限制了分析人员的思路。虽然从用例图可以发现,对学生记录的操作有增加、修改和删除,但事实上,用户的真正目的可能并不是对记录进行增加、修改或删除,而是别的目的。如学生转学这个要求,虽然这个要求会涉及学生记录的增加、修改和删除,但如果采用了方法 2,有可能会忽视了学生转学这个真正的用户需求。

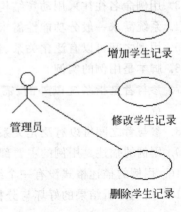

图 3.11 方法 2 的用例图

采用方法2的分析人员往往还是从对数据处理的角度考虑,而不是从捕获用户需求的角度考虑。这个例子是用例分析中一个非常典型的问题,也被称作CRUD(create,retrieve,update,delete)问题。解决这类问题的要点是从用户需求的角度考虑,而不是从数据处理的角度考虑,这样就不大可能会得到类似方法2中的用例图了。

(3) 三层结构如何采用用例表示?

答:这也是一个非常典型的问题。一般初学者在进行用例分析时,往往很容易会考虑到实现的问题。事实上,用例是用来描述系统需求的,一般不在用例分析阶段考虑系统的实现问题。如果需要描述系统的三层结构,则在类图、部署图等中表示。

(4) 如图3.12所示的用例图和如图3.13所示的用例图有何区别,在表示用例的包含关系方面是否正确?

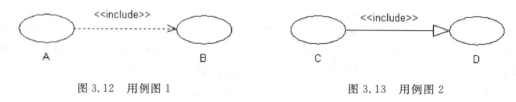

图 3.12 用例图 1　　　　　　　　图 3.13 用例图 2

答:用例间的包含关系是依赖关系的版型,因此图3.12是正确的表示方法。对于图3.13,C和D之间存在泛化关系,而 << include >> 表示为泛化关系上的版型。当然根据版型的定义,可以在泛化关系上加版型,但这只是在语法上成立,而在语义上,泛化关系上的 << include >> 版型并没有特殊的用处。所以图3.13这样的表示方法是不恰当的。

3.9　小　　结

1. 用例是Ivar Jacobson发明的概念,用例驱动的软件开发方法已得到广泛的认同。
2. 用例是系统、子系统或类和外部的参与者交互的动作序列的说明,包括可选的动作序列和会出现异常的动作序列。
3. 用例命名往往采用动宾结构或主谓结构。
4. 系统需求一般分功能性需求和非功能性需求两部分,用例只涉及功能性方面的需求。
5. 用例之间可以有泛化关系、包含关系、扩展关系等。
6. 脚本是用例的实例。
7. 参与者是指系统以外的、需要使用系统或与系统交互的东西,包括人、设备、外部系统等。
8. 参与者之间可以有泛化关系。
9. 用例的描述是用例的主要部分。
10. 用例的描述格式没有一个统一的标准,不同的开发机构可以采用自认为合适的格式。
11. 用例分析结果的好坏与分析人员的个人经验和领域知识有很大的关系。

第 4 章 顺序图和协作图

4.1 交互图概述

交互图(interaction diagram)是用来描述对象之间以及对象与参与者(actor)之间的动态协作关系以及协作过程中行为次序的图形文档。它通常用来描述一个用例的行为,显示该用例中所涉及的对象和这些对象之间的消息传递情况。

交互图包括顺序图(sequence diagram)和协作图(collaboration diagram)两种形式。顺序图着重描述对象按照时间顺序的消息交换,协作图着重描述系统成分如何协同工作。顺序图和协作图从不同的角度表达了系统中的交互和系统的行为,它们之间可以相互转化。一个用例需要多个顺序图或协作图,除非特别简单的用例。

交互图可以帮助分析人员对照检查每个用例中所描述的用户需求,如这些需求是否已经落实到能够完成这些功能的类中去实现,提醒分析人员去补充遗漏的类或方法。交互图和类图可以相互补充,类图对类的描述比较充分,但对对象之间的消息交互情况的表达不够详细;而交互图不考虑系统中的所有类及对象,但可以表示系统中某几个对象之间的交互。

需要说明的是,交互图描述的是对象之间的消息发送关系,而不是类之间的关系。在交互图中一般不会包括系统中所有类的对象,但同一个类可以有多个对象出现在交互图中。

4.2 顺 序 图

顺序图也称时序图。Rumbaugh 对顺序图的定义是:顺序图是显示对象之间交互的图,这些对象是按时间顺序排列的[RJB99]。特别地,顺序图中显示的是参与交互的对象及对象之间消息交互的顺序。

如图 4.1 所示是一个简单的顺序图例子。

顺序图是一个二维图形。在顺序图中水平方向为对象维,沿水平方向排列的是参与交互的对象。其中对象间的排列顺序并不重要,但一般把表示参与者的对象放在图的两侧,主要参与者放在最左边,次要参与者放在最右边(或表示人的参与者放在最左边,表示系统的参与者放在最右边)。顺序图中的垂直方向为时间维,沿垂直向下方向按时间递增顺序列出各对象所发出和接收的消息。

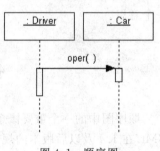

图 4.1 顺序图

顺序图中包括的建模元素有:对象(参与者实例也是对象)、生命线(lifeline)、控制焦点(focus of control,FOC)、消息(message)等。

顺序图中对象的命名方式主要有 3 种(协作图中的对象命名方式也一样),如图 4.2 所示。

图 4.2 顺序图中对象的命名方式

第一种命名方式包括对象名和类名。第二种命名方式只显示类名不显示对象名,即表示这是一个匿名对象。第三种命名方式只显示对象名不显示类名,即不关心这个对象属于什么类。

生命线在顺序图中表示为从对象图标向下延伸的一条虚线,表示对象存在的时间,如图 4.3 所示。

控制焦点是顺序图中表示时间段的符号,在这个时间段内,对象将执行相应的操作。控制焦点表示为在生命线上的小矩形,如图 4.4 所示。

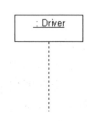

图 4.3 生命线

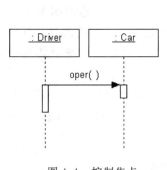

图 4.4 控制焦点

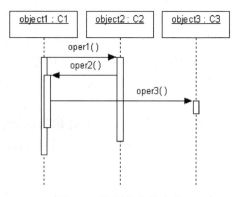

图 4.5 控制焦点的嵌套

控制焦点可以嵌套,嵌套的控制焦点可以更精确地说明消息的开始和结束位置。如图 4.5 所示。

另外与控制焦点相关的概念是激活期(activation)。激活期表示对象执行一个动作的期间,即对象激活的时间段。根据定义可以知道,控制焦点和激活期事实上表示的是同一个意思。

4.3 顺序图中的消息

顺序图中的一个重要概念是消息。消息也是 UML 规范说明中变化较大的一个内容。UML 在 1.4 及以后版本的规范说明中对顺序图中的消息做了简化,只规定了调用消息、异步消息和返回消息这 3 种消息,而在 UML 1.3 及以前版本的规范说明中还有简单消息这种类型。此外 Rose 对消息又做了扩充,增加了阻止(balking)消息、超时(time-out)消息等。

4.3.1 调用消息

调用(procedure call)消息的发送者把控制传递给消息的接收者,然后停止活动,等待消息接收者放弃或返回控制。调用消息可以用来表示同步的意义,事实上,在 UML 规范说明的早期版本中,就是采用同步消息这个术语的。(现在的 Rose 2003 版本中,为了与早期的版本兼容,还可以使用同步消息,但采用不同的箭头符号表示。)

调用消息的表示符号如图 4.6 所示,其中 oper() 是一个调用消息。

一般地,调用消息的接收者必须是一个被动对象(passive object),即它是一个需要通过消息驱动才能执行动作的对象。

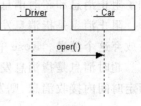

图 4.6 调用消息

另外调用消息必有一个配对的返回消息,为了图的简洁和清晰,与调用消息配对的返回消息可以不用画出。

4.3.2 异步消息

异步(asynchronous)消息的发送者通过消息把信号传递给消息的接收者,然后继续自己的活动,不等待接收者返回消息或控制。异步消息的接收者和发送者是并发工作的。如图 4.7 所示是 UML 规范说明 1.4 及以后版本中表示异步消息的符号。与调用消息相比,异步消息在箭头符号上不同。

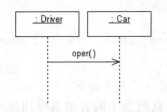

图 4.7 UML 规范说明 1.4 及
以后版本中的异步消息

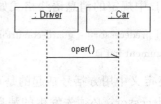

图 4.8 UML 规范说明 1.3 及
以前版本中的异步消息

需要说明的是,这是 UML 规范说明 1.4 及以后版本中表示异步消息的符号。同样的符号在 UML 规范说明 1.3 及以前版本中表示的是简单消息,而在 UML 规范说明 1.3 及以前版本中表示异步消息是采用半箭头的符号,如图 4.8 所示。

4.3.3 返回消息

返回(return)消息表示从过程调用返回。如果是从过程调用返回,则返回消息是隐含的,所以返回消息可以不用画出来。对于非过程调用,如果有返回消息,必须明确表示出来。如图 4.9 所示是返回消息的表示符号,其中的虚线箭头表示

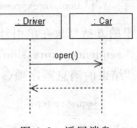

图 4.9 返回消息

对应于 oper()这个消息的返回消息。

4.3.4 阻止消息和超时消息

除了调用消息、异步消息和返回消息这 3 种消息外,Rose 还对消息类型做了扩充,增加了阻止消息和超时消息。

阻止消息是指消息发送者发出消息给接收者,如果接收者无法立即接收消息,则发送者放弃这个消息。Rose 中用折回的箭头表示阻止消息,如图 4.10 所示。

超时消息是指消息发送者发出消息给接收者并按指定时间等待。如果接收者无法在指定时间内接收消息,则发送者放弃这个消息。如图 4.11 所示是超时消息的例子。

图 4.10 阻止消息　　　　　　　　图 4.11 超时消息

4.3.5 消息的语法格式

UML 中规定的消息语法格式如下:

[predecessor] [guard-condition] [sequence-expression] [return-value :=] message-name([argument-list])

上述定义中用方括号括起的是可选部分,各语法成分的含义如下。

predecessor:必须先发生的消息的列表。其中消息列表中的各消息号用逗号分隔,格式如下:

sequence-number ',' ... '/'

guard-condition:警戒条件,是一个在方括号中的布尔表达式,表示只有在 guard-condition 满足时才能发送该消息。格式如下:

'[' boolean-expression ']'

这里的方括号放在单引号中,表示这个方括号是一个字符,是消息的组成部分。

sequence-expression:消息顺序表达式。消息顺序表达式是用句点"."分隔、以冒号":"结束的消息顺序项(sequence-term)列表,格式如下:

sequence-term '.' ... ':'

其中可能有多个消息顺序项,各消息顺序项之间用句点(".")分隔,每个消息顺序项的语法格式为：

　　　　[integer | name] [recurrence]

其中 integer 表示消息序号，name 表示并发的控制线程。例如，如果两个消息为 3.1a，3.1b，则表示这两个消息在激活期 3.1 内是并发的。recurrence 表示消息是条件执行或循环执行，有几种格式：

　　　　'*' ['['iteration-clause']']

表示消息要循环发送。

　　　　'['condition-clause']'

表示消息是根据条件发送的。

例如下面的两个子句分别表示消息要循环发送和条件发送：

　　　　*[i := 1..n]
　　　　[x > y]

需要说明的是，UML 中并没有规定循环子句和条件子句的格式，分析人员可以根据具体情况选用合适的子句表示格式。另外如果循环发送的消息是并发的，可用符号 *|| 表示。

return-value：将赋值为消息的返回值的名字列表。如果消息没有返回值，则 return-value 部分被省略。

message-name：消息名。

argument-list：消息的参数列表。

表 4.1 是一些消息的例子。

表 4.1 消息的例子

2：display (x, y)	简单消息
1.3.1：p := find(specs)	嵌套消息，消息带返回值
[x<0] 4：invert (x, color)	条件消息
3.1 *：update ( )	循环消息
A3，B4/ C2：copy(a,b)	线程间同步

在表 4.1 中，需要注意的是第 5 个例子 A3，B4/C2：copy(a,b)，它表示的是有 3 个线程 A、B、C。在发送线程 C 的第 2 个消息前，必须先发送线程 A 的第 3 个消息和线程 B 的第 4 个消息。

4.4 建立顺序图的步骤

在分析和设计过程中，建立顺序图并没有一个标准的步骤，下面给出的步骤只是指导性原则：

(1) 确定交互过程的上下文(context)。

(2) 识别参与交互过程的对象。

(3) 为每个对象设置生命线,即确定哪些对象存在于整个交互过程中,哪些对象在交互过程中被创建和撤销。

(4) 从引发这个交互过程的初始消息开始,在生命线之间自顶向下依次画出随后的各个消息。

(5) 如果需要表示消息的嵌套,或/和表示消息发生时的时间点,则采用控制焦点。

(6) 如果需要说明时间约束,则在消息旁边加上约束说明。(约束是 UML 的 3 种扩展机制之一。)

(7) 如果需要,可以为每个消息附上前置条件和后置条件。

4.5 协 作 图

前面介绍了交互图的一种形式——顺序图,下面介绍交互图的另一种形式——协作图。协作图是用于描述系统的行为是如何由系统的成分协作实现的图,协作图中包括的建模元素有对象(包括参与者实例、多对象、主动对象等)、消息、链等。

对象这个概念前面已多次提到,这里主要强调多对象和主动对象的概念。在协作图中,多对象指的是由多个对象组成的对象集合,一般这些对象是属于同一个类的。当需要把消息同时发给多个对象而不是单个对象的时候,就要使用多对象这个概念。在协作图中,多对象用多个方框的重叠表示,如图 4.12 所示。

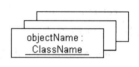

图 4.12 多对象

其实在顺序图中,也可以使用多对象。在对象的规范说明(specification)中可以将对象设置为多对象,但显示出来时和单对象是一样的,并没有显示为多个方框的重叠。

主动对象是一组属性和一组方法的封装体,其中至少有一个方法不需要接收消息就能主动执行(称作主动方法)。也就是说,主动对象可以在不接受外部消息的情况下自己开始一个控制流。除含有主动方法外,主动对象的其他方面与被动对象没有区别。主动对象在 UML 和 Rose 中的表示是不同的,在 UML 中是用加粗的边框表示,如图 4.13 所示。

Rose 中是在对象名的左下方加 active 说明表示。如图 4.14 所示。

图 4.13 UML 中的主动对象

图 4.14 Rose 中的主动对象

协作图中消息的概念和顺序图中消息的概念一样,这里就不重复介绍了。

协作图中用链(link)来连接对象,而消息显示在链的旁边,一个链上可以有多个消息。在 UML 中,很多元素都有实例(instance)。例如对象是类的实例,脚本是用例的实例,而链是关联的实例。在链上可以加一些修饰,如角色名、导航(navigation,即表示链是单向还是双向的)、链两端的对象是否有聚集关系等,但由于链是连接对象的,所以,链的两端没有多重性(multiplicity)标记。

需要说明的是,顺序图不使用链,只有在协作图中才使用链的概念。

4.6　建立协作图的步骤

在分析和设计过程中,建立协作图并没有一个标准的步骤,下面给出的步骤只是指导性的原则:

(1) 确定交互过程的上下文(context)。
(2) 识别参与交互过程的对象。
(3) 如果需要,为每个对象设置初始特性。
(4) 确定对象之间的链(link),以及沿着链的消息。
(5) 从引发这个交互过程的初始消息开始,将随后的每个消息附到相应的链上。
(6) 如果需要表示消息的嵌套,则用 Dewey 十进制数表示法。
(7) 如果需要说明时间约束,则在消息旁边加上约束说明。
(8) 如果需要,可以为每个消息附上前置条件和后置条件。

4.7　顺序图和协作图的比较

顺序图和协作图都属于交互图,都用于描述系统中对象之间的动态关系。两者可以相互转换,但两者强调的重点不同。顺序图强调的是消息的时间顺序,而协作图强调的是参与交互的对象的组织。在两个图所使用的建模元素上,两者也有各自的特点。顺序图中有对象生命线和控制焦点,协作图中没有;协作图中有路径,并且协作图中的消息必须要有消息顺序号,但顺序图中没有这两个特征。

和协作图相比,顺序图在表示算法、对象的生命期、具有多线程特征的对象等方面相对来说更容易一些,但在表示并发控制流方面会困难一些。

顺序图和协作图在语义上是等价的,两者之间可以相互转换,但两者并不能完全相互代替。顺序图可以表示某些协作图无法表示的信息,同样,协作图也可以表示某些顺序图无法表示的信息。例如,在顺序图中不能表示对象与对象之间的链,对于多对象和主动对象也不能直接显示出来,在协作图中则可以表示;协作图不能表示生命线的分叉,在顺序图中则可以表示。

4.8　工具支持

制定 UML 规范说明的一个目的就是为了有利于 UML 支持工具的开发,以吸引更多的开发商提供与 UML 有关的工具。Booch 在[BRJ99]中对一些可能出现的工具进行过分析,认为以下两种类型的工具是迫切需要的,也是将来最有可能出现的。

第一种类型的工具是支持模型以动画方式执行,这样在分析和设计阶段就能发现系统中可能存在的问题。事实上,目前已出现了一些支持 UML 模型以动画方式执行的工具,如 iUML(http://www.kc.com/products/iuml/)。当然,一些工具在提供动画支持时,对 UML 做了一些扩充,增加了一些动作语义(action semantics),有关动作语义的部分也是 UML 规范说明 2.0 中重点考虑的一个内容。

第二种类型的工具是支持软件开发的正向工程(forward engineering)和逆向工程(reverse engineering)的工具,即支持双向工程(round-trip engineering)的工具。

目前对 UML 支持得比较好的工具是 Rational Rose。虽然 Rose 不支持 UML 1.5 中的全部建模符号,但如果与 Rational 公司的其他工具,如 Clearcase、ClearQuest、RequisitePro 等结合使用,则能很好地对软件开发的整个过程进行支持,这也是 Rose 工具和别的工具相比具有优势的地方。同时 Rose 还得到很多厂家或个人的支持,一些厂家或个人针对 Rose 开发了很多插入件来增强 Rose 的功能,以满足某些特定的需要。

4.9 常见问题分析

(1) 如何在顺序图中表示消息的循环发送?

答:在 4.3.5 节介绍消息的语法格式时已给出了循环发送消息的方法,即在消息名字前加循环条件。例如下面消息中的 message1 和 message2 表示要重复发送的消息,其中 1.1、1.2 是消息序号。

1.1 *[for all order lines]: message1()
2.1 *[i := 1..n]: message2()

(2) 如何在顺序图中表示消息的条件发送?

答:表示消息的条件发送可以有下面几种方法:
① 在消息上加警戒条件。
② 在消息名字前加条件子句。
③ 使用文字说明。
④ 分成多个顺序图。

第①种方法在表 4.1 中有例子,第②种方法在 4.3.5 节介绍消息的语法格式时有一个例子。如图 4.15 所示是采用第③种方法的例子,用文字说明 C1 的对象根据不同条件发送不同消息,即在条件为 TRUE 时发送消息 message1,条件为 FALSE 时发送消息 message2。

有时候用多个顺序图来描述在不同的条件下发送不同的消息可能更好。一个顺序图不要过于复杂,如果在一个顺序图中表示过于复杂的条件逻辑,则会使整个图显得凌乱,不能表示出真正的意思。

(3) 如何在顺序图中表示时间约束?

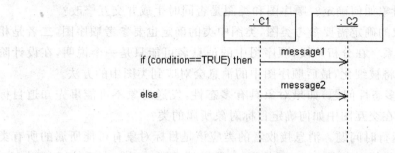

图 4.15 根据不同条件发送不同消息

答：可以利用 UML 的 3 种扩展机制之一——约束（constraint）来表示。图 4.16 使用了约束，表示 C1 的对象在 a 这个时间点发出消息，必须在 b 这个时间点收到消息，且 a 和 b 之间的时间间隔小于 2s。

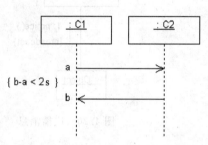

图 4.16 在顺序图中使用约束

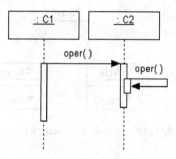

图 4.17 对象自身的递归

（4）如何在顺序图中表示方法的递归？

答：可以利用嵌套的控制焦点表示方法的递归。方法的递归有两种形式，即单个方法的直接递归和多个方法间的间接递归。下面的例子分别说明了这两种情况。

如图 4.17 所示是单个方法的直接递归。其中 oper() 是类 C2 的对象的方法，在其执行过程中，又调用了 oper() 方法。

如图 4.18 所示是多个方法间的间接递归。其中 oper1() 是类 C2 的对象的方法，oper2() 是类 C3 的对象的方法，在 oper1() 的执行过程中，将发送消息给 C3，C3 将执行 oper2() 方法。而 oper2() 方法在执行过程中，将发送消息给 C2，C2 收到消息后，将执行 oper1() 方法。显然，如果在 oper1() 或 oper2() 中没有提供中止条件，将会无休止地调用下去，直到耗尽计算机的资源为止。

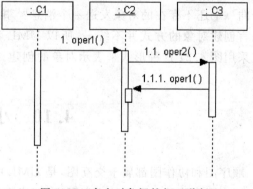

图 4.18 多个对象间的相互递归

需要说明的是，这多个方法不一定要在多个类中，同一个类中的多个方法间也可以间接递归。

(5) 顺序图中的对象如何确定？顺序图和类图是否同时生成并交互修改？

答：顺序图中对象的确定需要参考类图，类图中类的确定也要参考顺序图，二者是相互补充、相互协调的关系。在分析阶段，顺序图中的消息名可能只是一个说明，在设计阶段，顺序图中的消息名将被细化，最后顺序图中的消息会对应到类图中的方法。

(6)（交互图中的多态性问题）如果对象具有多态性，发送对象不可能事先知道目标对象属于哪个类，因此在交互图中如何确定目标对象所属的类？

答：多态性属于运行时问题。消息接收者的类应该是目标对象有可能所属的所有类的祖先类。例如，如果目标对象是 icon，要给 icon 发送消息 draw()，在系统运行时 icon 可能属于类 Graph、Circle 或 Rectangle。这 3 个类的关系如图 4.19 所示，其中类 Graph 是类 Circle 和类 Rectangle 的父类，那么目标对象的类名应该是 Graph。

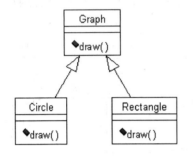

图 4.19　类 Graph、Circle、Rectangle 之间的关系

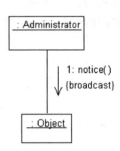

图 4.20　广播消息

(7) 如何在交互图中表示广播消息？

答：可以用版型 << broadcast >> 或约束{broadcast}来表示广播对象。发送对象把系统中的每一个对象都看作一个潜在的目标对象。如图 4.20 所示中的消息 notice()即为广播消息。

(8) 如何在协作图中表示创建一个对象？

答：可以用类似图 4.21 中的发送 create 消息来表示创建对象。当然，如果从消息本身的含义去理解，会很奇怪，为什么会向一个还不存在的对象发送一个消息？事实上，由于不同的语言创建对象的方式并不统一，所以 UML 考虑到这种情况，就采用图 4.21 这种形式来表示对象的创建。

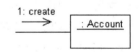

图 4.21　创建对象消息

4.10　小　　结

1. 顺序图和协作图都属于交互图，是 UML 中的动态建模机制。
2. 顺序图强调的是消息的时间顺序，而协作图强调的是参加交互的对象的组织。
3. 顺序图中包括的建模元素有对象、生命线、控制焦点、消息（message）等；协作图中包括的建模元素有对象、消息、链等。

4. 交互图中的消息分为调用消息、异步消息和返回消息等。
5. UML 中可以表示一些复杂的消息。
6. 建立顺序图和协作图并没有标准的步骤,只有一些指导性原则。
7. 目前一般的 UML 工具大多都支持显示交互图,但支持交互图的代码生成和逆向工程的工具还不多。

第 5 章 类图和对象图

5.1 类 的 定 义

在 UML 中,有两个图非常重要,一个是第 3 章中介绍的用例图,另一个就是本章将要介绍的类图。Rumbaugh 对类的定义是:类是具有相似结构、行为和关系的一组对象的描述符[RJB99]。在 UML 中,类表示为划分成 3 个格子的长方形,如图 5.1 所示。

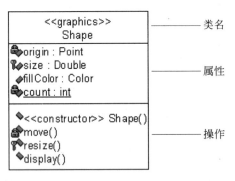

图 5.1 UML 中表示类的符号

在图 5.1 所示的类中,类名是 Shape,共有 4 个属性,分别为 origin、size、fillColor 和 count,其中属性 count 有一下划线,表示该属性是静态(static)属性。Shape 类有 Shape()、move()、resize()和 display() 4 个方法。其中方法 Shape()的版型为 <<constructor>>,表示该方法是构造方法,而 Shape 类是一个版型为 << graphics >> 的类。对于版型的定义在 5.5 节还会介绍。

在定义类的时候,类的命名应尽量用应用领域中的术语,应明确、无歧义,以利于开发人员与用户之间的相互理解和交流。一般而言,类的名字是名词。在 UML 中,类的命名分 simple name 和 path name 两种形式,其中 simple name 形式的类名就是简单的类的名字,而 path name 形式的类名还包括了包名。例如,下面是 path name 形式的类名:

Banking::CheckingAccount

其中 Banking 是包名,CheckingAccount 是包 Banking 中的一个类。

5.1.1 类的属性

属性在类图标的属性分隔框中用文字串说明,最新的 UML 规范说明 1.5 版本中定义属性的格式为:

[可见性]属性名[:类型]['['多重性[次序]']'][= 初始值][{特性}]

根据详细程度的不同,每条属性可以包括属性的可见性、属性名称、类型、多重性、初始值和特性。其中特性是用户对该属性性质的一个约束说明。例如{只读}这样的特性说明该属性的值不能被修改。

上面表示属性的格式中,除了用' '括起来的方括号表示的是一个具体的字符外,其他方括号表示该项是可选项。

例 5.1 属性声明的一些例子。

+size: Area = (100,100)
#visibility: Boolean = false
+default-size: Rectangle
#maximum-size: Rectangle
-xptr: XwindowPtr
colors: Color [3]
points: Point [2..* ordered]
name: String [0..1]

需要说明的是,对属性可见性(visibility)的表示,UML 和 Rose 采用不同的符号,UML 规范中规定的是用+、#、-等符号,而 Rose 中采用 ◆、🔑、🔒 等图形符号表示(参见图 5.1)。

对于例 5.1 中的 points 属性和 name 属性,需要注意它们的多重性部分。多重性声明并不是表示数组的意思。points 的多重性为 2..*,表示该属性值有两个或多个,同时这些值之间是有序的(因为有 ordered 指明)。而 name 这个属性的多重性为[0..1],表示 name 有可能有一个值,也有可能值为 null。特别需要注意的是,name: String [0..1]并不表示 name 是一个 String 数组。

从理论上讲,一个类可以有无限多个属性,但一般不可能把所有的属性都表示出来,因此在选取类的属性时应只考虑那些系统会用到的特征。原则上,由类的属性应能区分每个特定的对象。

5.1.2 类的操作

操作(operation)用于修改、检索类的属性或执行某些动作,操作通常也称为功能。但是它们被约束在类的内部,只能作用到该类的对象上。操作在类图标的操作分隔框中用文字串说明,UML 规范说明 1.5 中规定操作的格式为:

[可见性] 操作名 [(参数列表)] [:返回类型] [{特性}]

其中方括号表示该项是可选项,而{特性}是一个文字串,说明该操作的一些有关信息,例如{query}这样的特性说明表示该操作不会修改系统的状态。操作名、参数列表和返回类型组成操作接口。接口与第 2 章中所介绍的操作的特征标记(signature)这个概念很相似,但也有细微的差别。操作的特征标记一般只包括操作名和参数列表,而不包括返回类型,但接口是包括返回类型的。

例 5.2 操作声明的一些例子。

+display(): Location
+hide()
#create()
-attachXWindow(xwin: XwindowPtr)

需要说明的是，对操作可见性(visibility)的表示，UML 和 Rose 采用不同的符号。UML 规范中规定的是用＋、#、－等符号，而 Rose 中采用 ◆、🔑、🔒 等图形符号表示(参见图 5.1)。

5.2 类之间的关系

一般说来，类之间的关系有：关联、聚集、组合、泛化、依赖等，下面将对这些关系进行详细说明。

5.2.1 关联

关联(association)是模型元素间的一种语义联系，它是对具有共同的结构特性、行为特性、关系和语义的链(link)的描述。

在上面的定义中，需要注意链这个概念，链是一个实例，就像对象是类的实例一样，链是关联的实例，关联表示的是类与类之间的关系，而链表示的是对象与对象之间的关系。

在类图中，关联用一条把类连接在一起的实线表示。如图 5.2 所示。

图 5.2　类之间的关联关系　　　　图 5.3　类之间的单向关联关系

一个关联可以有两个或多个关联端(association end)，每个关联端连接到一个类。关联也可以有方向，可以是单向关联(uni-directional association)或双向关联(bi-directional association)。图 5.2 表示的是双向关联，图 5.3 表示的是从类 A 到类 B 的单向关联。

关联是类图中非常重要的一种关系，这里以实现时相应的 Java 代码来帮助理解关联关系。可以在 Rose 中创建如图 5.3 所示的类图，并用 Rose 生成 Java 代码，代码如下所示。

类 A 的代码：

```
public class A
{
    public B theB;
    /**
     * @roseuid 3DAFBF0F01FC
     */
```

```
    public A()
    {
    }
}
```

类 B 的代码：

```
public class B
{
    /**
     * @roseuid 3DAFBF0F01A2
     */
    public B()
    {
    }
}
```

从上面的代码中可以看到，在类 A 中，有一个属性 theB，其类型为 B，而在类 B 中，没有相应的类型为 A 的属性。如果把这个单向关联改为双向关联，则生成的类 B 的代码中，会有相应的类型为 A 的属性。

在上面的代码中，分别有类 A 和类 B 的构造方法生成。Rose 在生成代码时，默认情况下会生成构造方法。在这个例子中，采用系统的默认设置，即要求生成构造方法。如果不想要构造方法，可以对 Rose 的 Tools → Options → Java 的 Class 选项的 GenerateDefaultConstructor 属性进行设置。如果设置为 False 即要求不生成构造方法（该属性的默认值为 True）。

另外代码中有类似 @roseuid 3DAFBF0F01FC 这样的语句，称作代码标识号。它的作用是标识代码中的类、操作和其他模型元素。在双向工程（正向工程和逆向工程）中，可以使代码和模型同步。

1. 关联名

可以给关联加上关联名，来描述关联的作用。如图 5.4 所示是使用关联名的一个例子，其中 Company 类和 Person 类之间的关联如果不使用关联名，则可以有多种解释，如 Person 类可以表示是公司的客户、雇员或所有者等。但如果在关联上加上 Employs 这个关联名，则表示

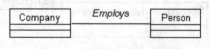

图 5.4 使用关联名的关联

Company 类和 Person 类之间是雇佣（Employs）关系，显然这样语义上更加明确。一般说来，关联名通常是动词或动词短语。

当然，在一个类图中，并不需要给每个关联都加上关联名，给关联命名的原则应该是该命名有助于理解该模型。事实上，一个关联如果表示的意思已经很明确了，再给它加上关联名，反而会使类图变乱，只会起到画蛇添足的作用。

2. 关联的角色

关联两端的类可以某种角色参与关联。例如在图 5.5 中,Company 类以 employer 的角色、Person 类以 employee 的角色参与关联,employer 和 employee 称为角色名。如果在关联上没有标出角色名,则隐含地用类的名称作为角色名。

角色还具有多重性(multiplicity),表示可以有多少个对象参与该关联。在图 5.5 中,雇主(公司)可以雇佣多个雇员,表示为 0..n;雇员只能被一家雇主雇佣,表示为 1。

图 5.5 关联的角色

在 UML 中,多重性可以用下面的格式表示:

0..1
0..*   (也可以表示为 0..n)
1   (1..1 的简写)
1..*   (也可以表示为 1..n)
*   (即 0..n)
7
3,6..9
0   (0..0 的简写)(表示没有实例参与关联,一般不用)

可以看到,多重性是用非负整数的一个子集来表示的。

3. 关联类

关联本身也可以有特性,通过关联类(association class)可以进一步描述关联的属性、操作以及其他信息。关联类通过一条虚线与关联连接。图 5.6 中的 Contract 类是一个关联类,Contract 类中有属性 salary,这个属性描述的是 Company 类和 Person 类之间的关联的属性,而不是描述 Company 类或 Person 类的属性。

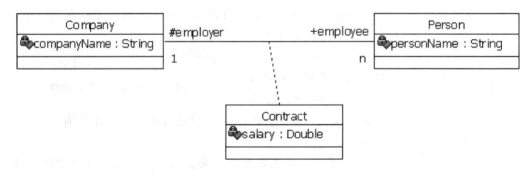

图 5.6 使用关联类的关联

为了有助于理解关联类,这里也用 Rose 生成相应的 Java 代码,共 3 个类,如下所示。

类 Company 的代码:

```java
public class Company
{
    private String companyName;
    public Person employee[];
}
```

类 Person 的代码:

```java
public class Person
{
    private String personName;
    protected Company employer;
}
```

类 Contract 的代码:

```java
public class Contract
{
    private Double salary;
}
```

由于指定了关联角色的名字,所以生成的代码中就直接用关联角色名作为所声明的变量的名字,如 employee、employer 等。另外 employer 的可见性是 protected,也在生成的代码中体现出来。

因为指定关联的 employee 端的多重性为 n,所以在生成的代码中,employee 是类型为 Person 的数组。

另外可以发现所生成的 Java 代码都没有构造方法。这是因为在生成代码前,已经把 Rose 的 Tools→Options→Java 的 Class 选项的 GenerateDefaultConstructor 属性设置为 False,即要求生成代码时不生成类的默认构造方法。

4. 关联的约束

对于关联可以加上一些约束,以加强关联的含义。如图 5.7 所示是两个关联之间存在异或约束的例子,即 Account 类或者与 Person 类有关联,或者与 Corporation 类有关联,但不能同时与 Person 类和 Corporation 类都有关联。

约束是 UML 中的 3 种扩展机制之一,另外两种扩展机制是版型(stereotype)和标记值(tagged value)。

当然,约束不仅可以作用在关联这个建模元素上,也可以作用在其他建模元素上。

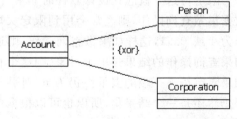

图 5.7 带约束的关联

5. 限定关联

在关联端紧靠源类图标处可以有限定符(qualifier),带有限定符的关联称为限定关联(qualified association)。限定符的作用就是在给定关联一端的一个对象和限定符值以后,可确定另一端的一个对象或对象集。

使用限定符的例子如图 5.8 所示。

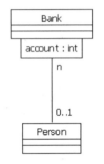
图 5.8　限定符和限定关联

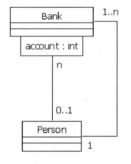
图 5.9　限定关联和一般关联

图 5.8 表示的意思是,一个 person 可以在 bank 中有多个 account。但给定了一个 account 值后,就可以对应一个 person 值,或者对应的 person 值为 null,因为 Person 端的多重性为 0..1。这里的多重性表示的是 person 和(bank,account)之间的关系,而不是 person 和 bank 之间的关系。即:

(bank, account)　→　0 个或者 1 个　person

person　→　多个　(bank, account)

但图 5.8 中并没有说明 Person 类和 Bank 类之间是 1 对多的关系还是 1 对 1 的关系,既可能一个 person 只对应一个 bank,也可能一个 person 对应多个 bank。如果一定要明确一个 person 对应的是一个 bank 还是多个 bank,则需要在 Person 类和 Bank 类之间另外增加关联来描述。如图 5.9 表示一个 person 可以对应一个或多个 bank。

需要注意的是,限定符是关联的属性,而不是类的属性。也就是说,在具体实现图 5.8 中的结构时,account 这个属性有可能是 Person 类中的一个属性,也可能是 Bank 类中的一个属性(当然,这里在 Bank 类中包含 account 属性并不好),也可能是在其他类中有一个 account 属性。

限定符这个概念在设计软件时非常有用,如果一个应用系统需要根据关键字对一个数据集做查询操作,则经常会用到限定关联。引入限定符的一个目的就是把多重性从 n 降为 1 或 0..1,这样如果做查询操作,则返回的对象至多是一个,而不会是一个对象集。如果查询操作的结果是单个对象,则这个查询操作的效率会较高。所以在使用限定符时,如果限定符另一端的多重性仍为 n,则引入这个限定符的作用就不是很大。因为查询结果仍然还是一个结果集,所以也可以根据多重性来判断一个限定符的设计是否合理。

6. 关联的种类

按照关联所连接的类的数量,类之间的关联可分为自返关联、二元关联和 N 元关联共3种关联。

自返关联(reflexive association)又称递归关联(recursive association),是一个类与自身的关联,即同一个类的两个对象间的关系。自返关联虽然只有一个被关联的类,但有两个关联端,每个关联端的角色不同。自返关联的例子如图5.10所示。

对于图5.10中的类,在Rose中所生成的Java代码如下所示:

图5.10 自返关联

类EnginePart的代码:

```
public class EnginePart
{
    public EnginePart theEnginePart[];
    
    /**
     * @roseuid 3E9290390281
     */
    public EnginePart()
    {
    }
}
```

二元关联(binary association)是在两个类之间的关联,对于二元关联,前面已经举了很多例子,这里就不再举例说明了。

N元关联(n-ary association)是在3个或3个以上类之间的关联。N元关联的例子如图5.11所示,Player、Team和Year这3个类之间存在三元关联,而Record类是关联类。N元关联中多重性的意义是:在其他N-1个实例值确定的情况下,关联实例元组的个数。如在图5.11中,多重性表示的意思是在某个具体年份(year)和运动队(team)中,可以有多个运动员(player);一个运动员在某一个年份中,可以在多个运动队服役;同一个运动员在同一个运动队中可以服役多年。

图5.11 N元关联

N元关联没有限定符的概念,也没有聚集、组合等概念(在5.2.2节中将介绍聚集、组合概念)。

需要说明的是,在UML的规范说明中,有N元关联这个建模元素,用菱形表示。在Rose 2003中,并不能直接表示N元关联,但可以在类图中创建一个类的版型来模拟画出N元关联(图5.11即是在Rose 2003中增加了一个表示N元关联的版型后画出的)。至于如何在Rose 2003中加入用户自己要用的版型,这涉及Rose的扩展机制,在第17章介绍Rose 2003开发工具时再详细讨论。

5.2.2 聚集和组合

聚集(aggregation)是一种特殊形式的关联。聚集表示类之间整体与部分的关系。在对系统进行分析和设计时,需求描述中的"包含"、"组成"、"分为……部分"等词常常意味着存在聚集关系。

组合(composition)表示的也是类之间的整体与部分的关系,但组合关系中的整体与部分具有同样的生存期。也就是说,组合是一种特殊形式的聚集。

如图 5.12 和如图 5.13 所示分别是聚集关系和组合关系的例子。

图 5.12　聚集关系　　　　　　　　图 5.13　组合关系

图 5.12 中的 Circle 类和 Style 类之间是聚集关系。一个圆可以有颜色、是否填充这些样式(style)方面的属性,可以用一个 style 对象表示这些属性,但同一个 style 对象也可以表示别的对象如三角形(triangle)的一些样式方面的属性,也就是说,style 对象可以用于不同的地方。如果 circle 这个对象不存在了,不一定意味着 style 这个对象也不存在了。

图 5.13 中的 Circle 类和 Point 类之间是组合关系。一个圆可以由半径和圆心确定,如果圆不存在了,那么表示这个圆的圆心也就不存在了,所以 Circle 类和 Point 类是组合关系。

聚集关系的实例是传递的,反对称的,也就是说,聚集关系的实例之间存在偏序关系,即聚集关系的实例之间不能形成环。需要注意的是,这里说的是聚集关系的实例(即链)不能形成环,而不是说聚集关系不能形成环。事实上,聚集关系可以形成环。

在类图中使用聚集关系和组合关系的好处是简化了对象的定义,同时支持分析和设计时类的重用。

聚集和组合是类图中很重要的两个概念,但也是比较容易混淆的概念,在实际运用时往往很难确定是用聚集关系还是用组合关系。事实上,在设计类图时,设计人员是根据需求分析描述的上下文来确定是使用聚集关系还是组合关系。对于同一个设计,可能采用聚集关系和采用组合关系都是可以的,不同的只是采用哪种关系更贴切些。

下面列出聚集和组合之间的一些区别:
- 聚集关系也称为"has-a"关系,组合关系也称为"contains-a"关系。
- 聚集关系表示事物的整体/部分关系的较弱的情况,组合关系表示事物的整体/部分关系的较强的情况。
- 在聚集关系中,代表部分事物的对象可以属于多个聚集对象,可以为多个聚集对象所共享,而且可以随时改变它所从属的聚集对象。代表部分事物的对象与代表聚集事物对象的生存期无关,一旦删除了它的一个聚集对象,不一定也就随即删除代表部分事物的对象。在组合关系中,代表整体事物的对象负责创建和删除代表部分事物的对象,代表部分事物的对象只属于一个组合对象。一旦删除了组合对象,也就随即删除了相应的代表部分事物的对象。

5.2.3 泛化关系

泛化(generalization)定义了一般元素和特殊元素之间的分类关系,如果从面向对象程序设计语言的角度来说,类与类之间的泛化关系就是平常所说的类与类之间的继承关系。

泛化关系也称为"a-kind-of"关系。在 UML 中,泛化关系不仅仅是类与类之间才有,像用例、参与者、关联、包、构件(component)、数据类型(data type)、接口(interface)、结点(node)、信号(signal)、子系统(subsystem)、状态(state)、事件(event)、协作(collaboration)等这些建模元素之间也可以有泛化关系。

UML 中用一头为空心三角形的连线表示泛化关系。如图 5.14 所示是类之间泛化关系的例子。

在图 5.14 中,Swimmer 类和 Golfer 类是对 Athlete 类的泛化,其中 Athlete 类的名字用斜体表示,表示该类是一个抽象类,而 Swimmer 类和 Golfer 类的名字没有用斜体,表示这两个类是具体类。

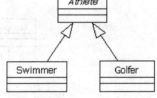

图 5.14 泛化关系

5.2.4 依赖关系

假设有两个元素 X、Y,如果修改元素 X 的定义可能会导致对另一个元素 Y 的定义的修改,则称元素 Y 依赖于元素 X。

对于类而言,依赖(dependency)关系可能由各种原因引起,如一个类向另一个类发送消息,或者一个类是另一个类的数据成员类型,或者一个类是另一个类的操作的参数类型等。如图 5.15 所示是类之间依赖关系的例子,其中 Schedule 类中的 add 操作和 remove 操作都有类型为 Course 的参数,因此 Schedule 类依赖于 Course 类。

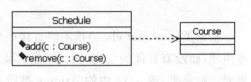

图 5.15 依赖关系

有时依赖关系和关联关系比较难区分。事实上,如果类 A 和类 B 之间有关联关系,那么类 A 和类 B 之间也就有依赖关系了。但如果两个类之间有关联关系,那么一般只要表示出关联关系即可,不用再表示这两个类之间还有依赖关系。而且,如果在一个类图中有过多的依赖关系,反而会使类图难以理解。

与关联关系不一样的是,依赖关系本身不生成专门的实现代码。

另外,与泛化关系类似,依赖关系也不仅仅只是限于类之间,其他建模元素,如用例与用例之间,包与包之间也可以有依赖关系。

5.3 派生属性和派生关联

派生属性(derived attribute)和派生关联(derived association)是指可以从其他属性和关联计算推演得到的属性和关联。例如,如图 5.16 所示的 Person 类的 age 属性即为派生属性,因为一个人的年龄可以从当前日期和出生日期推算出来。在类图中,派生属性和派生关联的名字前需加一个斜杠"/"。

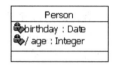

图 5.16 派生属性

如图 5.17 所示是派生关联的例子,WorkForCompany 为派生关联。一个公司由多个部门组成,一个人为某一个部门工作,那么可推演出这个人为这个公司工作。

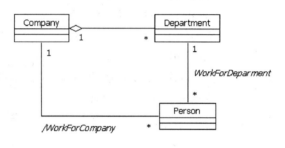

图 5.17 派生关联

在生成代码时,派生属性和派生关联不产生相应的代码。指明某些属性和关联是派生属性和派生关联有助于保持数据的一致性。

5.4 抽象类和接口

抽象类(abstract class)是不能直接产生实例的类,因为抽象类中的方法往往只是一些声明,而没有具体的实现,因此不能对抽象类实例化。UML 中通过把类名写成斜体字来表示抽象类,图 5.14 中的 Athlete 类即为抽象类。

接口是类的 << interface >> 版型,对于版型这个概念在 5.5 节中还会介绍。如图 5.18所示是接口的 3 种表示方式。

图 5.18 接口的 3 种表示方式

在 Rose 中，一些常用的版型一般有 Icon、Label 和 Decoration 这 3 种表示形式。但如果版型是用户自己增加的，一般没有 Icon 和 Decoration 这两种表示形式，除非用户自己提供相应的图符文件，这涉及要修改 Rose 的配置文件。在第 17 章介绍如何使用 Rose 开发工具时，再介绍如何修改 Rose 的配置文件。

需要注意的是，UML 中接口的概念和一般的程序设计语言（如 Java）中接口的概念稍有不同。例如，Java 中的接口可以包含属性，但 UML 的接口不包含属性，只包含方法的声明。

接口与抽象类很相似，但两者之间存在不同的地方：接口不能含有属性，而抽象类可以含有属性；接口中声明的所有方法都没有实现部分，而抽象类中某些方法可以有具体的实现。

5.5 版 型

版型（stereotype）是 UML 的 3 种扩展机制之一，UML 中的另外两种扩展机制是标记值（tagged value）和约束（constraint）。stereotype 这个词来源于印刷业中的术语，一般在进行正式印刷前，需要进行制版，然后根据做好的版型进行批量印刷。

在 2.4 节介绍 UML 的构成时，已提到 UML 中的基本构造块包括事物（thing）、关系（relationship）、图（diagram）这 3 种类型。版型是建模人员在已有的构造块上派生出的新构造块，这些新构造块是和特定问题相关的。需要注意的是，版型必须定义在 UML 中已经有定义的基本构造块之上，是在已有元素上增加新的语义，而不是增加新的文法结构。如果把基本构造块比作一门语言的词汇的话，那么版型就是扩展了整个词汇表。

版型是 UML 中非常重要的一个概念，UML 之所以有强大而灵活的表示能力，与版型这个扩展机制有很大的关系。版型可以应用于所有类型的模型元素，包括类（class）、结点（node）、构件（component）、注解（note）、关系（relationship）、包（package）、操作（operation）等。当然，在某些建模元素上定义的版型比较多，在另一些建模元素上可能就很少定义版型，如一般很少在注解上定义版型，尽管可以这样做。

UML 中预定义了一些版型，如接口是类的版型、子系统（subsystem）是包的版型等。当然用户也可以自定义版型。

下面给出一些版型的例子，以加深对版型的理解。

如图 5.19 所示是参与者（actor）的 3 种表示方式。在第 3 章介绍用例图的时候已提到参与者事实上是一个版型化的类，其版型为 << Actor >>。

Icon 形式　　　　　　Label 形式　　　　　　Decoration 形式

图 5.19　Actor 的 3 种表示方式

由于 Actor 事实上就是一个类，所以也可以给 Actor 添加属性和操作，就像给类添加属性和操作一样。如图 5.20 所示是带有操作的 Actor 的例子。

除了预定义的版型外，用户也可以自定义版型，如图 5.21 所示是自定义版型的例子。

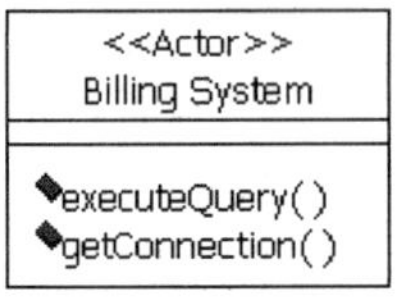

图 5.20　Actor 及其操作 　　　　　　　　图 5.21　自定义版型

图 5.21 中用 <<GUI>> 这个版型说明 ManagementWindow 是一个专用于图形用户界面的类。这样不仅能清楚地表示这个类是用于处理 GUI 的，还便于在必要的时候用 Rose 的脚本语言做某些操作，如检索出所有版型为 << GUI >> 的类，并输出这些类的类名。

5.6　边界类、控制类和实体类

UML 中有 3 种主要的类版型，即边界类（boundary class）、控制类（control class）和实体类（entity class）。在进行 OO 分析和设计时，如何确定系统中的类是一个比较困难的工作，引入边界类、控制类和实体类的概念有助于分析和设计人员确定系统中的类。

5.6.1　边界类

边界类位于系统与外界的交界处，窗体（form）、对话框（dialog box）、报表（report）以及表示通讯协议（如 TCP/IP）的类、直接与外部设备交互的类、直接与外部系统交互的类等是边界类的例子。

如图 5.22 所示是 UML 中边界类的 3 种表示方式。

Icon 形式　　　　　　　Label 形式　　　　　　Decoration 形式

图 5.22　边界类的 3 种表示方式

边界类的 Icon 形式容易和控制类、实体类等表示形式混淆，利用这个符号左边的"├"形状可以帮助记忆。这个形状像墙，跟边界很相似，所以这种版型的类属于边界类。

通过用例图可以确定需要的边界类。每个 actor/use case 对至少要有一个边界类，但并非每个 actor/use case 对都要生成惟一边界类。例如多个 actor 启动同一 use case 时,可以用同一个边界类与系统通信。如图 5.23 所示。

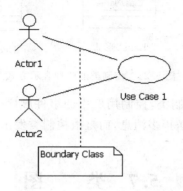

图 5.23　多个参与者使用同一个边界类

5.6.2　实体类

实体类保存要放进持久存储体的信息。所谓持久存储体就是数据库、文件等可以永久存储数据的介质。

如图 5.24 所示是 UML 中实体类的 3 种表示方式。

图 5.24　实体类的 3 种表示方式

实体类的 Icon 形式像一个圆"躺"在地上,就像数据放在持久存储体中一样,用这种联想可以帮助记忆。

一般地,实体类可以通过事件流和交互图发现,实体类通常用领域术语命名。

通常,每个实体类在数据库中有相应的表,实体类中的属性对应数据库中表的字段。但这并不是意味着,实体类和数据库中的表是一一对应的。有可能是一个实体类对应多个表,也可能是多个实体类对应一个表。至于如何对应,已经是数据库模式设计方面的问题了。

5.6.3　控制类

控制类是负责其他类工作的类。图 5.25 是 UML 中控制类的 3 种表示方式。

实体类的 Icon 形式是一个圆上面加一个箭头,表示这个圆在不断滚动,就像在不断地发出控制指令。用这种联想可以帮助记忆。

图 5.25　控制类的 3 种表示方式

每个用例通常有一个控制类,控制用例中的事件顺序,控制类也可在多个用例间共用。其他类并不向控制类发送很多消息,而是由控制类发出很多消息。

5.7　类　　图

类加上它们之间的关系就构成了类图,类图中可以包含接口、包、关系等建模元素,也可以包含对象、链等实例。类、对象和它们之间的关系是面向对象技术中最基本的元素,类图可以说是 UML 中的核心。

类图描述的是类和类之间的静态关系。与数据模型不同,类图不仅显示了信息的结构,同时还描述了系统的行为。

5.7.1　类图的抽象层次

在软件开发的不同阶段使用的类图具有不同的抽象层次。一般类图可分为 3 个层次,即概念层、说明层和实现层,把类图划分为 3 个层次对于画类图或阅读类图非常有用。

概念层(conceptual)类图描述应用领域中的概念,一般这些概念和类有很自然的联系,但两者并没有直接的映射关系。画概念层类图时,很少考虑或不考虑实现问题,因此,概念层类图应独立于具体的程序设计语言。

说明层(specification)类图描述软件的接口部分,而不是软件的实现部分。这个接口可能因为实现环境、运行特性或者开发商的不同而有多种不同的实现。

实现层(implementation)类图才真正考虑类的实现问题,提供类的实现细节。

如图 5.26 所示是同一个 Circle 类的 3 个不同层次的情况。

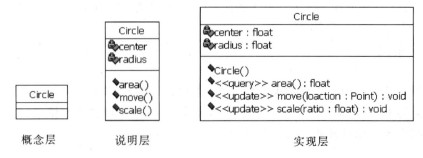

图 5.26　类的 3 个不同层次

从图 5.26 可以看出,概念层类图只有一个类名,说明层类图有类名、属性名和方法名,但对属性没有类型的说明,对方法的参数和返回类型也没有指明,实现层类图则对类的属性和方法都有详细的说明。

实现层类图可能是大多数人最常用的类图,但在很多时候,说明层类图更易于开发者之间的相互理解和交流。

可以用版型 << implementation class >> 说明一个类是实现层的,用 << type >> 说明一个类是说明层或概念层的,当然也可以不用版型特地指明。需要说明的是,类图的 3 个层次之间没有一个很清晰的界限,类图从概念层到实现层的过渡是一个渐进的过程。

5.7.2 构造类图

确定系统中的类是 OO 分析和设计的核心工作。但类的确定是一个需要技巧的工作,系统中的有些类可能比较容易发现,而另外一些类可能很难发现,不可能存在一个简单的算法来找到所有类。寻找类的一些技巧包括:
- 根据用例描述中的名词确定类的候选者。
- 使用 CRC 分析法寻找类。CRC 是类(class)、职责(responsibility)和协作(collaboration)的简称,CRC 分析法根据类所要扮演的职责来确定类。
- 根据边界类、控制类和实体类的划分来帮助发现系统中的类。
- 对领域进行分析,或利用已有的领域分析结果得到类。
- 参考设计模式来确定类。第 14 章将介绍软件的设计模式,以及如何根据设计模式得到好的设计。
- 根据某些软件开发过程提供的指导原则进行寻找类的工作。如在 RUP(Rational Unified Process)中,有对分析和设计过程如何寻找类的比较详细的步骤说明,可以以这些说明为准则寻找类。

在构造类图时,不要试图使用所有的符号,这个建议对于构造别的图也是适用的。在 UML 中,有些符号仅用于特殊的场合和方法中,有些符号只有在需要时才去使用。UML 中大约 20% 的建模元素可以满足 80% 的建模要求。

构造类图时不要过早陷入实现细节,应该根据项目开发的不同阶段,采用不同层次的类图。如果处于分析阶段,应画概念层类图;当开始着手软件设计时,应画说明层类图;当考察某个特定的实现技术时,则应画实现层类图。

对于构造好的类图,应考虑该模型是否真实地反映了应用领域的实际情况,模型和模型中的元素是否有清楚的目的和职责,模型和模型元素的大小是否适中,对过于复杂的模型和模型元素应将其分解成几个相互合作的部分。

下面给出建立类图的步骤:
(1) 研究分析问题领域,确定系统的需求。
(2) 确定类,明确类的含义和职责,确定属性和操作。
(3) 确定类之间的关系。把类之间的关系用关联、泛化、聚集、组合、依赖等关系表达出来。

(4) 调整和细化已得到的类和类之间的关系,解决诸如命名冲突、功能重复等问题。
(5) 绘制类图并增加相应的说明。

5.8 领 域 分 析

建立类图的过程就是对领域及其解决方案的分析和设计过程。类的获取是一个依赖于人的创造力的过程,有时需要与领域专家合作,对研究领域进行仔细分析,抽象出领域中的概念,定义其含义及相互关系,分析出系统类,并用领域中的术语为类命名。领域分析(domain analysis)也称问题域分析(problem domain analysis),按 A. Spencer Peterson 的定义[Pet91],领域分析是:(1)通过对某一领域中的已有应用系统、理论、技术、开发历史等的研究,来标识、收集、组织、分析和表示领域模型及软件体系结构的过程;(2)根据(1)中进行的过程得到的结果。

领域分析涉及很多工作,其中一些主要工作可以用层次任务分析图 HTA (Hierarchical Task Analysis)表示,如图 5.27 所示。

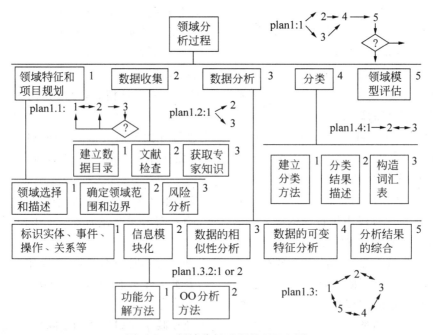

图 5.27 领域分析过程的 HTA 图

图 5.27 中给出的是进行领域分析的具体步骤及相互之间的关系。对于每个步骤,图中的 plan 给出了这个步骤和各子步骤的关系。如对于 1.2 数据收集这一步,有建立数据目录、文献检查、获取专家知识这 3 个子步骤。数据收集和这 3 个子步骤的关系用下面的符号来说明:

plan1.2:1 ⟨ 2
           3

表示先做步骤1,做完步骤1后可以同时开始步骤2和步骤3。

对于图5.27中的其他步骤也有类似的符号说明。需要说明的是,图5.27所给出的分析过程只是一个总体性的描述。由于领域分析和人的经验有很大的关系,因此,在具体对某一领域做领域分析时,可以灵活应用,既可以增加一些必要的过程,也可以忽略其中的某些过程。

5.9 OO设计的原则

对于OO设计,主要是要求系统的设计结果要能适应系统新的需求变化,一旦需求发生变化,整个系统不用做变动或做很少的变动就可以满足新的需求。下面是OO设计的几条原则:
- 开闭原则(Open/Closed Principle,OCP)
- Liskov替换原则(Liskov Substitution Principle,LSP)
- 依赖倒置原则(Dependency Inversion Principle,DIP)
- 接口分离原则(Interface Segregation Principle,ISP)

5.9.1 开闭原则

开闭原则指的是一个模块在扩展性方面应该是开放的,而在更改性方面应该是封闭的。这个原则说的是,在写模块的时候,应该尽量使得模块可以扩展,并且在扩展时不需要对模块的源代码进行修改。开闭原则最初是由Bertrand Meyer提出来的[Mey88],在所有的OO设计原则中,这个原则可能是最重要的。

为了达到开闭原则的要求,在设计时要有意识地使用接口进行封装等,采用抽象机制,并利用OO中的多态技术。

考虑如图5.28所示的设计。

Hp类、Epson类、Canon类分别表示不同类型的打印机,Output类与这3个类都有关联。系统运行时,Output类根据当前与系统相连的是哪种类型的打印机而分别使用不同类中的print()方法。显然在Output类中会有复杂的if...else(或switch...case)之类的分支结构来判断当前与系统相连的是哪种类型的打印机。这是一种不好的设计,因为如果将来系统要增加一种新的打印机类型,例如Legend打印机,则不但要增加一个新的Legend类,还要修改Output类的内部结构。

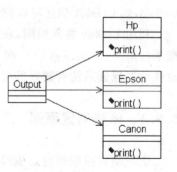

图5.28 打印输出设计1

也就是说,图5.28的设计不符合OO设计的开闭原则。如图5.29所示是改进的设计。

图5.29中引入了接口Printer,其中有一个方法print()。现在Output类只与接口

Printer 关联,在 Output 中有类型为 Printer 的变量 p。不管系统与哪种类型的打印机相连,输出时都调用 p.print()方法。而 p 的具体类型在运行时由系统确定,可能是 Hp 类型的对象,也可能是 Epson 类型的对象或 Canon 类型的对象。现在 Output 类中不再有 if...else(或 switch...case)之类的分支结构,而且,如果系统要增加新的打印机类型,如 Legend 打印机,则只需增加 Legend 类,并且让 Legend 类实现 Printer 接口即可,而类 Output 内部不需要做任何改动。因此,图 5.29 的设计具有较好的可扩展性。

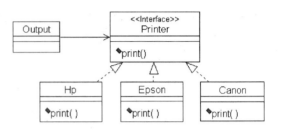

图 5.29　打印输出设计 2

5.9.2　Liskov 替换原则

Liskov 替换原则最早是由 Liskov 于 1987 年在 OOPSLA 会议上提出来的[Lis88],这个原则指的是子类可以替换父类出现在父类能出现的任何地方。如图 5.30 所示是 Liskov 替换原则的图示说明。

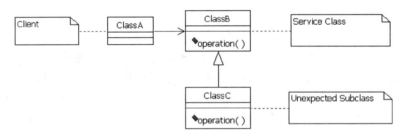

图 5.30　Liskov 替换原则的图示说明

类 ClassA 要使用 ClassB,ClassC 是 ClassB 的子类。如果在运行时,用 ClassC 代替 ClassB,则 ClassA 仍然可以使用原来 ClassB 中提供的方法,而不需要做任何改动。

利用 Liskov 替换原则,在设计时可以把 ClassB 设计为抽象类(或接口)。让 ClassC 继承抽象类(或实现接口),而 ClassA 只与 ClassB 交互,运行时 ClassC 会替换 ClassB。这样可以保证系统有较好的可扩展性,同时又不需要对 ClassA 做修改。

5.9.3　依赖倒置原则

依赖倒置原则指的是依赖关系应该是尽量依赖接口(或抽象类),而不是依赖于具体类。为了说明依赖倒置原则,先看结构化设计中的依赖关系。如图 5.31 所示。

在结构化设计中,高层的模块依赖于低层的模块。图 5.31 中,主程序会依赖于模块 1、模块 2、模块 3,而模块 1 又依赖于模块 11、模块 12,等等。在结构化设计中,越是低层的模块,越跟实现细节有关,越是高层的模块越抽象,但高层的模块往往是通过调用低层

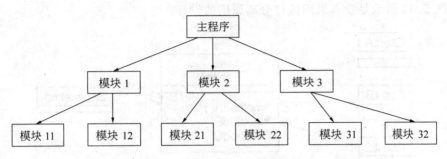

图 5.31 结构化设计中的依赖关系

的模块实现的。也就是说，抽象的模块要依赖于与具体实现有关的模块，显然这是一种不好的依赖关系。

在面向对象的设计中，依赖关系正好是相反的，即与具体实现有关的类是依赖于抽象类或接口，其依赖关系的结构一般如图 5.32 所示。

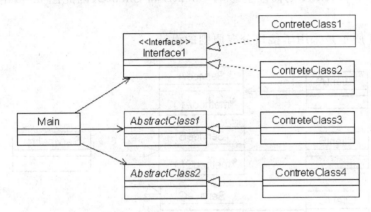

图 5.32 面向对象设计中的依赖关系

在面向对象设计中，高层的类往往与领域的业务有关，这些类只依赖于一些抽象的类或接口，而与具体实现有关的类，如 ContreteClass1、ContreteClass2 等也只与抽象类和接口有关。当具体的实现细节改变时，不会对高层的类产生影响。

需要说明的是，从语义上理解，关联关系、实现关系、泛化关系都是依赖关系。所以在图 5.32 中就以具体的关联、实现、泛化关系表示，而不是用虚线加箭头表示各个类之间的依赖关系。

5.9.4 接口分离原则

接口分离原则指的是在设计时采用多个与特定客户类（Client）有关的接口比采用一个通用的接口要好。也就是说，一个类要给多个客户类使用，那么可以为每个客户类创建一个接口，然后这个类实现所有这些接口，而不要只创建一个接口，其中包含了所有客户类需要的方法，然后这个类实现这个接口。

如图 5.33 所示是没有采用接口分离原则的设计。

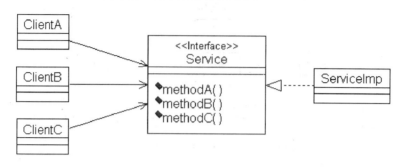

图 5.33　使用通用接口的设计

采用这种设计方法的问题是，如果 ClientA 类需要改变所使用的 Service 接口中的方法，则不但要改动 Service 接口和 ServiceImp 类，还要对 ClientB 类和 ClientC 类重新编译。也就是说，对 ClientA 的修改会影响 ClientB 和 ClientC，因此图 5.33 的设计是一种不好的设计。

如图 5.34 所示是采用了接口分离原则的设计。

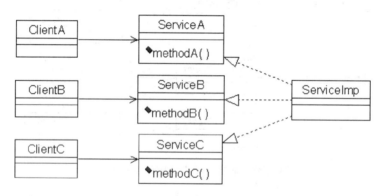

图 5.34　使用分离接口的设计

现在对于每个客户类有一个专用的接口，这个接口中只声明了与这个客户类有关的方法，而 ServiceImp 类实现了所有这些接口。如果 ClientA 要改变所使用的接口中的方法，则只需改动 ServiceA 接口和 ServiceImp 类即可，对 ClientB 和 ClientC 不会有影响。

当然使用这条原则并不是一定要给每个客户类创建一个接口，在某些情况下，如果多个客户类确实需要使用同一个接口也是可以的。

除了在设计时要遵守这些原则外，还要注意一些设计上的问题，如：
- 不同类中相似方法的名字应该相同。例如，对于输入/输出方法，不要在一个类中用 input/output 命名，在另一个类中用 read/write 命名。
- 遵守已有的约定俗成的习惯。例如，对类名、方法名、属性名的命名应遵守已有的约定，或者遵守开发机构中规定的命名方法。
- 尽量减少消息模式的数目。只要可能，就使消息具有一致的模式，以利于理解。例如，不要在一个消息中，其第一个参数表示消息发送者的 URL 地址，而在另一个消息中,是最后一个参数表示消息发送者的 URL 地址。
- 设计简单的类。类的职责要明确,不要在类中提供太多的服务,应该从类名就可以较容易地推断出类的用途。
- 泛化结构的深度要适当。类之间的泛化关系增加了类之间的耦合性。除非是在特殊情况下(如图形用户界面的类库),一般不要设计有很深层次的类的泛化关系。
- 定义简单的方法。一个类中的方法不应太复杂。如果一个方法太大,很可能就是这个方法包含的功能太多,而有些功能可能是不相关的。

评价设计质量的方法之一是观察它在一段时间内的易变性。一般好的设计变动轨迹如图 5.35 所示。

图 5.35 中的横轴表示时间,纵轴表示变动的幅度。在设计阶段的初期,设计变动幅度可能比较大,随着时间的推移,设计不断被优化,其变动幅度也越来越小。在变动曲线上一些突出的尖峰,表示在某个时间,有一些预想不到的变化,但这种变化只限于局部,不会波及整个系统。总的趋势是设计变动幅度慢慢变小。

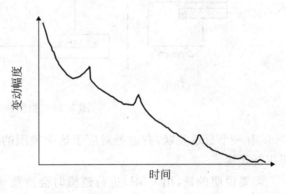

图 5.35 设计变动轨迹

一个设计得好的系统具有友好性(friendly)、可理解性(understandibility)、可靠性(reliability)、可扩展性(extensibility)、可移植性(portability)、可伸缩性(scalability)、可重用性(reusability)、简单性(simplicity)等特性。在这些特性中,有些特性是相互冲突的,这时就要根据这些特性的优先级做出选择。不过在所有的特性中,简单性应该是要重点考虑的,一个系统只有在设计上具有简单性,才能使系统的实现、使用、维护等变得简单,从而最终达到降低软件开发费用和缩短软件开发时间的目的。

5.10 对 象 图

对象图表示一组对象及它们之间的联系。对象图是系统的详细状态在某一时刻的快照,常用于表示复杂的类图的一个实例。

UML 中对象图与类图具有相同的表示形式,对象图中的建模元素有对象和链(link)。对象是类的实例,对象之间的链是类之间的关联的实例,对象图实质上是类图的实例。

在 UML 中,对象图的使用相当有限,主要用于表达数据结构的示例,以及了解系统在某个特定时刻的具体情况等。

图 5.36 表示的是网络中结点之间关系的类图及其一个对象图。其中左边是类图,类

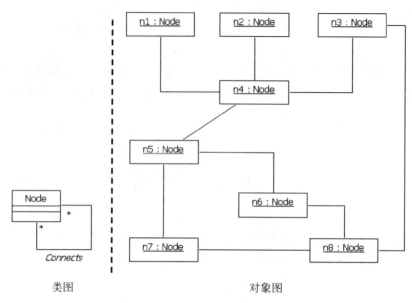

图 5.36　类图和对象图

Node 有一个自返关联，右边是对应于这个类图的一个对象图，共有 8 个结点，各个结点之间用链连接。

需要说明的是，用 UML 进行建模时会涉及 9 个图，但 Rose 2003 只支持其中的 8 个图，对象图不能在 Rose 2003 中直接表示出来，只能用别的图（如协作图）来代替。

5.11　小　　结

1. UML 中的类图具有充分强大的表达能力和丰富的语义，是建模时非常重要的一个图。
2. 类之间可以有关联、聚集、组合、泛化、依赖等关系。
3. 关联是类图中比较重要的一个概念，一些相关的概念有关联名、关联角色、关联类、关联上的角色、限定关联、自返关联、二元关联、N 元关联等。
4. 关联类是用于描述关联本身的特性。
5. 带有限定符的关联称为限定关联，限定符的作用就是在给定关联一端的一个对象和限定符值以后，可确定另一端的一个对象或对象集。
6. 派生属性和派生关联是指可以从其他属性和关联计算推演得到的属性和关联，在生成代码时，派生属性和派生关联不产生相应的代码。
7. 抽象类和接口为 OO 设计提供了抽象机制。
8. 版型是 UML 中非常重要的一种扩展机制，UML 之所以有强大而且灵活的表示能力，与版型这种扩展机制有很大的关系。
9. 边界类、控制类和实体类是对类的一种划分，它们都是类的版型。
10. 类图可分为概念层、说明层和实现层 3 个层次，它们在软件开发的不同阶段使用。

11. OO 分析和设计中,确定系统中的类是一个比较困难的工作,有一些启发式原则可以帮助发现类,但没有一个固定的方法来确定所有类。
12. 领域分析是帮助发现类的一个有效方法。
13. OO 设计应该遵循一定的原则,如开闭原则、Liskov 替换原则、依赖倒置原则、接口分离原则等。
14. 一个设计得好的系统应该具有友好性、可理解性、可靠性、可扩展性、可移植性、可伸缩性、可重用性、简单性等特性。在设计时可能会发现有些特性不能同时满足,这时需要设计人员做出权衡。
15. 对象图是类图的实例,是系统的详细状态在某一时刻的快照。相对于 UML 的别的图来说,对象图的重要性低一些,在实际应用中,使用对象图的情况不是很多。

第6章 数据建模

6.1 数据建模概述

目前数据库设计的一个比较常用的方法是采用 E-R（entity-relationship）图。但采用 E-R 图设计的一个问题是只能着眼于数据，而不能对行为建模，例如不能对数据库中的触发器（trigger）、存储过程（stored procedure）等建模。与 E-R 图相比，UML 类图的描述能力更强，UML 的类图可看作是 E-R 图的扩充。对于关系数据库来说，可以用类图描述数据库模式（database schema），用类描述数据库表，用类的操作来描述触发器和存储过程。UML 类图用于数据建模可以看作是类图的一个具体应用的例子。

6.2 数据库设计的基本过程

数据库设计主要涉及 3 个阶段，即概念设计、逻辑设计和物理设计。如图 6.1 所示是数据库设计的流程。

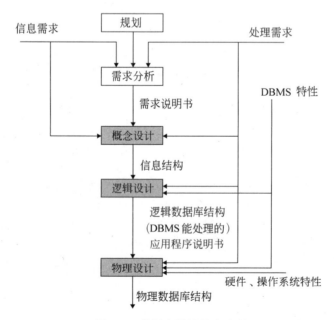

图 6.1 数据库设计基本流程

概念设计阶段把用户的信息要求统一到一个整体逻辑结构中,此结构能表达用户的要求,且独立于任何数据库管理系统(DBMS)软件和硬件。

逻辑设计阶段的任务就是把概念设计阶段得到的结果转换为与选用的 DBMS 所支持的数据模型相符合的逻辑结构。对于关系数据库而言,逻辑设计的结果是一组关系模式的定义,它是 DBMS 能接受的数据库定义。

物理设计阶段的任务是对给定的逻辑数据模型选取一个最适合应用要求的物理结构。数据库的物理结构包括数据库的存储记录格式、存储记录安排、存取方法等,数据库的物理设计是完全依赖于给定的硬件环境和数据库产品的。

在进行数据库设计时,有几个关键的概念,如模式(schema)、主键(primary key)、外键(foreign key)、域(domain,也称 attribute types)、关系(relationship)、约束(constraint)、索引(index)、触发器(trigger)、存储过程(stored procedure)、视图(view)等。从某种意义上说,用 UML 进行数据建模就是要考虑如何用 UML 中的建模元素来表示这些概念,同时考虑满足引用完整性(referential integrity)、范式等要求。一般对于数据库中的这些概念,在 UML 中大都用版型来表示,在数据建模中常用的一些版型如表 6.1 所示。

表 6.1 数据建模时用到的一些版型

数据库中的概念	版 型	所应用的 UML 元素
数据库	<< database >>	构件(Component)
模式	<< Schema >>	包(Package)
表	<< Table >>	类(Class)
视图	<< View >>	类
域	<< Domain >>	类
索引	<< Index >>	操作(Operation)
主键	<< PK >>	操作
外键	<< FK >>	操作
惟一性约束	<< Unique >>	操作
检查约束	<< Check >>	操作
触发器	<< Trigger >>	操作
存储过程	<< SP >>	操作
表与表之间非确定性关系	<< Non-Identifying >>	关联,聚集
表与表之间确定性关系	<< Identifying >>	组合

6.3 数据库设计的步骤

下面结合 Rose 2003 工具提供的功能来说明如何用 UML 的类图进行数据库设计,在 Rose 2003 中数据库设计的步骤如下:

(1) 创建数据库对象。这里所说的数据库对象是指 Rose 中构件图中的一个构件,其版型为 Database。

（2）创建模式(schema)。对于关系数据库来说，模式可以理解为所有表及表与表之间的关系的集合。

（3）创建域包(domain package)和域(domain)。域可以理解成某一特定的数据类型，它起的作用和 VARCHAR2、NUMBER 等数据类型类似，但域是用户定义的数据类型。

（4）创建数据模型图(data model diagram)。表、视图等可以放在数据模型图中，类似于类放在类图中一样。

（5）创建表(table)。如果有必要，也可以创建视图，视图是类的 << View >> 版型。

（6）创建列(column)。在表中创建每一列，包括列名、列的属性等。

（7）创建关系(relationship)。如果表与表之间存在关系，则创建它们之间的关系。

（8）在必要的情况下对数据模型进行规范化，如从第二范式转变为第三范式。

（9）在必要的情况下对数据模型进行优化。

（10）实现数据模型。在 Rose 2003 中，可以直接根据数据模型生成具体数据库（如 SQL Server、Oracle 等）中的表、触发器、存储过程等，也可以根据数据模型先生成 SQL 语句，以后再执行这些 SQL 语句，得到具体数据库中的表、触发器、存储过程等。

在 Rose 2003 中用于数据建模的菜单都在 Data Modeler 下。在 Rose 2003 的浏览窗口中用鼠标右击选中的对象，在弹出式菜单中选 Data Modeler 菜单项，如图 6.2 所示。其中灰色的选项表示当前不可用的菜单项。

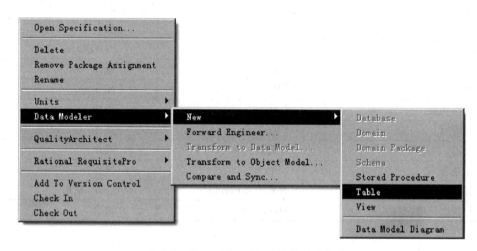

图 6.2　Rose 中用于数据建模的菜单

下面是具体的操作步骤：

（1）在构件视图(component view)中创建数据库对象。创建数据库对象时默认的目标数据库为 ANSI SQL92，也可设为其他数据库，如 SQL Server 2000、Oracle 9.x、IBM DB2 等。如图 6.3 所示创建的数据库对象名为 DB_0，目标数据库设为 Oracle 9.x。

第 6 章 数据建模

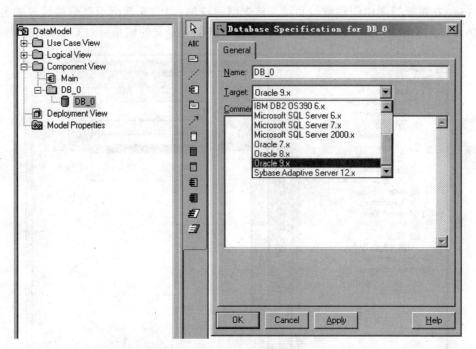

图 6.3 在 Rose 中创建数据库对象

（2）在逻辑视图（logical view）中创建模式，并选定目标数据库。如图 6.4 所示创建的模式名是 schema0，选定的目标数据库是第 1 步中创建的数据库对象 DB_0。

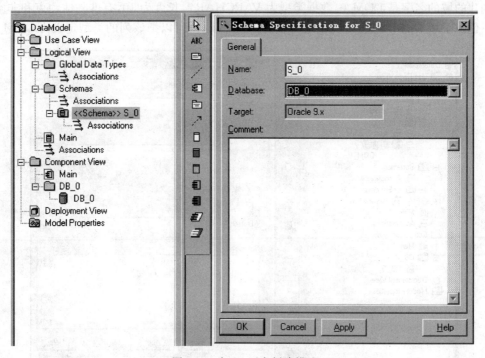

图 6.4 在 Rose 中创建模式

（3a）在逻辑视图中创建域包和域。首先创建域包，如图 6.5 所示创建的域包的名字为 DP_0，设定的 DBMS 是 Oracle，也就是说，在这个域包下定义的域是针对 Oracle 数据库的。

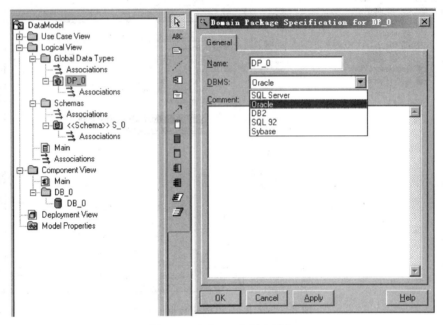

图 6.5　在 Rose 中创建域包

（3b）再创建域。域可看作是定制的数据类型，可以为每个域加检查语句。如图 6.6 所示创建的域的名字是 DOM_0，数据类型为 VARCHAR2，长度为 10，有惟一性约束和非空约束。创建了域 DOM_0 后，以后在定义表的列的时候，就可以把该列的类型定义为 DOM_0。

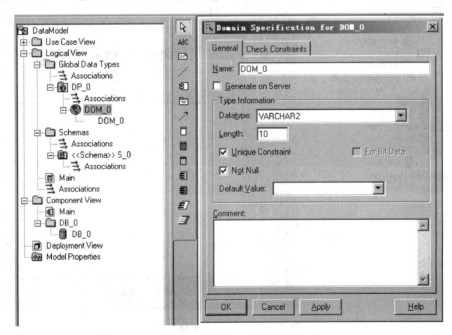

图 6.6　在 Rose 中创建域

第6章 数据建模

(4) 创建数据模型图。数据模型图在模式下创建。

(5) 创建表。在数据模型图中创建表。

(6) 创建列。在表上建立列。

如图6.7所示创建的表数据模型图的名字是 DataModelDiagram，表是 Table1 和 Table2。在表 Table1 中创建了列 COL_0 和 COL_1，其中列 COL_0 为主键。在表 Table2 中创建了列 COL_2、COL_3、COL_4，其中列 COL_2 为主键，列 COL_4 的类型为步骤 3b 中创建的域 DOM_0。

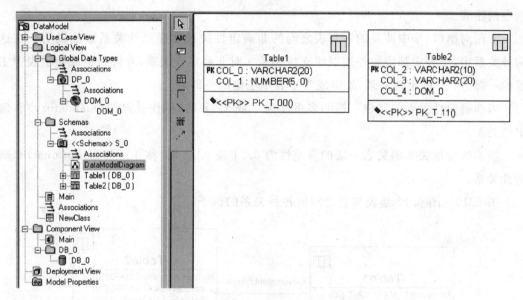

图6.7 在 Rose 中创建数据模型图、表和列

(7) 创建表与表之间的关系。表与表之间存在两种关系，即非确定性（non-identifying）关系和确定性（identifying）关系。非确定性关系表示子表不依赖于父表，可以离开父表单独存在，确定性关系表示子表不能离开父表而单独存在。非确定性关系用关联关系的 <<Non-Identifying>> 版型表示，确定性关系用组合关系的 <<Identifying>> 版型表示。

(8) 创建了数据模型后，还要将模型规范化，如转换为 3NF。

(9) 优化数据模型，如创建索引、视图、存储过程、非规范化（denormalization）、使用域等。索引可以用操作的 <<Index>> 版型表示，视图是类的 <<View>> 版型，存储过程是操作的 <<SP>> 版型。由于存储过程不是单独作用于表的，而是跟特定的数据库联系在一起的，具有全局性，所以把所有的存储过程放在效用（utility）中（效用是类的版型，用于表示全局性的变量或操作），如图 6.8 所示。触发器是作为操作的 <<Trigger>> 版型，由于触发器一定是和具体的表相关的，所以建模时触发器是作为某个表的操作部分的版型表示的，如图 6.9 所示。

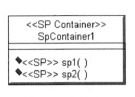
图 6.8 存储过程

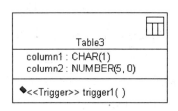
图 6.9 触发器

(10) 实现数据模型,也就是利用 Rose 2003 产生数据定义语言(DDL)或直接在数据库中创建表。

下面对第(7)步中涉及的表与表之间的非确定性关系和确定性关系做些说明。在这两种关系中,子表中都增加外键以便支持关系。对非确定性关系,外键并不成为子表中主键的一部分;对确定性关系,外键成为子表中主键的一部分。

当非确定性关系的父表一端的多重性为 1 或 1..n 时,称作强制的(mandatory)非确定性关系。

当非确定性关系的父表一端的多重性为 0..1 或 0..n 时,称作可选的(optional)非确定性关系。

图 6.10～图 6.12 是表与表之间的各种关系的例子。

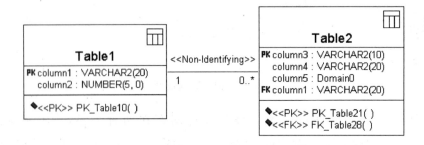
图 6.10 两个表之间强制的非确定性关系

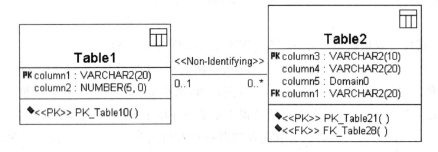
图 6.11 两个表之间可选的非确定性关系

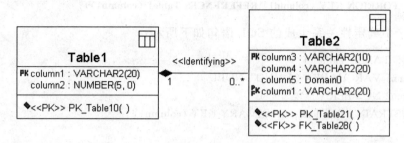

图 6.12 两个表之间的确定性关系

为了更好地理解表与表之间这几种关系的区别,下面列出对应于图 6.10～图 6.12 的 SQL 语句,这些 SQL 语句是在 Rose 2003 中自动生成的。通过比较这些代码之间的区别可以帮助理解这几种关系,其中 SQL 语句中不同的地方已用粗体字表示。

图 6.10 中强制的非确定性关系生成的 SQL 语句如下所示:

CREATE TABLE Table1（
    column1 VARCHAR2（20）NOT NULL,
    column2 NUMBER（5）,
    CONSTRAINT PK_Table10 PRIMARY KEY（column1）
）;
CREATE TABLE Table2（
    column3 VARCHAR2（10）NOT NULL,
    column4 VARCHAR2（20）,
    column5 VARCHAR2（10）UNIQUE,
    column1 VARCHAR2（20）**NOT NULL**,
    CONSTRAINT PK_Table21 PRIMARY KEY（column3）
）;
ALTER TABLE Table2 ADD（**CONSTRAINT** FK_Table28
    FOREIGN KEY（column1）REFERENCES Table1（column1））;

图 6.11 中可选的非确定性关系生成的 SQL 语句如下所示:

CREATE TABLE Table1（
    column1 VARCHAR2（20）NOT NULL,
    column2 NUMBER（5）,
    CONSTRAINT PK_Table10 PRIMARY KEY（column1）
）;
CREATE TABLE Table2（
    column3 VARCHAR2（10）NOT NULL,
    column4 VARCHAR2（20）,
    column5 VARCHAR2（10）UNIQUE,
    column1 VARCHAR2（20）,
    CONSTRAINT PK_Table21 PRIMARY KEY（column3）
）;
ALTER TABLE Table2 ADD（**CONSTRAINT** FK_Table28

FOREIGN KEY（column1）REFERENCES Table1（column1））；

图 6.12 中确定性关系生成的 SQL 语句如下所示：

CREATE TABLE Table1（
　　column1 VARCHAR2（20）NOT NULL,
　　column2 NUMBER（5），
　　CONSTRAINT PK_Table10 PRIMARY KEY（column1）
）；
CREATE TABLE Table2（
　　column3 VARCHAR2（10）NOT NULL,
　　column4 VARCHAR2（20），
　　column5 VARCHAR2（10）UNIQUE,
　　column1 VARCHAR2（20）**NOT NULL**,
　　CONSTRAINT PK_Table21 PRIMARY KEY（column1，column3）
）；
ALTER TABLE Table2 ADD（CONSTRAINT FK_Table28
　　FOREIGN KEY（column1）REFERENCES Table1（column1））；

6.4 对象模型和数据模型的相互转换

在 Rose 2003 中，对象模型（类图）和数据模型可以相互转换。这种转换不是 UML 规范说明中要求的，是 Rose 2003 提供的一个功能，在转换过程中会用到包这种结构。

6.4.1 对象模型转换为数据模型

所谓对象模型转换为数据模型，简单地说，就是把类转换为表，类与类之间的关系转换为表与表之间的关系，或者也转换为表。在 Rose 2003 中可以把逻辑视图下的包直接转换为数据模型，但这种转换必须是对包进行的。也就是说，要转换的类要放在某个包中，然后把整个包中的所有类都转换过去。下面给出转换的具体步骤：

（1）首先按照 6.3 节中介绍的步骤在 Rose 2003 的构件视图下创建数据库对象。

（2）在逻辑视图下创建包，例如 Demo 包，并在包中创建类，例如类 Flight 和类 FlightAttendant，在类 Flight 和类 FlightAttendant 之间建立多对多的关联，如图 6.13 所示。需要注意的是，类 Flight 和类 FlightAttendant 必须要设置为 Persistent（表示该类具有持久性，这个属性可以在类的 Specification 对话框的 Detail 标签下设置），对于非 Persistent 的类（创建类时，默认是非 Persistent 的），在转换时不会生成对应的表。

在这个例子中，类与类之间是多对多的关联，也可以是别的关系，如 1 对多关联、泛化关系等，同样可以转换过去。

第 6 章 数据建模

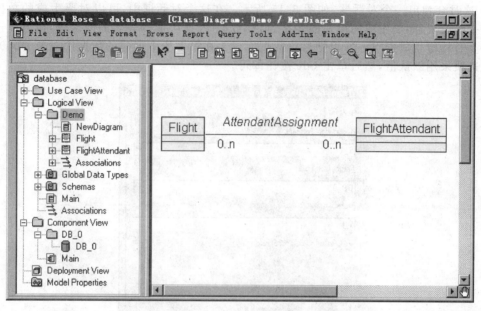

图 6.13 类 Flight、FlightAttendant 及其关联

（3）用鼠标右击包 Demo，在弹出的菜单中选 Data Modeler → Transform to Data Model... 菜单项，如图 6.14 所示。

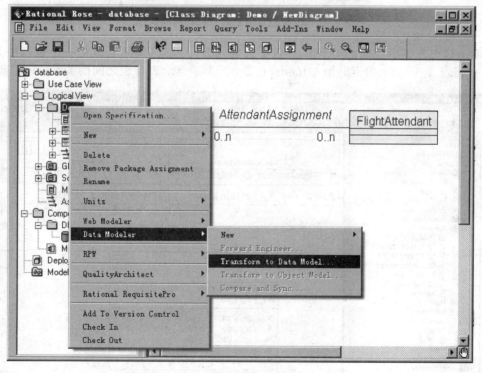

图 6.14 把对象模型转换为数据模型的菜单

这时会弹出一个对话框,如图 6.15 所示。在这个对话框中,可以对要生成的数据模型做一些设置,如要生成的模式的名字、目标数据库、所生成的表名的前缀等,也可以选择是否要对外键生成索引。这里把目标数据库设为在第 1 步中创建的数据库对象 DB_0,其他的选项采用默认值,然后单击 OK 按钮即可。

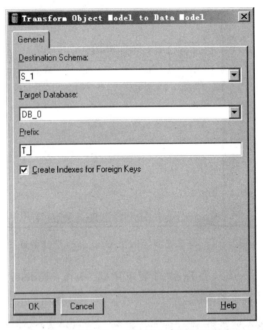

图 6.15 设置要生成的数据模型的对话框

(4) 这时在逻辑视图的 Schemas 包下会创建 S_1 模式(实际上也是一个包),在 S_1 模式中有表 T_Flight、T_FlightAttendant、T_4。为了显示表与表之间的关系,还需要按

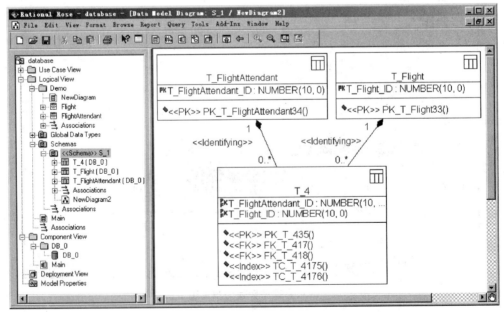

图 6.16 生成的数据模型

6.3 节中介绍的步骤自己手工创建一个数据模型图,例如 NewDiagram2。然后把这 3 个表拖动到数据模型图中,表与表之间的关系就自动显示出来了。如图 6.16 所示。

需要说明的是,把对象模型转换为数据模型,其结果并不是惟一的。Rose 2003 中生成的对象模型只是其中的一种结果,如果用户觉得需要,也可以自己根据对象模型创建数据模型,结果可以不一样。

6.4.2 数据模型转换为对象模型

对象模型和数据模型的开发往往是并行进行的,所以在建模过程中不只是有对象模型向数据模型转换的需要,同样也有数据模型向对象模型转换的需要。所谓数据模型向对象模型的转换,简单地说,就是把表转换为类,表与表之间的关系转换为类与类之间的关系。下面给出数据模型向对象模型转换的例子,这里的数据模型以 6.4.1 节中得到的数据模型为例,然后把它转换为对象模型,并与最初的对象模型做比较。转换的具体步骤如下:

(1) 数据模型向对象模型的转换是对模式(即包的 << Schema >> 版型)进行的。Rose 2003 会把一个模式中的所有表及其关系转换为对象模型,而不会对单个的表进行转换。用鼠标右击图 6.16 中的 << Schema >> S_1,在弹出的菜单中选择 Data Modeler → Transform to Object Model... 菜单项,如图 6.17 所示。

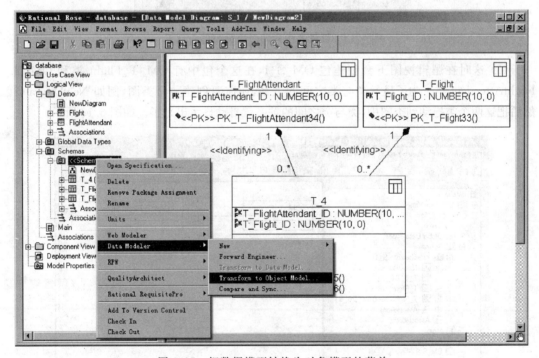

图 6.17 把数据模型转换为对象模型的菜单

(2) 这时会弹出一个对话框,如图 6.18 所示。在这个对话框中,可以对要生成的对象模型做一些设置,如要生成的包的名字、所生成的类名的前缀等,也可以选择是否根据表的主键生成类中对应的属性。这里使用默认值,即包名为 OM_S_1,类名的前缀为 OM_,不选择生成对应主键的属性,然后单击 OK 按钮即可。

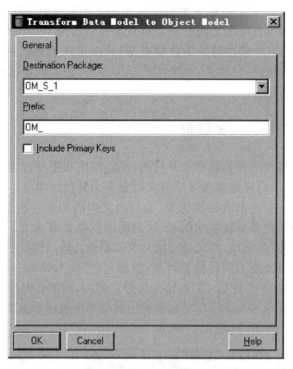

图 6.18 设置要生成的对象模型的对话框

(3) 这时在逻辑视图下会创建包 OM_S_1,在这个包中有 OM_T_Flight 类和 OM_T_FlightAttendant 类。为了显示类与类之间的关系,还需要创建一个类图,例如 NewDiagram3。然后把这两个类拖动到类图中,类与类之间的关系就自动显示出来了。如图 6.19 所示。

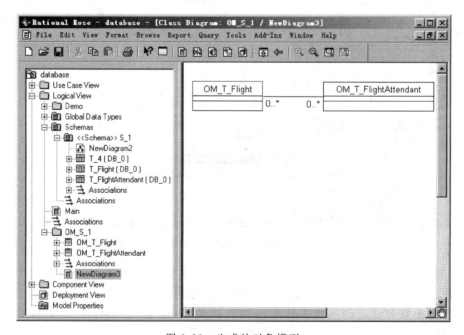

图 6.19 生成的对象模型

可以发现,除了类名带前缀和类之间的关联没有名字以外(其实可以在转换时设置不要类名前缀),图 6.19 中的类图和最初的图 6.13 中的类图几乎一样。

6.5 小　　结

1. UML 类图可用于设计数据库,与 E-R 图相比,UML 类图的描述能力更强。
2. 数据库设计可分为概念设计、逻辑设计和物理设计 3 个阶段。
3. 用 UML 进行数据库设计的主要思想就是利用 UML 的扩展机制定义一些版型,用于表示与数据库相关的一些概念。
4. Rose 2003 提供了对数据库设计的支持,所设计的模型可以直接生成具体数据库中的表、触发器、存储过程等,也可以先生成 SQL 语句,以后再执行这些 SQL 语句,得到具体数据库中的表、触发器、存储过程等。
5. 在 Rose 2003 中可以把对象模型转换为数据模型,也可以把数据模型转换为对象模型。

第 7 章 包

7.1 包的基本概念

软件开发时常见的一个问题是如何把一个大系统分解为多个较小系统。分解是控制软件复杂性的重要手段,在结构化方法中,考虑的是如何对功能进行分解,而在 OO 方法中,需要考虑的是如何把相关的类放在一起,而不再是对系统的功能进行分解。包在开发大型软件系统时是一个非常重要的机制,包中的元素不仅仅限于类,可以是任何 UML 建模元素。包就像一个"容器",可用于组织模型中的相关元素以便更容易理解。如图 7.1 所示是一个包的例子。

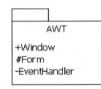

图 7.1 AWT 包

包中可以包含其他建模元素,如类、接口、构件、结点、用例、包等。就像对类的属性和操作可以进行可见性控制一样,对包中元素也可以进行可见性控制。图 7.1 中的 AWT 包有 3 个元素:Window、Form 和 EventHandler。其中 Window 的可见性为公有的(public),表示在任何导入(import) AWT 包的包中,都可以引用 Widnow 这个元素;Form 的可见性为保护的(protected),表示只有 AWT 包的子包才可以引用 Form 这个元素;EventHandler 的可见性为私有的(privated),表示只有在 AWT 包中才可以引用 EventHandler 这个元素。

对包的命名有两种方式,即简单包名(simple name)和路径包名(path name)。例如 Vision 是一个简单的包名,而 Sensors∷Vision 是带路径的包名。其中 Sensors 是 Vision 包的外围包,也就是说,Vision 包是嵌套在 Sensors 包中的。包可以嵌套,但在实际应用中,嵌套层次不应过深。

包与包之间可以存在依赖关系,但这种依赖关系没有传递性。如图 7.2 所示是包之间非传递依赖的例子,包 User Services 依赖于包 Business Services,包 Business Services 又依赖于包 Data Services,但包 User Services 并不依赖于包 Data Services。图中的依赖关系的版型都是 <<import>>,表示源包会存取目的包中的内容,同时目的包中的内容是加到源包的名字空间的。这样在引用目的包中的内容时不需要加包名限定,直接用目的包中的元素名字即可。

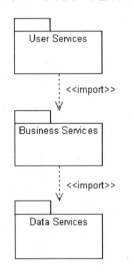

图 7.2 包之间的非传递依赖关系

另外,与 UML 中其他建模元素类似,包之间也可以有泛化关系,子包继承了父包中可见性为 public 和 protected 的元素。如图 7.3 所示是包之间泛化关系的例子,其中包 WindowsGUI 泛化了包 GUI,包 WindowsGUI 继承了包 GUI 中的 Window 和 EventHandler 元素,同时包 WindowGUI 重新定义(即覆盖)了包 GUI 中的 Form 元素,而 VBForm 是包 WindowsGUI 中新增加的元素。与子类和父类之间存在 Liskov 替换原则一样,子包和父包之间也存在 Liskov 替换原则,即子包可以出现在父包能出现的任何地方。

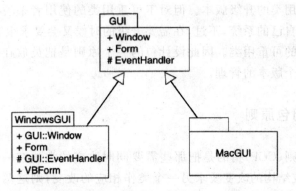

图 7.3 包之间的泛化关系

但是在实际建模过程中,包之间的泛化关系很少用到。

包是 UML 中的建模元素,但 UML 中并没有一个包图,通常一些书上所说的包图指的就是类图、用例图等这些图,只是在这些图中只有包这一元素。

UML 中,包是分组事物(grouping thing)的一种,它是在建模时用来组织模型中的元素的,在系统运行时并不存在包的实例。这点和类不一样,类在运行时会有实例(即对象)存在。

7.2 设计包的原则

在考虑如何对类进行分组并放入不同的包时,主要是根据类之间的依赖关系进行分组。包中的类应该是功能相关的,在建立包时,应把概念上和语义上相近的模型元素纳入一个包。依赖关系其实是耦合的一种体现,如果两个包中的类之间存在依赖关系,那么这两个包之间也就有了依赖关系,也就存在了耦合关系。好的设计要求体现高内聚、低耦合的特性。

在设计包时,应遵循以下原则:
- 重用等价原则(Reuse Equivalency Principle,REP)
- 共同闭包原则(Common Closure Principle,CCP)
- 共同重用原则(Common Reuse Principle,CRP)
- 非循环依赖原则(Acyclic Dependencies Principle,ADP)

7.2.1 重用等价原则

重用等价原则(REP)指的是把类放入包中时,应考虑把包作为可重用的单元。这种设计原则和用户的使用心理有关,对于可重用的类,其开发可能比较快,开发人员会不断地推出这些可重用类的升级版本。但对于可重用类的使用者来说,不会随着可重用类的每次升级而修改自己的系统,不过,在需要升级的时候又会要求很容易地用新版本的可重用类替换旧版本的可重用类。因此设计包的一个原则是把类放在包中时要方便重用,方便对这个包的各个版本的管理。

7.2.2 共同闭包原则

共同闭包原则(CCP)指的是把那些需要同时改变的类放在一个包中。例如,如果一个类的行为和/或结构的改变要求另一个类作相应的改变,则这两个类应放在一个包中;或者在删除了一个类后,另一个类变成多余的,则这两个类应放在一个包中;或者两个类之间有大量的消息发送,则这两个类也应放在一个包中。

在一个大项目中往往会有很多包,对这些包的管理并不是一件容易的工作。如果改动了一个包中的内容,则往往需要对这个包及依赖这个包的其他包进行重新编译、测试、部署等,这往往会带来很大的工作量,因此希望在改动或升级一个包的时候要尽量少影响别的包。显然,当改动一个类时,如果那些受影响的类和这个类在同一个包中,则只对这个包有影响,别的包不会受影响。

共同闭包原则就是要提高包的内聚性、降低包与包之间的耦合度。

7.2.3 共同重用原则

共同重用原则(CRP)指的是不会一起使用的类不要放在同一包中。这个原则和包的依赖关系有关。如果元素 A 依赖于包 P 中的某个元素,则表示 A 会依赖于 P 中的所有元素。也就是说,如果包 P 中的任何一个元素做了修改,即使所修改的元素和 A 完全没有关系,也要检查元素 A 是否还能使用包 P。

所以一个包中包含的多个类之间如果关系不密切,改变其中的一个类不会引起别的类的改变,那么把这些类放在同一个包中会对用户的使用造成不便。修改了一个对用户实际上毫无影响的类,却使得用户不得不重新检查是否还可以同样方式使用新的包是不合理的。

重用等价原则、共同闭包原则、共同重用原则这 3 个原则事实上是相互排斥的,不可能同时被满足。它们是从不同使用者的角度提出的,重用等价原则和共同重用原则是从重用人员的角度考虑的,而共同闭包原则是从维护人员的角度考虑的。共同闭包原则希望包越大越好,而共同重用原则却要求包越小越好。

一般在开发过程中,包中所包含的类可以变动,包的结构也可以相应地变动。例如,在开发的早期，可以共同闭包原则为主。而当系统稳定后，可以对包做一些重构（refactoring），这时要以重用等价原则和共同重用原则为主。

7.2.4 非循环依赖原则

非循环依赖原则（ADP）指的是包之间的依赖关系不要形成循环。也就是说不要有包 A 依赖于包 B，包 B 依赖于包 C，而包 C 又依赖于包 A 这样的情况出现。如果确实无法避免出现包之间的循环依赖，则可以把这些有循环依赖关系的包放在一个更大的包中，以消除这种循环依赖关系。

7.3 包的应用

除了在 OO 设计中对建模元素进行分组外，在 Rose 中，包可以提供一些特殊的功能。如第 6 章介绍的数据建模中，用包表示模式和域，在数据模型和对象模型之间的转换是以包为单位进行的；在 Web 建模中，包可以表示某一虚拟目录（virtual directory），在该目录下的所有 web 元素都在这个包中（第 13 章将介绍）；另外包在 Rose 中还可以作为控制单元（controlled unit），以方便团队开发和配置管理（第 17 章将介绍）。

7.4 小 结

1. 包就像一个"容器"，可用于组织模型中的相关元素。
2. 包之间可以存在依赖关系，但这种依赖关系没有传递性。
3. 在设计包时，应遵循重用等价原则、共同闭包原则、共同重用原则、非循环依赖原则等。
4. 包是一种很有用的建模机制，除了在 OO 设计中对建模元素进行分组外，在数据建模、Web 建模、支持团队开发等方面有不可替代的作用。

第 8 章 状态图和活动图

8.1 什么是状态图

UML 中的状态图(statechart diagram)主要用于描述一个对象在其生存期间的动态行为,表现一个对象所经历的状态序列,引起状态转移的事件(event),以及因状态转移而伴随的动作(action)。状态图是 UML 中对系统的动态行为建模的 5 个图之一,状态图在检查、调试和描述类的动态行为时非常有用。一般可以用状态机对一个对象(这里所说的对象可以是类的实例、用例的实例或整个系统的实例)的生命周期建模,状态图是用于显示状态机的,重点在于描述状态之间的控制流。

如图 8.1 所示是一个简单的状态图的例子。这个状态图中描述的对象除了初态和终态外,还有 Idle 和 Running 两个状态,而 keyPress、finished、shutDown 等是事件。

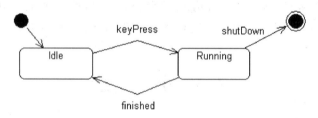

图 8.1 状态图的例子

在状态机中,动作既可以与状态相关也可以与转移相关。如果动作是与状态相关,则对象在进入一个状态时将触发某一动作,而不管是从哪个状态转入这个状态的;如果动作是与转移相关的,则对象在不同的状态之间转移时,将触发相应的动作。

对于一个状态机,如果其中所有的动作都是与状态相关的,则称这个状态机是 Moore 机;如果其中所有的动作都是与转移有关的,则称这个状态机是 Mealy 机。在理论上可以证明,Moore 机和 Mealy 机在表示能力上是等价的[HMJ00],但一般状态图中描述的状态机会混合使用 Mealy 机和 Moore 机风格。

状态图所描述的对象往往具有多个属性,一般状态图应该在具有以下两个特性的属性上建模:
- 属性拥有较少的可能取值
- 属性在这些值之间的转移有一定的限制

例如,如果类 SellableItem 有两个属性 salePrice 和 status,其中 salePrice 的类型为 Money,取值范围为正实数,status 的类型为枚举类型,取值为 received、inInspection、accepted、rejected 这 4 个中的某一个,则应根据属性 status 建立状态图。

8.2 状态图中的基本概念

下面讨论状态图中的几个基本概念：状态、组合状态、子状态、历史状态、转移、事件和动作。

8.2.1 状态

状态(state)是指在对象的生命期中的某个条件或状况，在此期间对象将满足某些条件、执行某些活动或等待某些事件。所有对象都具有状态，状态是对象执行了一系列活动的结果，当某个事件发生后，对象的状态将发生变化。

一个状态有以下几个部分：状态名(name)、进入/退出动作(entry/exit action)、内部转移(internal transition)、子状态(substate)、延迟事件(deferred event)。

状态可以细分为不同的类型，例如初态、终态、中间状态、组合状态、历史状态等。一个状态图只能有一个初态，但终态可以有一个或多个，也可以没有终态。

中间状态包括两个区域：名字域和内部转移域，如图8.2所示。其中内部转移域是可选的。

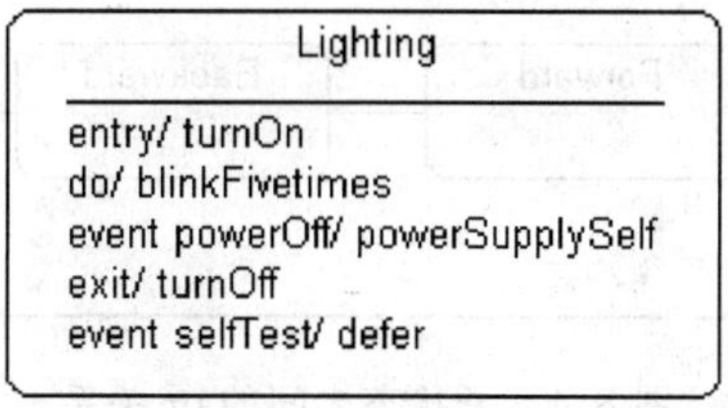

```
┌─────────────────────────────────┐
│           Lighting              │
├─────────────────────────────────┤
│ entry/ turnOn                   │
│ do/ blinkFivetimes              │
│ event powerOff/ powerSupplySelf │
│ exit/ turnOff                   │
│ event selfTest/ defer           │
└─────────────────────────────────┘
```

图 8.2 状态的例子

图8.2的状态的名字是Lighting。当进入这个状态时，做开灯(turnOn)动作，离开这个状态时，做关灯(turnOff)动作，当对象处于这个状态时，灯要闪烁5次(blinkFivetimes)，当电源关闭(powerOff)事件出现时，使用自供应电源(powerSupplySelf)。需要注意的是，对象在Lighting状态时，有一个被延迟处理的事件，即当出现自检(seflTest)事件时，对象将延迟响应这个事件。即不在Lighting这个状态中处理这个事件，而是延迟到以后在别的状态中处理这个事件。

8.2.2 组合状态和子状态

嵌套在另一个状态中的状态称作子状态(substate)，一个含有子状态的状态被称作组合状态(composite state)。如图8.3所示是组合状态和子状态的例子，其中W是组合状态，E、F是子状态。

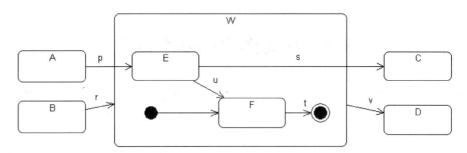

图 8.3　组合状态和子状态

从图 8.3 可以看出,组合状态中也可以有初态和终态。转移 r 是从状态 B 转移到组合状态 W 本身,转移 p 则是从 A 状态直接转移到组合状态中的子状态 E。类似地,可以从组合状态中的子状态直接转移到目标状态(如转移 s),也可以从组合状态本身转移到目标状态(如转移 v)。

子状态之间可分为 or 关系和 and 关系两种。or 关系说明在某一时刻仅可到达一个子状态,and 关系说明组合状态中在某一时刻可同时到达多个子状态。如图 8.4 所示是子状态之间 or 关系的例子。

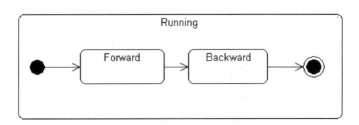

图 8.4　子状态之间的 or 关系

如图 8.5 所示是子状态之间 and 关系的例子。其中子状态 Forward 和 Low speed 之间、Forward 和 High speed 之间、Backward 和 Low speed 之间、Backward 和 High speed 之间都是 and 的关系。

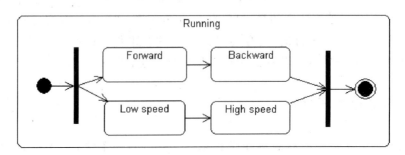

图 8.5　子状态之间的 and 关系

8.2.3 历史状态

历史状态(history state)是一个伪状态(pseudostate)，其目的是记住从组合状态中退出时所处的子状态。当再次进入组合状态时，可直接进入这个子状态，而不是再次从组合状态的初态开始。

在 UML 中，历史状态用符号 Ⓗ 或 Ⓗ* 表示，其中 Ⓗ 是浅(shallow)历史状态的符号，表示只记住最外层组合状态的历史；Ⓗ* 是深(deep)历史状态的符号，表示可记住任何深度的组合状态的历史。顺便提一下，UML 中其他建模元素的符号都是直接采用图形符号，没有采用英文字母，如类采用矩形符号，用例采用椭圆符号等，只有历史状态的表示符号中采用了英文字母。需要注意的是，如果一个组合状态到达了其终态，则会丢失历史状态中的信息，就好像还没有进入过这个组合状态一样。

如图 8.6 所示是历史状态的例子。

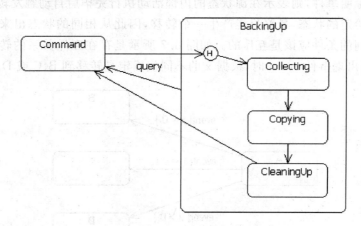

图 8.6 历史状态

这是一个对数据进行备份时的状态图，备份时要经过 Collecting、Copying、CleaningUp 等几个状态。如果在进行数据备份过程中，有数据查询请求，则可以中断当前的备份工作，然后回到 Command 状态进行查询操作。查询结束后，可以从 Command 状态直接到刚才中断时退出的状态接着进行备份操作。(例如，如果刚才是从 Copying 状态被中断退出的，则现在可以直接从 Command 状态到 Copying 状态。)

当然，如果不采用历史状态，也可以用别的状态图表示出和图 8.6 的状态图相同的意思，但得到的状态图中要增加许多新的状态、转移或变量，这样状态图就显得过于混乱和复杂。

8.2.4 转移

转移(transition)是两个状态之间的一种关系，表示对象将在第一个状态中执行一定的动作，并在某个特定事件发生而且某个特定的警戒条件满足时进入第二个状态。

描述转移的格式如下：

  event-signature '[' guard-condition ']' '/' action

其中 event-signature 是事件特征标记，guard-condition 是警戒条件，action 是动作，而事件特征标记的格式为：

  event-name '(' comma-separated-parameter-list ')'

其中 event-name 是事件名，comma-separated-parameter-list 是逗号分隔的参数列表。

例 8.1　转移的例子。

  targetAt(p) [isThreat] / t.addTarget(p)

其中事件名是 targetAt，p 是事件的参数，isThreat 是警戒条件，t.addTarget(p) 是要做的动作，这里动作的参数 p 就是事件的参数。这个例子中的转移包含了事件特征标记、警戒条件、动作 3 部分，根据实际情况，这 3 部分可以省略一部分或全部省略。

一般状态之间的转移是由事件触发的，因此应在转移上标出触发转移的事件表达式。如果转移上未标明事件，则表示在源状态的内部活动执行完毕后自动触发转移。

对于一个给定的状态，最终只能产生一个转移，因此从相同的状态出来的、事件相同的几个转移之间的条件应该是互斥的。如图 8.7 所示是存在互斥关系的转移的例子，当对象在状态 A，出现事件 event 时，根据 x 的不同值确定是转移到 B、C 或 D。

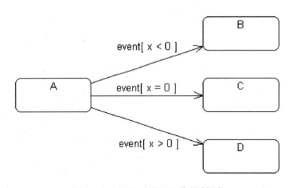

图 8.7　相互之间互斥的转移

8.2.5　事件

事件(event)是对一个在时间和空间上占有一定位置的有意义的事情的详细说明。事件产生的原因有调用、满足条件的状态的出现、到达时间点或经历某一时间段、发送信号等。

在 UML 中，事件分为 4 类：

(1) 调用事件(call event)。调用事件表示的是对操作的调度，其格式如下：

  event-name '(' comma-separated-parameter-list ')'

其中 event-name 是事件名，comma-separated-parameter-list 是逗号分隔的参数列表。

如图 8.8 所示是调用事件的例子,其中事件名是 startAutopilot,参数是 normal。

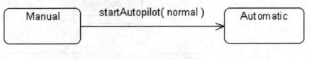

图 8.8 调用事件

(2) 变化事件(change event)。如果一个布尔表达式中的变量发生变化,使得该布尔表达式的值相应地变化,从而满足某些条件,则这种事件称作变化事件。变化事件用关键字 when 表示,如图 8.9 所示是变化事件的例子。

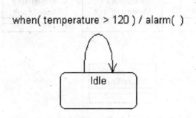

图 8.9 变化事件

变化事件和警戒条件(guard condition)这两个概念很相似,两者的区别是警戒条件是转移(transition)说明的一部分,只在所相关的事件出现后计算一次这个条件,如果值为 false,则不进行状态转移,以后也不再重新计算这个警戒条件,除非事件又重新出现。而变化事件表示的是一个要被不断测试的事件。

(3) 时间事件(time event)。时间事件指的是满足某一时间表达式的情况的出现,例如到了某一时间点或经过了某一时间段。时间事件用关键字 after 或 when 表示,如图 8.10 所示是时间事件的例子。

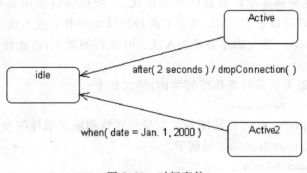

图 8.10 时间事件

(4) 信号事件(signal event)。信号事件表示的是对象接收到了信号这种情况,信号事件往往会触发状态的转移。这里提到了信号这个概念,所谓信号,就是由一个对象异步地发送、并由另一对象接收的已命名的对象。

在 UML 中,信号用版型为 <<signal>> 的类表示,信号之间可以具有泛化关系,形成层次结构。如图 8.11 所示是信号之间泛化关系的例子。

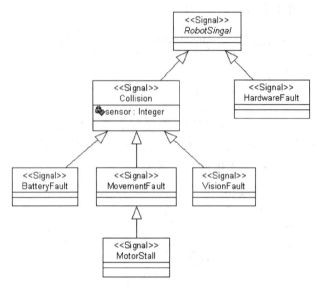

图 8.11 信号之间的泛化关系

信号事件和调用事件比较相似,但信号事件是异步事件,调用事件一般是同步事件。另外,信号事件和调用事件的表示格式是一样的。

8.2.6 动作

动作(action)是一个可执行的原子计算。也就是说,动作是不可被中断的,其执行时间是可忽略不计的。

UML 并没有规定描述动作的具体语法格式,一般建模时采用某种合适的程序设计语言的语法来描述就可以了。UML 规定了两种特殊的动作:进入动作(entry action)和退出动作(exit action)。进入动作表示进入状态时执行的动作,格式如下:

'entry' '/' action-expression

退出动作表示退出状态时要执行的动作,格式如下:

'exit' '/' action-expression

其中 action-expression 可以使用对象本身的属性和输入事件的参数。

例 8.2 进入动作和退出动作的例子。

entry / setMode(onTrack)
exit / setMode(offTrack)

8.3 状态图的工具支持

对状态图的工具支持包括两方面的内容:正向工程和逆向工程。正向工程指的是根据状态图生成代码,逆向工程指的是从源代码逆向得到状态图。事实上根据状态机来生成代码有一套比较完整的理论,感兴趣的读者可以参考形式语言与自动机方面的书籍,如[HMJ00]。图 8.12 是引自[BRJ99,p337]中的进行词法分析的状态图,根据这个状态图,可以生成进行词法分析用的 Java 类 MessageParser,MessageParser 类的具体代码可以参考文献[BRJ99,p338],这里就不重复列出了。

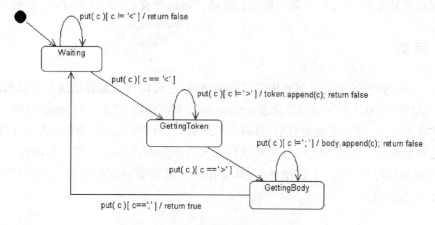

图 8.12　一个词法分析的状态图

目前 Rose(最新的 Rose 2003 版本)还不支持从状态图生成代码,但已有一些工具支持从状态图中生成代码,如 Poseidon(可从网址 http://www.gentleware.com/ 下载试用版本)。

软件逆向工程是在给定源代码的情况下,标识软件系统中的构造块,抽取结构依赖关系,为系统创造另一种更高抽象形式的表示。软件逆向工程是基于以下的假设:构造软件系统的过程是从问题域到实现域的映射过程,这种映射是在正向工程中完成的,而这是一个可逆的过程,并且可以在不同的抽象级别上被重构。

在正向工程中,会有语义丢失的现象。也就是说,在分析和设计模型中包含的信息要比源代码中包含的信息多,要想让计算机在逆向工程时自动找回这些信息非常困难。因此,在逆向工程过程中,往往需要手工添加一些信息,以帮助逆向工程能得到满意的结果。如果要用工具实现从源代码到状态图的逆向工程,那么至少在逆向工程时需要人来帮助指定一个对象具有哪些状态,否则让计算机来判断对象的状态数目会很困难。

8.4　什么是活动图

活动图是对系统的动态行为建模的 5 个图之一。在 OMT、Booch、OOSE 方法中并没有活动图的概念,UML 中的活动图的概念是从别的方法中借鉴来的。与 Jim Odell 的事件图、Petri 网、SDL 建模技术等类似,活动图可以用于描述系统的工作流程和并发行为。活动图其实可看作状态图的特殊形式,活动图中一个活动结束后将立即进入下一个活动(在状态图中状态的转移可能需要事件的触发)。

8.5 活动图中的基本概念

下面讨论活动图中的几个基本概念：活动、泳道、分支、分叉和汇合、对象流。

8.5.1 活动

活动（activity）表示的是某流程中的任务的执行，它可以表示某算法过程中语句的执行。在活动图中需要注意区分动作状态（action state）和活动状态（activity state）这两个概念。

动作状态是原子的，不能被分解，没有内部转移，没有内部活动，动作状态的工作所占用的时间是可忽略的。动作状态的目的是执行进入动作（entry action），然后转向另一个状态。

活动状态是可分解的，不是原子的，其工作的完成需要一定的时间。可以把动作状态看作活动状态的特例。

8.5.2 泳道

泳道（swimlane）是活动图中的区域划分，根据每个活动的职责对所有活动进行划分，每个泳道代表一个责任区。泳道和类并不是一一对应的关系，泳道关心的是其所代表的职责，一个泳道可能由一个类实现，也可能由多个类实现。

如图 8.13 所示是使用泳道的例子。

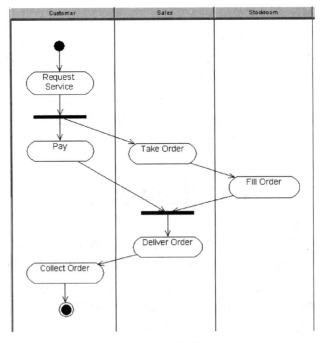

图 8.13 泳道

8.5.3 分支

在活动图中,对于同一个触发事件,可以根据不同的警戒条件转向不同的活动,每个可能的转移是一个分支(branch)。

在 UML 中表示分支有两种方法,如图 8.14 所示,这两种表示方法的区别是,右边的活动图采用菱形符号表示分支。

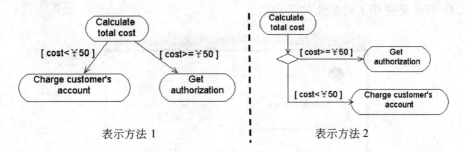

图 8.14 分支的两种表示方法

8.5.4 分叉和汇合

8.5.3 节介绍的分支表示的是从多种可能的活动转移中选择一个,如果要表示系统或对象中的并发行为,则可以使用分叉(fork)和汇合(join)这两种建模元素。分叉表示的是一个控制流被两个或多个控制流代替,经过分叉后,这些控制流是并发进行的;汇合正好与分叉相反,表示两个或多个控制流被一个控制流代替。如图 8.15 所示是分叉和汇合的例子。

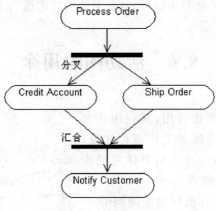

图 8.15 分叉和汇合

8.5.5 对象流

在活动图中可以出现对象。对象可以作为活动的输入或输出。活动图中的对象流表示活动和对象之间的关系，如一个活动创建对象（作为活动的输出）或使用对象（作为活动的输入）等。

对象流属于控制流。所以如果两个活动之间有对象流，则控制流就不必重复画出了。如图 8.16 所示是使用了对象流的活动图。

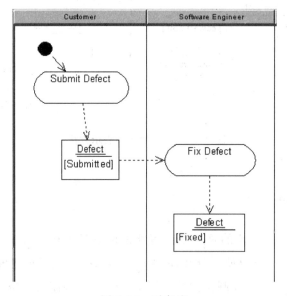

图 8.16　对象流

活动 Submit Defect 创建对象 Defect，该对象的状态是 Submitted，活动 Fix Defect 使用处于 Submitted 状态的对象 Defect，同时把对象的状态改为 Fixed 状态。

8.6　活动图的用途

活动图对表示并发行为很有用，其应用非常广泛。一般活动图可以对系统的工作流程建模，即对系统的业务过程建模，也可以对具体的操作建模，用于描述计算过程的细节。

例 8.3　用活动图对工作流程建模的例子。

如图 8.17 所示的用例图有两个用例：产品制造（Make Part）和发货（Ship Part）。

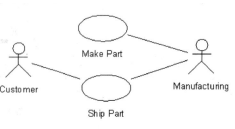

图 8.17　用例图

在进行用例分析时,可以用活动图来描述具体的工作流程。由于这个工作流程涉及两个用例,所以采用脚本或顺序图都很难描述,而采用活动图则可以很好地解决这个问题。如图 8.18 所示是对这个工作流程的具体描述例子。

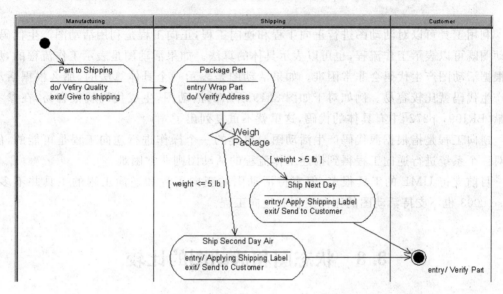

图 8.18　用活动图描述工作流程

活动图除了可以对工作流程建模外,也可以对具体的操作建模。在结构化分析和设计中,开发人员往往用流程图来描述一个算法。在 UML 中没有流程图的概念,从某种意义上说,活动图的功能已包含了流程图。如果需要描述一个算法,可以用活动图来描述。如图 8.19 所示是用活动图描述 Line 类的求直线交点的算法[BRJ99, p272],这个算法本身并不难,这里采用这个例子只是说明活动图的一个作用。

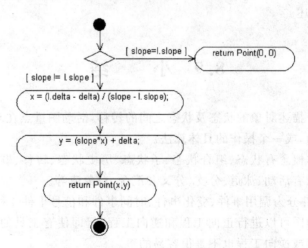

图 8.19　用活动图描述算法

8.7 活动图的工具支持

利用工具可以对活动图进行正向工程和逆向工程,正向工程是利用活动图产生代码。活动图既可以表示工作流程,也可以表示具体的算法。如果活动图是表示工作流程的,那么根据活动图产生代码会非常困难。如果活动图是表示一个具体算法的,那么根据活动图产生代码就比较容易。例如对于如图 8.19 所示的活动图,生成代码就很容易,在参考文献[BRJ99,p272]中有具体的代码,这里就不重复列出了。

逆向工程是指根据源代码产生活动图。对类的一个操作进行逆向工程是可能的,但要对一个系统进行逆向工程得到描述工作流程的活动图则非常困难。

目前支持 UML 的工具很多,但支持活动图的正向工程和逆向工程的工具并不多。Rose 2003 也不支持活动图的正向工程和逆向工程。

8.8 状态图和活动图的比较

状态图和活动图都是对系统的动态行为建模,两者很相似,但也有区别。

首先,两者描述的重点不同。状态图描述的是对象的状态及状态之间的转移,而活动图描述的是从活动到活动的控制流。

其次,两者使用的场合不同。如果是为了显示一个对象在其生命周期内的行为,则使用状态图较好,如果目的是为了分析用例,或理解涉及多个用例的工作流程,或处理多线程应用等,则使用活动图较好。

当然,如果要显示多个对象之间的交互情况,用状态图或活动图都不适合,这时可用顺序图或协作图描述。

8.9 小 结

1. 状态图重点在于描述对象的状态及状态之间的转移,活动图重点在于描述系统的工作流程和并发行为,或一个操作的具体算法。
2. 状态图中的基本概念有状态、组合状态、子状态、历史状态、转移、事件和动作等,活动图中的基本概念有活动、泳道、分支、分叉和汇合、对象流等。
3. 在 UML 中,事件分为调用事件、变化事件、时间事件和信号事件 4 种类型。
4. 对状态图和活动图可以进行正向工程和逆向工程,但即使有工具的帮助,在某些情况下进行正向工程或逆向工程也不是很容易的事。
5. 状态图和活动图都是对系统的动态行为建模,两者很相似,但它们有不同的适用场合。

第9章 构 件 图

9.1 什么是构件和构件图

构件(component)是系统中遵从一组接口且提供其实现的物理的、可替换的部分。构件图(component diagram)则显示一组构件以及它们之间的相互关系,包括编译、链接或执行时构件之间的依赖关系。构件图是对 OO 系统物理方面建模的两个图之一(另一个图是第 10 章将要介绍的部署图)。

如图 9.1 所示是一个构件图的例子,表示 .html 文件、.exe 文件、.dll 文件这些构件之间的相互依赖关系。

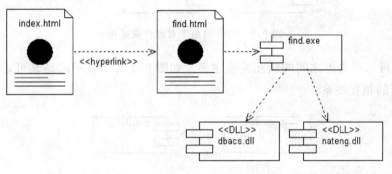

图 9.1 构件图

构件就是一个实际文件,可以有以下几种类型:
- 部署构件(deployment component),如 dll 文件、exe 文件、COM＋对象、CORBA 对象、EJB、动态 Web 页、数据库表等。
- 工作产品构件(work product component),如源代码文件、数据文件等,这些构件可以用来产生部署构件。
- 执行构件(execution component),也就是系统执行后得到的构件。

构件图中的构件和类图中的类很容易混淆,下面是它们之间的几个不同点:
- 类是逻辑抽象,构件是物理抽象,即构件可以位于结点(node)上。
- 构件是对其他逻辑元素,如类、协作(collaboration)的物理实现。
- 类可以有属性和操作,构件通常只有操作,而且这些操作只能通过构件的接口才能使用。

9.2 构件图的作用

构件图可以对以下几个方面建模：

(1) 对源代码文件之间的相互关系建模，如图9.2所示。

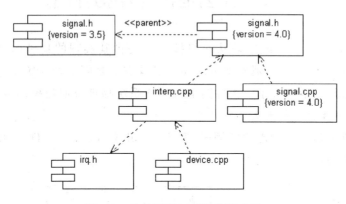

图 9.2 构件图用于对源代码建模

(2) 对可执行文件之间的相互关系建模。如图9.3所示表示的是某可运行系统的部分文件之间的相互关系。

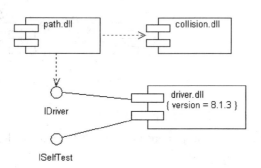

图 9.3 构件图用于对可运行系统建模

在图9.3中，IDriver是接口，构件path.dll和接口IDriver之间是依赖关系，而构件dirver.dll和接口IDriver之间是实现关系。

在文献[BRJ99, p400-3]中还介绍了如何用构件图对物理数据库中各个具体对象之间的相互关系建模，以及如何对自适应系统(adaptable system)建模。但构件图的这些用法在UML的规范说明中并没有强调，实际开发中这些用法也不常见，所以这里就不详述了。

9.3 构件图的工具支持

对构件图的工具支持一般包括两个方面的内容：正向工程和逆向工程。下面结合具体的例子来说明。

1. 正向工程

正向工程就是根据模型来产生源代码，当然得到源代码后再调用相应的编译器即可得到可执行代码。

以 Java 语言为例，一般在 Rose 2003 中可以直接根据类图来生成代码。如果这样，那么一个类会生成一个文件，这样类图中有多少个类就会生成多少个 .java 文件。在 Java 中，有时候会遇到要求在一个文件中包含多个类（其中只有一个类的可见性是 public）的情况，这时就需要利用构件图了。下面的操作步骤说明如何利用 Rose 2003 生成 A.java 文件，在该文件中包含了两个类的定义，即类 A 和类 B 的定义。

（1）首先把建模语言设为 Java（在 Tools→Options→Notation 中设置）。

（2）在类图中创建类 A 和类 B，并把 A 设为 public 类型的类，B 设为 private 类型的类。为了简单起见，类 A 和类 B 中不包含属性和方法，如图 9.4 所示。

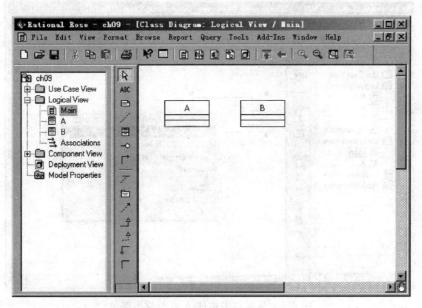

图 9.4　类图中的类 A 和类 B

（3）在构件图中添加一个构件 A。由于 Java 中规定 public 类的名字必须和所在的文件名一致，因此构件名也取为 A，如图 9.5 所示。

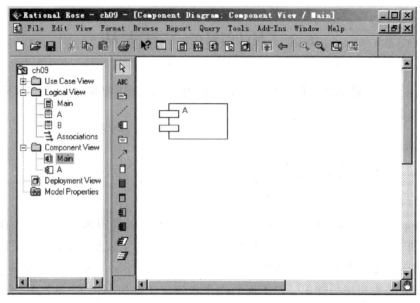

图 9.5 构件图中的构件 A

（4）在构件图中用鼠标右击构件 A，在弹出的菜单中选 Open Standard Specification...选项，如图 9.6 所示。

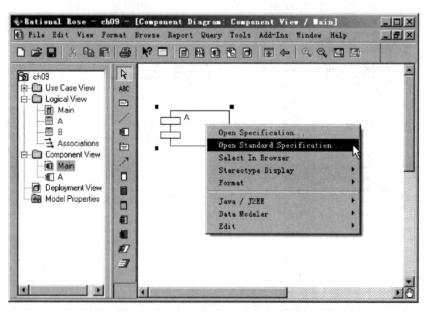

图 9.6 鼠标右击构件 A 后的弹出菜单

（5）这时弹出构件 A 的 Specification 对话框，在这个对话框中选 Realizes 标签，可看到 Class Name 下有类 A、类 B 两项。用鼠标右击类 A 和类 B，在弹出的菜单中选 Assign，如图 9.7 所示。

第 9 章 构件图

图 9.7 构件 A 实现了类 A 和类 B

（6）这时在构件图中用鼠标右击构件 A，在弹出的菜单中选择 Java/J2EE→Generate Code 选项，如图 9.8 所示。

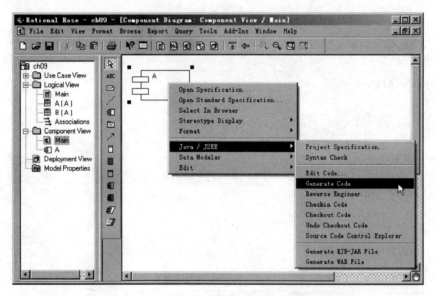

图 9.8 鼠标右击构件 A 弹出的菜单

（7）这时会弹出一个对话框，如图 9.9 所示，要求选择 CLASSPATH 的值，也就是所生成的代码要放在哪个目录下。这里选 F:\code，然后按 Assign 按钮，再按 OK 按钮即可，Rose 将在指定的目录下生成 A.java 文件。如果 CLASSPATH Entries 下的 CLASSPATH 项都不是想要放代码的目录，可以通过按 Edit... 按钮来创建一个新的 CLASSPATH 值（图 9.9 中的 F:\code 这个 CLASSPATH 项也是通过 Edit... 按钮创建的）。

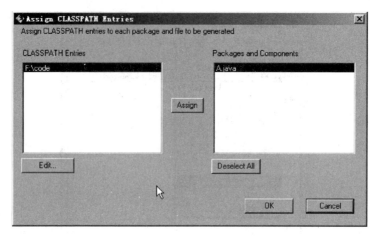

图 9.9 指定生成代码的所在目录

下面是所生成的 A.java 文件的代码(为了节省篇幅,已删掉所生成代码中的空行),这个文件中共有两个类。可以在 Rose 中做一些代码生成选项的设置,以生成不同形式的代码,如可以设置为不要生成构造方法。

```
//Source file：F:\code\A.java
public class A
{
    /**
     * @roseuid 3F7AC554003F
     */
    public A()
    {
    }
}
private class B
{
    /**
     * @roseuid 3F7AC5540067
     */
    public B()
    {
    }
}
```

2. 逆向工程

Rose 2003 支持 Java、C++等多种语言的逆向工程。对于 Java 来说,Rose 可以根据 Java 的源代码或.class 文件逆向得到类图和构件图。下面以 JDK 1.4.2 中附带的一个 Java 小应用程序(applet)为例来说明如何在 Rose 中进行逆向工程。

第9章 构件图

　　JDK 1.4.2 可以从 Sun 公司的 Java 站点 http://java.sun.com 下载,安装时假设安装在 d:\jdk1.4.2 目录下,在 d:\jdk1.4.2\demo 目录下有 JDK 附带的一些可运行的演示程序,下面对 d:\jdk1.4.2\demo\applets\Clock\Clock.java 这个例子进行逆向工程。

　　这是一个 Java 小应用程序,该文件的源代码(包括注释)有二百多行,可以用一般的编辑器打开这个文件查看源代码,这里就不列出了。在该目录下还有 HTML 文件 example1.html,可以双击这个文件,查看运行结果。

　　在 Rose 2003 中要对 Clock.java 进行逆向工程,可选 Tools→Java / J2EE →Reverse Engineer...菜单,将弹出一个对话框,如图 9.10 所示。

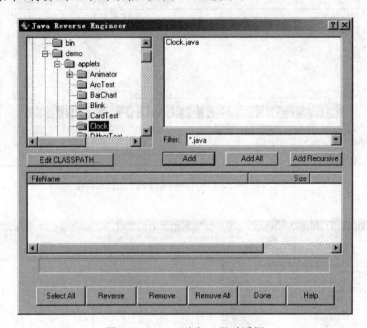

图 9.10　Java 逆向工程对话框

　　左上角的窗口中列出了所有 CLASSPATH 值的目录。由于事先已经建了一个 CLASSPATH 值是 d:\jdk1.4.2,所以可以直接在左上角窗口中寻找 Clock.java 文件所在的目录,找到后会在右上角的窗口中显示出来(如果还没有建立 CLASSPATH 值,则需按 Edit CLASSPATH...按钮创建一个值)。

　　找到 Clock.java 文件后,按 Add 按钮,这时 Clock.java 文件会被放在最下面的窗口中。这个例子中只有一个文件,如果有多个文件,可以逐个加入,也可以按 Add All 按钮一次加入。然后按最下面一排按钮中的 Select All 按钮,再按 Reverse 按钮,Rose 就开始进行逆向工程。如图 9.11 所示。

　　最后在 Rose 中会得到一些构件和类。如果要显示各个构件之间的关系,可以把构件拖动到构件图中,得到如图 9.12 所示的构件图。

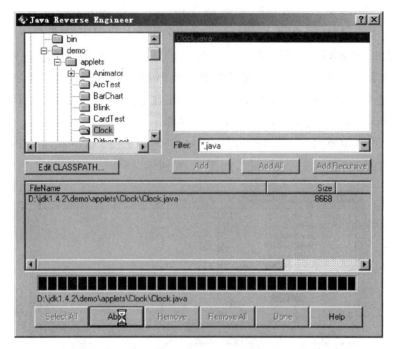

图 9.11　对 Clock.java 文件进行逆向工程

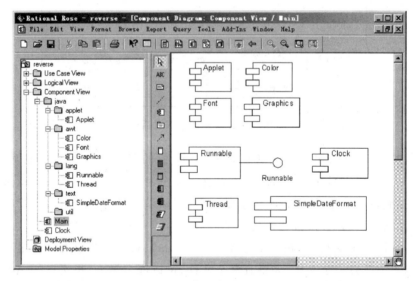

图 9.12　对 Clock.java 文件进行逆向工程所生成的构件图

　　类似地,可以把类拖动到类图中,Rose 会自动显示类与类之间的相互关系,最后得到的类图如图 9.13 所示。

　　以上是在 Rose 2003 中对 Java 源代码的逆向工程。Rose 2003 也支持对别的程序设计语言的逆向工程,这里就不细述了。

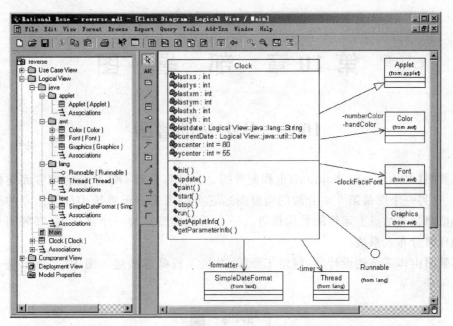

图 9.13　对 Clock.java 文件进行逆向工程所生成的类图

9.4　小　　结

1. 构件表示的是一个具体的物理元素。
2. 构件图用于显示一组构件以及它们之间的相互关系。
3. 使用构件图可以对源代码文件之间、可执行文件之间的相互关系建模。
4. 利用工具的支持，在正向工程中可以利用构件图对要生成的代码进行某些控制，也可以根据源代码逆向工程得到构件图及类图。

第10章 部 署 图

10.1 什么是部署图

部署图(deployment diagram)也称配置图、实施图,是对OO系统物理方面建模的两个图之一(另一个图是第9章介绍的构件图),它可以用来显示系统中计算结点的拓扑结构和通信路径与结点上运行的软构件等。一个系统模型只有一个部署图,部署图常常用于帮助理解分布式系统。

部署图由体系结构设计师、网络工程师、系统工程师等描述。图10.1所示是一个部署图的例子。

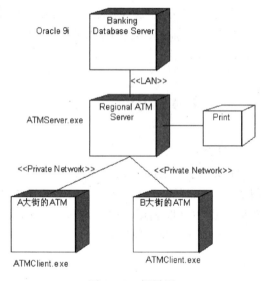

图10.1 部署图

10.2 部署图中的基本概念

部署图有两个基本概念:结点和连接。

10.2.1 结点

结点(node)是存在于运行时的代表计算资源的物理元素,结点一般都具有一些内存,而且常常具有处理能力。

结点可以代表一个物理设备以及运行该设备上的软件系统,如 UNIX 主机、PC 机、打印机、传感器等。结点之间的连线表示系统之间进行交互的通信路径,这个通信路径称为连接(connection)。

部署图中的结点分为两种类型,即处理机(processor)和设备(device)。

处理机是可以执行程序的硬件构件。在部署图中,可以说明处理机中有哪些进程、进程的优先级与进程调度方式等。其中进程调度方式分抢占式(preemptive)、非抢占式(non-preemptive)、循环式(cyclic)、算法控制方式(executive)和外部用户控制方式(manual)等。

如图 10.2 所示是部署图中处理机的表示符号。

设备是无计算能力的硬件构件,如调制解调器、终端等。如图 10.3 所示是部署图中设备的表示符号。

图 10.2　部署图中的处理机　　　　图 10.3　部署图中的设备

10.2.2　连接

连接表示两个硬件之间的关联关系。由于连接关系是关联,所以可以像类图中那样,在关联上加角色、多重性、约束、版型等。一些常见的连接有以太网连接、串行口连接、共享总线等。图 10.4 所示表示计算机和显示设备之间采用 RS-232 串行口连接。

图 10.4　部署图中的连接

10.3　部署图的例子

部署图在描述较复杂系统的物理拓扑结构时很有用,下面给出一些使用部署图的例子。

例 10.1　图 10.5 所示是描述 PC、外设、ISP 等相互间连接情况的部署图。外设 Modem 和 ISP 的连接使用了版型 <<DialUp Connection>>,表示 Modem 和 ISP 是通过拨号连接的。

例 10.2 图 10.6 所示是一个分布式系统的部署图。该例中使用了一些 Rose 2003 中没有的版型,如分别用处理机的 《Workstation》、《Server》、《NetworkCloud》版型表示工作站、服务器、Internet 等。要想在部署图中使用这些版型,可以使用软件 DeploymentIcons.exe 把这些版型添加到 Rose 2003 中。DeploymentIcons.exe 是一个小软件,它利用 Rose 的扩展机制实现了很多在部署图中没有的版型。如果不使用 DeploymentIcons.exe 中提供的版型,则在 Rose 2003 中也可以画出一个部署图,并且具有与图 10.6 一样的含义,但这样就不如图 10.6 的部署图看起来更加形象、生动。DeploymentIcons.exe 可以在网址 http://www.rationalrose.com 找到。

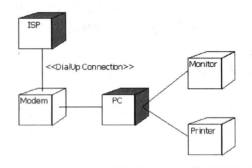

图 10.5 一个 PC 和外设及 ISP 的连接的部署图

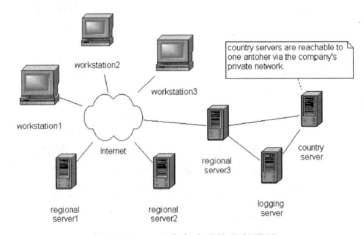

图 10.6 一个分布式系统的部署图

10.4 小　　结

1. 部署图可以显示系统中计算结点的拓扑结构和通信路径、结点上运行的软构件等。一个系统模型只有一个部署图。
2. 部署图中的结点分处理机和设备两种类型。
3. 部署图中的连接表示的是两个硬件之间的关联关系。
4. 部署图在帮助理解复杂系统的物理结构时很有用。

第 11 章 对象约束语言

11.1 为什么需要 OCL

仅仅使用 UML 中的图形符号有时候不能很好地表达所要建模的对象的一些相关细节。为了表示这些细节问题，通常需要对模型中的元素增加一些约束。这些约束条件可以采用自然语言描述，但容易产生二义性的问题。为了能无歧义地描述约束条件，最好是采用形式化语言。但一般形式化语言比较复杂，只有具备很好的数学知识的人才能熟练运用，普通的开发人员使用起来比较困难。

对象约束语言（object constraint language，OCL）很好地解决了这个问题。首先 OCL 是一个形式化语言，采用 OCL 描述不会产生二义性问题，同时，OCL 又不像其他形式化语言那样复杂，任何人只要对程序设计或建模比较熟悉就可以很容易地掌握和使用。OCL 不是为具有很强的数学知识的人设计的，OCL 的设计目的是要使得它易于使用、易于学习和易于理解。

1995 年，Jos Warmer 和 Steve Cook 等人在 IBM 公司的一个项目中最先设计出了 OCL。1996 年 Warmer 和 Cook 参与到 OMG 的 UML 的标准制定中，并提出建议把 OCL 作为 UML 标准的一部分。在 UML1.1 中，OCL 正式被接受。目前最新的 OCL 版本是 OCL 1.4，2003 年 1 月，OCL 2.0 版本的第 2 次修订草案已提交给 OMG，目前正处于征集意见阶段。由于要修改的内容已不是很多，正式的 OCL 2.0 版本将很快出来。

11.2 OCL 的特点

OCL 不是程序设计语言，它是纯说明性的语言。OCL 主要在建模时使用，并不涉及与实现有关的问题，不包括其他程序设计语言所具有的一些特性。

Warmer 等人在设计 OCL 时，提出了 OCL 必须遵守的一些原则：

- OCL 必须是一种语言，可以用来表达一些额外的但又是必需的信息。
- OCL 必须是精确的、无二义性的语言，同时又是很容易使用的语言。
- OCL 必须是声明性（declarative）语言，也就是说 OCL 是没有副作用的纯表达式语言。对 OCL 表达式的计算不会改变系统的状态，OCL 表达式计算时只是返回一个值，而不会改变模型中的任何东西。
- OCL 是类型化（typed）语言，也就是说，OCL 中的每个表达式都是具有类型的。

OCL 可以表示一些用图形符号很难表示的细微意义。在 UML 中，OCL 是说明类的不变量（invariant）、前置条件（precondition）、后置条件（postcondition）以及其他各种约束条件的标准语言。

目前已有一些工具支持 OCL,如 ArgoUML、Poseidon 等。这些工具的特点是可以根据 OCL 生成代码。

11.3 OCL 的构成

与一般的程序设计语言类似,OCL 中也有表达式、类型、操作等概念。

OCL 中的表达式是有类型的,例如是字符串类型、整数类型等。OCL 预定义了很多基本类型,大部分 OCL 表达式都属于这些基本类型。表 11.1 是一些基本类型以及属于这些基本类型的值。

表 11.1 OCL 中的部分基本类型

类 型	值
Boolean	true, false
Integer	1, −10, 10001, …
Real	3.14, −2.1
String	'To be or not to be...'

OCL 在基本类型上定义了一些操作,这些操作的含义与一般程序设计语言中操作的含义相似。表 11.2 是定义在基本类型上的一些操作。

表 11.2 定义在基本类型上的部分操作

类 型	操 作
Boolean	and, or, xor, not, implies, if-then-else
Integer	*, +, −, /, abs()
Real	*, +, −, /, floor()
String	toUpper(), concat()

OCL 中的操作符也有优先级顺序,从高到低如表 11.3 所示。如果想改变操作符的计算顺序,则可以使用括号。

表 11.3 操作符的优先级

操作符	说 明
@pre	操作开始时刻的值
. 和 −>	点和箭头
not 和 −	"−"是负号运算
* 和 /	
+ 和 −	"−"是二元的减法运算
if-then-else-endif	
<, >, <=, >=	
=, <>	
and, or, xor	
implies	是定义在布尔类型上的操作

与一般程序设计语言一样,OCL 也定义了一些关键字,这些关键字不能作为包、类型或属性的名字。OCL 中的关键字如表 11.4 所示。

表 11.4 OCL 中的关键字

and	inv	endif	package
attr	let	endpackage	post
context	not	if	pre
def	oper	implies	then
else	or	in	xor

OCL 中的注释行以两个负号开头,直到行末,如下所示:

--This is a comment.

除了表 11.1 中的基本类型外,OCL 还定义了一些高级的基本类型,如 Collection(群集)、Set(集合)、Bag(袋)、Sequence(序列)。其中 Collection 是抽象数据类型,而 Set、Bag、Sequence 是 Collectoin 的 3 种具体子类型。Set 中不会包含重复的元素,这个概念和数学中集合的概念是一样的;Bag 和 Set 类似,但 Bag 中可以有重复的元素;Sequence 和 Bag 类似,但 Sequence 中的元素是有序的。下面是一些 Set、Bag、Sequence 的例子。

Set { 1, 2, 5, 88 }
Set { 'apple', 'orange','strawberry' }
Bag {1, 3, 4, 3, 5 }
Sequence { 1, 3, 45, 2, 3 }
Sequence { 'ape', 'nut' }

即 Set、Bag、Sequence 的表示方式是在花括弧中列出用逗号分隔的元素,然后在花括弧前指明是 Set、Bag 还是 Sequence 类型。

在 Collection、Set、Bag 和 Sequence 类型上可以定义一些操作,如定义在 Collection 上的操作有:

- notEmpty:如果 collection 中还有元素,则返回真
- includes(object):如果 collection 中包含 object 这个对象,则返回真
- union(set of objects):返回 collection 和 set of objects 的合集
- intersection(set of objects):返回 collection 和 set of objects 的交集

除了以上操作外,还有一些其他操作,所有操作的列表可以查看 OCL 的规范说明。

在 OCL 2.0 版本中,增加了 Tuple(元组)这种类型。一个 Tuple 由多个命名的部分组成,而每部分可以有不同的类型,也就是说,一个 Tuple 可以把几个不同类型的值组合在一起。下面是一些 Tuple 的例子:

Tuple {name: String = 'John', age: Integer = 10}
Tuple {a: Collection(Integer) = Set{1, 3, 4}, b: String = 'foo', c: String = 'bar'}

Tuple 的各个组成部分之间的顺序并不重要,对于各个部分的值,在不会引起歧义的情况下可以省略其类型说明。所以,Tuple{name: String = 'John', age: Integer = 10} 也可以表示为:

Tuple {name='John', age=10}
或 Tuple {age=10, name='John'}

另外，UML 模型中定义的类和接口自动成为 OCL 中的类型，在 OCL 的表达式中，可以使用模型中类的属性和操作、接口的操作、包名、关联的角色名等作为表达式的一部分。

11.4 OCL 使用实例

OCL 表达式可以附加在模型元素或模型元素的属性、操作等上面，以表示一个约束条件，下面给出几个例子来说明 OCL 的用法。

例 11.1

    context Person **inv**：
        Person.allInstances->forAll(p1, p2 | p1 <> p2 **implies** p1.name <> p2.name)

其中

context,inv 等是关键字；

allInstances 是在每个类型上预定义的特征；

implies 是一个布尔操作，也是关键字；

forAll 是循环操作符，其运算结果是一个布尔值。

该例中的 OCL 表达式是附加在模型元素上的，它规定了该模型元素的所有实例都必须满足的一个约束条件。

例 11.2

    context Person **inv**：
        let income : Integer = self.job.salary->sum() **in**
        if isUnemployed **then**
            income < 100
        else
            income >= 100
        endif

其中

let 表达式用于定义一个变量；

if、then、else、endif 等是关键字，它们组成一个条件分支结构。

该例中的 OCL 表达式是附加在模型元素的属性上的，它规定了该属性值必须满足的一个约束条件。

例 11.3

    context Company：：hireEmployee(p：Person)
        pre：not employee->includes(p)
        post：employees->includes(p) **and**

$$stockprice() = stockprice@pre() + 10$$

其中

pre,post 是关键字,表示前置条件和后置条件;

@pre 表示操作 hireEmployee 开始时刻 stockprice()的值。

该例中的 OCL 表达式是附加在操作上的,它定义了一个前置条件及后置条件。前置条件指的是操作开始执行前必须为真的条件,后置条件指的是操作成功结束后必须为真的条件。

11.5 OCL 扩展讨论

OCL 是一种新的语言,仍处于不断发展和逐渐成熟的过程。OCL 可以用在很多地方,11.4 节介绍的是如何把 OCL 用于描述 UML 模型中的约束条件。事实上,可以对 OCL 做一些扩展,并用于其他领域。在对 OCL 做扩展时,应该注意不要破坏 11.2 节中提到的 OCL 的设计原则。

对 OCL 的扩展可以从以下几个方面考虑。

(1) 增加基本类型上的操作。目前 OCL 在基本类型上定义的操作都是一些很基本的操作,如果用户觉得这些操作不能满足要求,则可以自己增加新的操作,不过要注意新操作的语法要与旧操作的语法尽量一致。例如,OCL 标准中定义在 Collection 上的操作是用箭头符号加操作名表示的,则新操作也应该用箭头符号加操作名表示。

(2) 增加新的类型。模型中定义的类(和接口)都可以作为 OCL 的类型使用,对于那些会在多个不同的模型中用到的类型,可以将它们定义为包,以方便重用。对于一些十分常用的类型,甚至可以通过 OMG 作为标准包来发布。

(3) 约束的代码生成问题。OCL 只是一个纯建模语言,所以定义 OCL 时并没有考虑实现的问题。如果要直接根据 OCL 表达式生成代码,可能会出现无定义对象的问题。例如,对于下面这个描述不变量的表达式:

context Person **inv**:
    Account. balance >=0 or Account—>isEmpty

这是一个有效的 OCL 表达式,表示或者账户余额大于等于 0,或者账户不存在。如果 Account 类型的对象不存在,则 Account. balance 是没有定义的。但是如果直接从上面的表达式生成代码,并且计算顺序是从左到右,那么对应 Account. balance 部分的代码就会出现引用不存在的 Account 类型对象的错误,通常这会导致运行时出错。

所以要想利用 OCL 直接生成代码,需要对 OCL 做一些必要的扩展。

(4) 当约束条件不满足时系统要采取的动作,这也是涉及运行时的问题。OCL 标准中并没有这方面的定义,如果一个系统被完全正确地实现,运行时不出现任何差错,所有的约束条件自然会满足,也就不会有这方面的问题。但事实上,完全正确的系统是不可能的,应该认为系统在运行时,这些 OCL 表达式会出现不被满足的情况。在这种情况下,系统可以有多种不同的动作,例如执行一个预先定义的特定动作、抛出一个异常、打印程序的执行踪迹、回滚一些事务操作、向操作人员发送消息,等等。为了达到这种目的,需要对 OCL 做一些扩展,在 OCL 中增加一些语法,使得 OCL 表达式和一些动作相关联。例如:

  when <OCL-constraint> broken do <action-part> end

因为要求扩展后的 OCL 仍然应该是没有副作用的语言,所以如果<action-part>部分具有副作用,则可以采用其他语言书写。

11.6 小　　结

1. OCL 是一种形式化语言。相对于其他的形式化语言而言,OCL 比较简单,对于有程序设计语言基础的开发人员来说,OCL 比较容易掌握和使用。
2. OCL 是没有副作用的纯表达式语言,同时又是类型化语言。OCL 可以提供图形符号无法表示的一些信息。
3. OCL 已成为 UML 规范说明的一部分。
4. 与一般的程序设计语言类似,OCL 中定义了一些基本类型和高级类型,以及这些类型上的一些操作。
5. OCL 可以表示施加于模型元素或模型元素的属性、操作等上面的约束条件,如前置条件、后置条件、不变量等。

第 12 章 业 务 建 模

12.1 业务建模概述

在开发软件系统时,往往会有这样的问题:怎样才能知道这个软件系统的需求就是用户真正的需求?或者怎样才能知道用例分析中得到的用例集完全满足了用户的需求?业务模型在某种程度上可以解答这样的问题。通过对业务过程建模,可以捕获较准确的需求,为后续软件系统的分析与设计提供依据。

一个机构中存在各种各样的业务过程,每个业务过程往往由多个活动组成。在一个机构中,一个业务过程会跨多个不同的部门,并以一个或多个对象作为输入,各个部门可以对这些对象进行处理,以增加业务价值来满足业务需求。

图 12.1 是机构中的一个简单业务流程的例子。

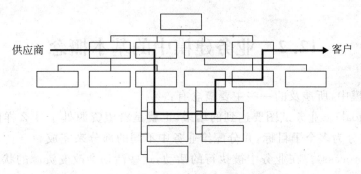

图 12.1 一个业务流程的例子

软件系统有很多种不同的类型,如操作系统、嵌入式控制系统、银行业务系统、企业信息系统等。各种类型软件的开发步骤会有差别。例如对于企业信息系统,在做系统分析前往往会有业务建模的过程,其开发过程是业务建模、需求分析、设计、编码、测试、部署等步骤。也就是说在进行具体的需求分析前往往会有一个业务分析的过程。而对于操作系统、嵌入式控制系统就不需要业务建模的过程。

对一个机构的业务过程进行分析有两个目的,一是为了更好地理解、分析、改善和替换机构中的业务过程;二是作为软件系统开发的基础,使得软件系统能更好地支持机构中的业务过程。

业务建模主要是对业务的以下几个方面建模:
- 对象(object),涉及 what 方面的问题;
- 过程(process),涉及 how 方面的问题;
- 事件(event),涉及 when 方面的问题;

- 地点(location),涉及 where 方面的问题;
- 社会-政治(socio-political),涉及 who 方面的问题。

业务建模的结果是得到反映机构中业务情况的业务模型。业务模型和软件系统的关系如图 12.2 所示,即软件系统是依赖于业务模型的。也就是说,对于同一个业务模型,可以有多个软件系统支持它,但不同的软件系统对业务模型中业务的支持程度和准确度可能会不一样。

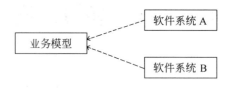

图 12.2 业务模型和软件系统的关系

目前很多软件系统开发的一个问题是,软件系统的开发人员不能很好地理解机构中的业务,不了解软件系统在机构中所起的作用。而软件系统的开发本身又是一个很专业化的工作,开发人员往往容易陷于技术方面的考虑,如用户界面应该是怎样的、某某问题应该怎么实现等,很少考虑软件系统真正能为机构中的业务提供什么样的支持,因此很容易导致软件系统成为技术驱动(technology-driven)的结果而不是业务驱动(business-driven)的结果。这样,在很多情况下,软件系统不能很好地支持一个机构中的业务,不能在机构中获得最佳的效果。因此对于企业信息系统之类的软件系统的开发,在确定系统的需求之前进行业务建模已成为不可缺少的一个步骤。

12.2 业务建模中的基本概念

在业务建模中,所涉及的一些主要概念有:
- 目标(goal)。业务试图要达到的结果,也就是希望资源处于什么样的状态。目标可以被分为多个子目标,并分配给业务中不同的部分来完成。
- 过程(process)。在业务中被执行的活动,这些活动会改变资源的状态。
- 资源(resource)。资源是在业务中使用或产生的对象,例如人、物料、信息、产品等。资源之间存在一定的相互关系。
- 规则(rule)。对业务中的某些方面进行规定或约束的声明,是业务知识的一种表示形式,例如规定了一个过程应该怎样执行,资源的结构及相互关系应该是怎样的等。规则可分为功能性(functional)、行为性(behavioral)和结构性(structural)三种类型。

业务模型的目的就是描述这些概念及其相互之间的关系,以帮助开发人员理解业务的目标、过程、资源和规则。

12.3 UML 的业务建模扩展

业务建模最初与 UML 并没有直接的关系,两者是独立演化、发展的。业务模型不一定要用 UML 表示,事实上,目前有很多业务建模的方法,但采用 UML 进行业务建模可以有以下好处：
- 概念上相似。业务模型中包括过程、目标、资源、规则等概念，这些概念都可以很自然地映射到 OO 技术中的对象、对象间的关系和相互作用等。
- 技术成熟。OO 技术已在软件开发领域使用多年，与其他方法相比，OO 技术能更好地处理大型复杂的软件系统。同样地，OO 技术也可以处理大型复杂的业务系统。
- 标准化的符号。UML 已成为标准的表示方法，采用标准化符号有助于业务建模人员和软件开发人员的交流。
- 消除业务模型和软件模型之间的鸿沟。由于在业务模型和软件模型之间采用一致的表示符号，因此能消除业务模型和软件模型之间的鸿沟，就像采用 OO 技术能消除分析和设计阶段的鸿沟一样。

要用 UML 进行业务建模，需要对 UML 做一些扩展，可以通过在 UML 的核心建模元素上定义版型来满足业务建模的需要。目前用得较多是 Eriksson 和 Penker 定义的一些版型，称作 Eriksson-Penker 业务扩展（Eriksson-Penker Business Extensions）[EP00]。Rose 2003 中也根据业务建模的特点定义了一些版型，如业务用例、业务参与者、业务工人、业务实体、机构单元等。下面综合这两种扩展方式做一些介绍。

Eriksson-Penker 扩展方法主要是利用 UML 的扩展机制对 UML 的核心元素进行扩展，这些扩展可分为几方面的内容：业务过程方面的元素、业务资源方面的元素、业务规则方面的元素、业务目标方面的元素以及其他不容易归类的元素。

业务过程方面的主要扩展元素是用活动（activity）的 << process >> 版型来表示业务过程，如图 12.3 所示。业务过程需要的资源从业务过程左边输入，业务过程输出的资源列在业务过程的右边。

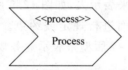

图 12.3　Eriksson-Penker 扩展方法中的业务过程

在 Eriksson-Penker 扩展方法中，与业务过程有关的另一个扩展元素是装配线（assembly line），它是包的版型，如图 12.4 所示。

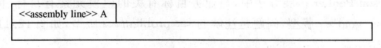

图 12.4　Eriksson-Penker 扩展方法中的装配线

通常装配线表示信息系统中的一个信息对象（information object），业务过程可以读和（或）写装配线上的信息。事实上，这种读写关系往往就是业务过程和信息系统之间接口的主要内容，据此可以分析得到信息系统的一些用例。

在 Eriksson-Penker 扩展方法中，与业务资源和业务规则有关的建模元素有资源

（resource）、信息（information）、抽象资源（abstract resource）、具体资源（physical resource）、人（people）、业务规则（business rule）等。

资源是业务过程中产生、耗用、细化的对象，资源可以是信息、抽象资源、具体资源等。在 Eriksson-Penker 扩展方法中，用类的 << resource >> 版型来表示资源，如图 12.5 所示。

信息是资源的一种，它是在消息传递过程中获得的知识。在 Eriksson-Penker 扩展方法中，用类的 << information >> 版型来表示信息，如图 12.6 所示。

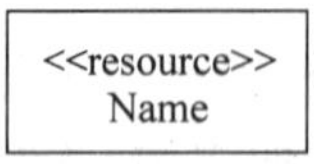

```
<<resource>>
Name
```

```
<<information>>
InformationObj
```

图 12.5　Eriksson-Penker 扩展方法中的资源 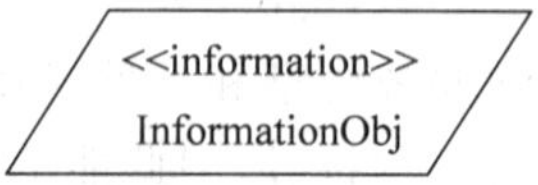　　图 12.6　Eriksson-Penker 扩展方法中的信息

抽象资源是不可触摸的东西，如数学公式、概念等。在 Eriksson-Penker 扩展方法中，用类的 <> 版型来表示抽象资源，如图 12.7 所示。

具体资源是看得见、摸得着的资源，如机器、文档等。在 Eriksson-Penker 扩展方法中，用类的 << physical >> 版型来表示具体资源，如图 12.8 所示。

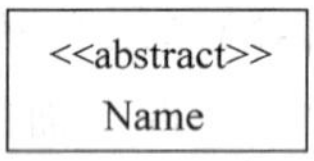

```
<<abstract>>
Name
```

```
<<physical>>
Name
```

图 12.7　Eriksson-Penker 扩展方法中的　　图 12.8　Eriksson-Penker 扩展方法中的
　　　　　　　　抽象资源　　　　　　　　　　　　　　　　　具体资源

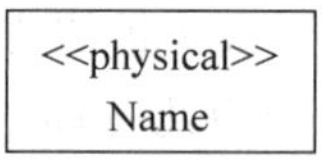

人是具体资源的一种，由于用到的场合较多，所以在 Eriksson-Penker 扩展方法中专门定义了类的 << people >> 版型来表示人，如图 12.9 所示。

业务规则对业务中的某些方面进行规定或约束。在 Eriksson-Penker 扩展方法中，用注解（note）的 << business rule >> 版型来表示业务规则，如图 12.10 所示。

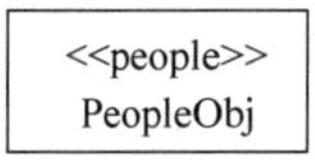

```
<<people>>
PeopleObj
```

```
<<business rule>>
Rule Statement
```

图 12.9　Eriksson-Penker 扩展方法中的人 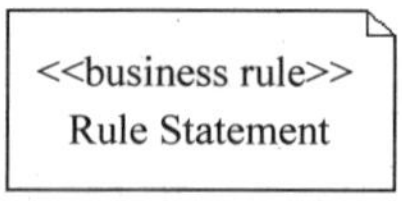　　图 12.10　Eriksson-Penker 扩展方法中的业务规则

在 Eriksson-Penker 扩展方法中，与业务目标有关的建模元素有目标、问题等，其中目标是类的 << goal >> 版型，问题是注解的 << problem >> 版型，如图 12.11 和图 12.12 所示。

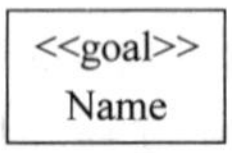

```
<<goal>>
Name
```

```
<<problem>>
Problem name
```

图 12.11　Eriksson-Penker 扩展方法中的目标 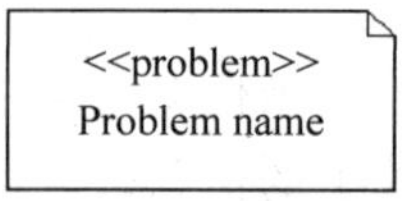　　图 12.12　Eriksson-Penker 扩展方法中的问题

在 Eriksson-Penker 扩展方法中，对约束和标记值这两种扩展方法的使用并没有特

殊之处，所以这里就不详细列出了。感兴趣的读者可参考文献[EP00]。

Eriksson-Penker 业务扩展并没有定义所有与业务建模有关的扩展元素，它的目的只是作为一个框架。业务分析员可以根据需要定义新的扩展元素，并与 Eriksson-Penker 业务扩展中的元素一起用于业务模型中。

目前已有一些 CASE 工具支持 Eriksson-Penker 业务扩展中用到的符号，如 Qualiware(http://www.qualiwareinc.com)，将来会有更多的工具支持 Eriksson-Penker 业务扩展方法。

Rose 中对业务建模的扩展在形式上和 Eriksson-Penker 业务扩展稍有不同。Rose 中定义了业务参与者、业务工人、业务实体等基本概念。其中业务参与者是机构外部与机构交互的一切人或事物，例如，客户、债权人、投资商、供应商等都可以是业务参与者，每个参与者都与机构中的业务活动有关。在 UML 中，业务参与者是类的 << Business Actor >> 版型(有点类似于参与者是类的 << Actor >> 版型)，其图符如图 12.13 所示。

业务工人是机构内部扮演一定角色的人，与业务参与者不一样的是，业务工人是机构内部的。在 UML 中，业务工人是类的 << Business Worker >> 版型，其图符如图 12.14 所示。

Customer

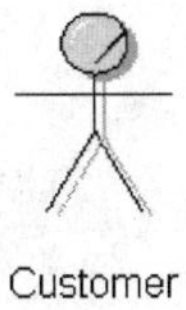

图 12.13　业务参与者

Manager

图 12.14　业务工人

业务实体是业务过程中要使用或产生的对象，例如销售订单、账目、发货箱、合同、图钉等。在 UML 中，业务实体是类的 << Business Entity >> 版型，其图符如图 12.15 所示。

可以发现，业务参与者、业务工人、业务实体等就是 Eriksson-Penker 扩展方法中业务资源的概念，只是两种扩展方法中使用了各自定义的版型。

在 Rose 的业务扩展中还有业务用例这个概念，业务用例是机构中为外部的业务参与者提供价值的一组相关工作流。业务用例表示的是一个机构要做什么，也就是这个机构将要提供什么样的业务。而业务用例图表示了机构的业务用例、业务参与者、业务工人及它们之间的相互关系。

业务用例和 Eriksson-Penker 业务扩展中的业务目标这个概念很相似。在 UML 中，业务用例是用例的 << Business Use Case >> 版型，其图符如图 12.16 所示。

Account

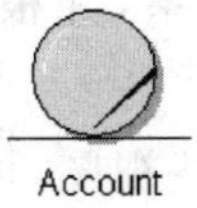

图 12.15　业务实体

Price Products

图 12.16　业务用例

就像用例分析时需要对用例进行描述一样，业务建模时也要对业务用例中的工作流进行描述。可以用活动图描述工作流中的步骤,也可以用文本形式描述,这种描述和 Eriksson-Penker 业务扩展中对业务过程的描述是类似的。但在 Eriksson-Penker 业务扩展中描述的手段更多,如可以用过程图、装配线图等。

业务建模人员可以根据需要自己定义版型。如在 Rose 中定义了机构单元这个元素,它是业务工人、业务实体和其他业务模型元素的集合,是组织业务模型的机制。机构单元是包的 << organization Unit >> 版型,图 12.17 所示是表示市场部这个机构单元的例子。如果要在 Eriksson-Penker 业务扩展中表示同样的概念,可以直接用包表示。

图 12.17 机构单元

需要注意的是,图 12.13 至图 12.17 是在 Rose 2003 中画出的,如果是用 Rose 的旧版本(例如 Rose 2002),则图符会有一些差别。有些差别很小,如业务参与者、业务实体、业务用例等图符,但有些差别较大,如业务工人、机构单元等图符。这也从一个侧面说明用户可以根据需要自己定义版型,只要所定义的版型是合理的,确实是业务建模过程中需要的即可。

12.4 业务体系结构

在进行业务建模时主要考虑两个方面的问题:
- 机构的边界以及这个机构要与谁通信
- 机构中的工作流以及如何对工作流进行优化

在业务建模时,过于粗略的模型对于理解机构中的业务过程帮助不大,而过于详细的模型又会使得业务过程的关键部分不突出,容易淹没在业务细节中。因此在业务建模时要确定模型的详细程度是一个比较困难的问题。

在业务建模时,需要注意建立模型的目的是什么。如果建立模型的目的是为了给以后的软件系统的需求捕获提供帮助,那么可能没必要涉及整个业务中的所有细节,因为要建立一个非常详细的业务模型是非常费时间和精力的。如果建立业务模型的目的是改革机构中的业务,重组整个业务过程,发现新的业务过程和改善旧的业务过程,那么可能就需要一个详细的业务模型。

就像对软件系统建模要考虑软件体系结构问题一样,对机构中的业务建模也要考虑业务体系结构的问题。

所谓业务体系结构就是一个已组织好的元素集合,这些元素表示的是业务系统中的组织结构、行为结构和业务过程的抽象,它们之间有清晰的关系,并根据功能形成一个整体。

对业务体系结构可以用多个不同的视图来描述。至于用哪些视图,可能不同的人有不同的观点,有些人用的视图多,有些人用的视图少。Eriksson-Penker 扩展方法中用了 4 个视图来描述,它们是业务景象(Business Vision)视图、业务过程(Business Process)视图、业务结构(Business Structure)视图和业务行为(Business Behavior)视图,如图 12.18 所示。

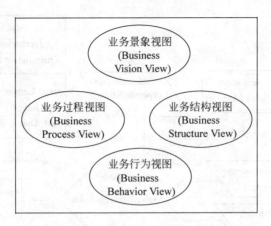

图 12.18　业务体系结构的 4 个视图

业务景象视图是关于业务的总体景象,该视图描述了机构中的业务目标结构以及为达到业务目标需要解决的问题。可以用 UML 的类图、对象图等来描述业务景象视图。

业务过程视图表示的是业务中的活动及活动和资源之间为达到业务目标所进行的交互,该视图也考虑不同业务过程之间的交互。可以用 UML 的活动图来描述业务过程视图。

业务结构视图描述业务中资源的结构,如业务的组织方式、所创建的产品的结构等。业务结构视图可以看作是业务过程视图的补充,它提供了一些在业务过程视图中不能表示但对于机构的运作来说很重要的一些信息。可以用 UML 的类图、对象图等来描述业务结构视图。

业务行为视图考虑的是业务模型中每个重要资源的单个行为。可以用 UML 的状态图、顺序图、协作图、活动图等来描述业务行为视图。

在以上 4 种视图中,业务过程视图是业务模型的核心,可以用 UML 的活动图表示。Eriksson-Penker 业务扩展中把专门用于表示业务过程的活动图称作过程图(process diagram)。另外过程图的一个变种是装配线图(assembly line diagram),可以更清楚地表示过程执行期间和资源的交互。

图 12.19 所示是一个简单的过程图的例子,该过程图表示的是向客户销售 Web 页中广告空间的业务过程。它有业务目标,包括销售总量、费用总量、日期等。输入对象有信息资源 Suspect 和 Prospect,Suspect 对象是关于哪些公司会有意向购买广告的信息,Prospect 对象是关于哪些公司已明确表示有兴趣购买广告的信息。这个业务过程产生的结果是订单(Order),参与这个业务过程的是销售员(Sales Person)和销售物料(Sales Material)这两种资源,整个业务过程是由销售经理(Sales Manager)和公司的销售规则控制的。

当然,这个销售广告的业务过程需要和其他业务过程进行集成。例如,可能会有其他的业务过程来发现 Suspect 对象和 Prospect 对象,有处理该业务过程所产生的订单对象的订单处理业务过程,有产生销售物料的销售物料业务过程,有产生销售员对象的招聘销售员业务过程等等。

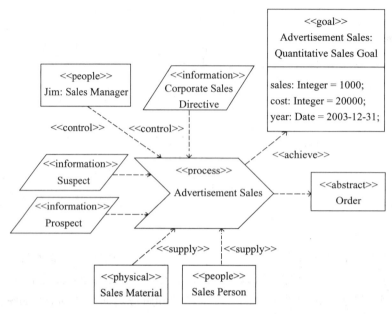

图 12.19　过程图的例子——Web 广告销售

图 12.20 所示是一个简单的装配线图的例子,这个装配线图表示的是"制定产品价格"业务过程和装配线上的资源的交互过程。这个装配线图中的装配线"产品价格"、"产品信息"、"价格模型"表示的是软件系统中的对象。

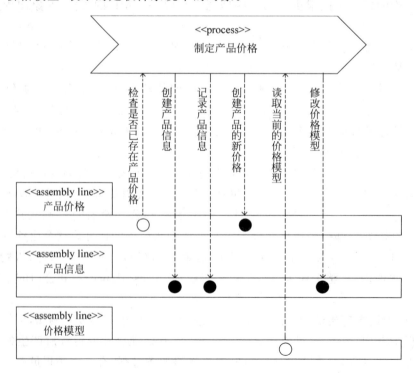

图 12.20　装配线图的例子——制定产品价格

在业务过程和装配线之间的接口往往就是软件系统要提供的功能,这些功能就是以后用例分析时的用例来源。装配线图提供了业务模型和软件系统的需求之间的一种联系。

12.5 从业务模型到软件模型

在创建软件模型之前先定义业务模型,然后根据业务模型中定义的信息来创建软件模型,可以使得软件系统更好地支持机构中的业务。在开发软件系统时,业务模型可以作为软件系统的需求分析和设计的基础。在对软件系统建模时,业务模型可以起到以下作用:

- 帮助确定什么样的软件系统对于机构中的业务过程是最适合的。
- 帮助定义功能性(functional)需求,例如软件系统应该有什么样的用例集。
- 帮助定义非功能性(non-functional)需求。业务模型可以用来确定系统在健壮性、安全性、速度、可利用性(availability)、性能等方面的需求。非功能性需求通常并不和某个特定的用例联系在一起,而是多个用例中都具有的特性。对于软件系统的非功能性需求,也可以通过研究业务过程的描述来确定,例如期望业务过程需要具备什么样的特性,而这些特性会对软件系统提出哪些非功能性要求,等等。
- 作为分析和设计软件系统的基础。例如,业务模型中的关于业务资源方面的信息可以用来帮助发现系统中的类。
- 帮助识别封装了业务功能的业务构件。基于构件的软件开发已成为当前软件开发的一种重要技术,但很多构件提供的功能往往是如何解决某些技术方面的问题,而提供业务功能的构件并不多,现在开发人员对于封装了业务规则和功能的构件越来越感兴趣。业务模型可以有助于发现合适的业务构件。

当然,业务模型和软件模型之间并没有一对一的对应关系。业务模型中的很多元素不会在软件模型中出现,例如一些业务过程中包含的活动很可能是以手工的形式完成的,因此就不会在软件模型中体现,在业务模型中定义的类(对象)也不会全部映射到软件系统中,事实上也不应该全部映射过去。同样,软件模型中会涉及详细的技术解决方案,而这些也不是业务模型中的内容。

尽管业务模型和软件模型之间没有一对一的对应关系,但业务模型中可以在分析和设计软件系统时提供很多信息。例如在确定类、类的属性和操作、类的层次结构和相互关系、对象之间的相互协作等方面业务模型就很有用。

对于分析人员来说,业务模型的一个很重要的作用可能就是用来发现软件系统的功能性需求,也就是用来确定软件系统的用例。业务模型中的装配线图是确定用例的一个有力工具。

对于图 12.20 中的装配线图,可以标识出两个用例"产品定价"和"维护价格模型"来说明软件系统的功能性需求,如图 12.21 所示。当然,用这种方法得到的用例集合不是惟一的,不同的人可能会得出不同的结果。

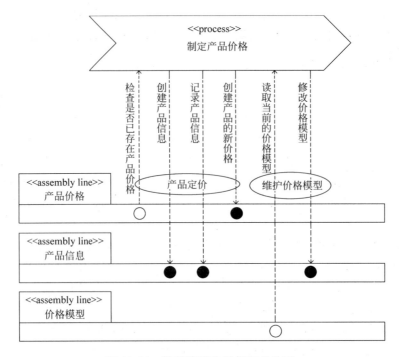

图 12.21 装配线图和用例间的关系

需要注意的是,如果构造业务模型的目的是为软件模型提供依据,那么在业务模型中不应包含过细的内容。例如不应包含与软件模型无关的细节,而应该把更多的精力放在那些会带到软件模型中的业务概念上。

12.6 小　　结

1. 对一个机构的业务过程进行分析有两个目的,一是为了更好地理解、分析、改善和替换机构中的业务过程;二是作为软件系统开发的基础,使得软件系统能更好地支持机构中的业务过程。
2. 业务建模涉及业务资源、业务过程、业务目标、业务规则等概念。
3. 如果业务模型和软件模型采用一致的建模语言,则业务模型和软件模型容易进行集成。Eriksson-Penker 扩展方法有效地把 UML 应用于业务建模中,使得业务模型和软件模型能很好地统一起来。
4. 对机构中的业务建模要考虑业务体系结构的问题,Eriksson-Penker 扩展方法中用业务景象视图、业务过程视图、业务结构视图和业务行为视图这 4 个视图来描述业务体系结构。
5. 并不是每个软件项目的开发都需要业务模型。
6. 在开发软件系统时,业务模型可以作为软件系统的需求分析和设计的基础。可以根据业务模型创建软件模型,但从业务模型到软件模型并没有一个简单的、自动的转换过程可以遵循,两种模型中的元素之间不存在一对一的关系。

第 13 章 Web 建模

13.1 Web建模的基本概念

Web建模主要考虑两方面的问题,一是如何表示Web应用系统的体系结构,另一个是如何表示Web应用系统中一些特有的概念。例如,现在用Java开发基于Web的应用程序几乎都要用JSP(JavaServer Pages),那么如何利用UML的扩展机制表示JSP页面就是Web建模时要考虑的一个问题。

Web应用系统中有很多概念是一般的应用系统中所没有的,如HTTP协议(HyperText Transfer Protocol)、HTML(HyperText Markup Language)、表单(Form)、框架网页(Frameset)、JSP、ASP(Active Server Pages)、Session等。本章要求读者对Web应用系统开发中所涉及的这些基本概念有一定的了解,对这些概念不熟悉的读者可先看一些介绍Web应用系统开发的书。

Web应用系统和传统的分布式应用系统有两个比较明显的区别:

- 一个是在连接的持久性方面的区别。在Web应用系统中,客户机通过浏览器和服务器建立连接。客户机和服务器之间的连接是暂时的,一旦一次会话结束,则客户机和服务器就断开连接,下次连接和这次连接将没有联系。而对于传统的分布式应用系统,客户机和服务器的连接具有持久性,除非用户特地中断连接,否则该连接将一直存在。
- 另一个是客户机形式的区别。在Web应用系统中,客户机的种类往往是各种各样的,它们可以是不同类型的浏览器,可以运行在不同的操作系统上,与服务器的连接速度有快有慢,客户机的处理器和内存配置等也不统一。而对于传统的分布式系统,可以事先要求客户机具有统一的形式。

与其他类型的系统建模一样,对Web应用系统建模也是从用例分析开始的。在Web应用系统中,由于客户机和服务器之间的连接是无状态的,因此如果需要存储状态信息,则使用session(或cookies)对象,并在模型图中表示。Web应用系统中的一个主要元素是Web页面,Web页面包括html页面、JSP(或ASP)动态生成的页面、servlet生成的页面等。在Web建模时,Web页面作为对象处理。

Web建模的关键是把对象正确划分到服务器端或(和)客户机端,同时对构建Web页面的元素建模。由于在Web应用系统中,对于系统的某个功能,往往既可以在服务器端实现,也可以在客户机端实现,因此需要分析设计人员根据具体情况做决策。这就要求分析设计人员有丰富的软件开发经验,以便做出比较合理的决策。

13.2 Web 应用系统的体系结构

对于稍微复杂和大型的 Web 应用系统,往往采用如图 13.1 所示的体系结构。在这个结构中,浏览器向 Action Servlet 提交请求,此请求被派发给 Action Bean,由 Action Bean 来更新业务对象,并向 Action Servlet 返回路径选择的信息。Action Servlet 根据路径选择信息重定向到 JSP 页面,JSP 页面再通过访问业务对象来产生要显示的结果并返回给浏览器。

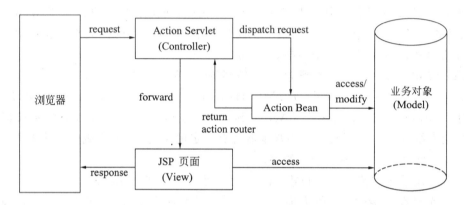

图 13.1 Web 应用系统体系结构

图 13.1 的体系结构采用了 MVC(Model-View-Controller)框架。在 MVC 框架中,模型(Model)提供了数据的内部表示,也就是负责维护应用的状态;视图(View)负责显示数据而不考虑业务逻辑方面的问题;控制器(Controller)负责对用户的输入或内部事件进行解释,决定要做的处理步骤和处理内容,控制模型和视图做相应的改变。

模型、视图、控制器是 3 种不同类型的对象。对于同一个模型,可以有很多不同类型的控制器来操作这个模型,也可以有很多不同形式的视图来显示这个模型。

模型、视图、控制器三者之间的关系如图 13.2 所示。

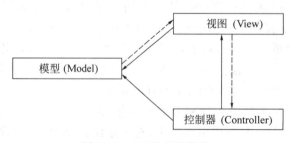

图 13.2 MVC 框架结构

在图 13.2 中,从模型到视图有一条虚线,表示一个弱引用。模型中如果有事件出现,模型会通知视图。但在模型中只有对视图的基类的引用,对于模型来说,它并不知道系统运行时具体是哪个视图会响应模型中的事件。相反，对于视图来说，它知道具体是哪个模型给它发消息，所以从视图到模型是强引用，用实线表示。

同样，从视图到控制器有一个弱引用，但视图只了解控制器的基类提供的信息，视图不知道当前具体使用的是哪个控制器。也就是说，如果实现时用一个具体的控制器代替另一个具体的控制器，只要保持控制器的基类不变，则对视图不会有影响。

从控制器到模型和视图都有强引用。因为控制器要把用户的输入转换为应用系统的具体响应，所以需要了解具体的模型和视图，而不是仅仅了解它们的基类所提供的信息。

如图 13.3 所示是采用 MVC 结构的例子。计算机内可以以一个公式作为时间模型，而显示给用户的时间可以是数字形式的，或是图形模拟形式的，或是声音形式的，等等。图 13.3 只给出了数字显示这一种形式。时间控制器负责对计算机内部的时间模型表示进行控制，例如设置时间等。一旦时间模型有了变化，系统负责显示的部分就会知道，就会显示新的时间值。如果采用不同的设备，可能就需要不同的时间控制器，但这些时间控制器对于显示部分来说没有差别。图 13.3 只给出了一个时间控制器。

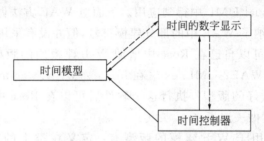

图 13.3 采用 MVC 结构的例子

MVC 框架最初是在 Smalltalk-80 中提出的。20 世纪 70 年代末，Xerox 的 PARC(Palo Alto Research Center)在设计 Smalltalk-80 时，最先采用 MVC 体系结构，并用于 Smalltalk 的 GUI 管理。目前 MVC 框架已成为软件开发中非常重要的一种结构，例如 Java 中的 Swing 图形用户界面就采用了 MVC 体系结构。

MVC 对以后的程序设计语言和软件开发的影响很大。一般认为 Trygve Reenskaug 教授是 MVC 思想的主要贡献者，当然 MVC 框架的最后实现是 PARC 的 Smalltalk 开发团队的成果。当时 Trygve Reenskaug 提出 MVC 的想法是认为表示信息结构的数据是相对稳定的，而对数据的操作和表示经常会变，因此采用 MVC 框架可以提供可重用的软件。这种想法现在看来很简单，但在 20 世纪 70 年代，能提出这种想法是很有创新意义的(关于 MVC 的历史可以参看 Trygve Reenskaug 教授的主页 http://heim.ifi.uio.no/~trygver/)。

图 13.1 的体系结构在 JSP 规范中也称作 JSP Model 2 体系结构，在 Web 应用系统开发中被广泛接受的 Struts 框架就是基于这种体系结构。Struts 对系统中的各个部分要完成的功能和职责有一个明确的划分，采用 Struts 开发 Web 应用系统可以节省开发时间和费用，同时开发出来的系统易于维护。现在越来越多的 Web 应用系统开始采用 Struts 框架进行开发(可以从 http://jakarta.apache.org/struts/ 得到关于 Strtus 的更多信息)。

这里补充说明一下框架的概念。框架可以看作是半完成的应用系统,它是关于一组相互协作的对象如何完成目标的设计,在框架中可以设定一些应用系统必须遵守的标准。例如在 Struts 中规定了 Web 应用系统的目录结构、配置文件的名字等。框架是和特定领域相关的,不同的应用领域会有不同的框架。一些第三方开发商也提供一些商品化的框架,框架为重用代码和设计提供了可能。

13.3 Web 建模扩展 WAE

在对 Web 应用系统建模时,需要利用 UML 的扩展机制对 UML 的建模元素进行扩展,主要是在类和关联上定义一些版型以解决 Web 应用系统建模的问题。很多人提出过不同的扩展方法,其中 Jim Conallen 提出的扩展方法称作 WAE(Web application extension for UML)[Con02],这个扩展方法提出较早,也较完善,影响比较大,已在一些 UML 工具如 Rose、Visual UML 中得到应用。下面对 WAE 方法做一些介绍。

目前 Rose 中已采纳了 WAE 中的部分建模符号,但并没有采用 WAE 中的所有建模符号。如果需要,用户可以自己在 Rose 中增加 Web 建模用的版型,如 Frameset 版型。现在有一些小软件,如 WAE2-UML.exe(在 http://www.wae-uml.org 上可以免费下载),其中包含了一些做好的版型。执行这个软件后可以在 Rose 中增加一些新的版型,用户就不需要自己重复做一遍了。

Rose 中预定义的用于 Web 建模的版型有:定义在类上的 <<Server Page>>、<<Client Page>>、<<HTML Form>> 等版型,定义在关联上的 <<Link>>、<<Submit>>、<<Build>>、<<Redirect>>、<<Includes>>、<<Forward>>、<<Use COM Object>>、<<Use Bean>> 等版型。表 13.1 列出了 Web 建模中用到的一些关联版型。

表 13.1 Web 建模中用到的一些关联版型

源	关联的版型	目 的
Client Page	聚集关系	HTML Form
HTML Form	Submit	Server Page
Client Page	Link	Server Page,Client Page
Server Page	Build	Client Page
Server Page	Include	Server Page,Client Page
Server Page	Forward	Server Page(JSP),Client Page
Server Page	Redirect	Server Page(ASP),Client Page
Server Page	Use Bean	Java Bean(JSP)
Server Page	Use COM Object	coclass(ASP)

下面对 Web 建模用到的类版型和关联版型做一些说明。

13.3.1 服务器页

服务器页(Server Page)是能访问服务器资源的对象,如 JSP 页面、ASP 页面等。服务器页可以用于创建动态 Web 页面,并以 HTML 页面格式发送到客户机端显示。在 Web 应用程序中区分服务器页和客户机页,可以把应用系统中的表示逻辑和业务逻辑分开。在 WAE 中,服务器页用类版型 << Server Page >> 表示。

图 13.4 所示是服务器页的 3 种表示形式。

图 13.4 服务器页的 3 种表示形式

服务器页的特点是可以与服务器上的各个组件进行通信,完成业务功能,然后向用户显示处理结果。

服务器页可以和客户机页有关联关系(用关联的 << Build >> 版型表示),也可以和其他服务器页有关联关系(用关联的 << Link >> 版型表示)。

13.3.2 客户机页

客户机页(Client Page)是客户机上运行的 HTML 格式的页面。这些页面通常用于数据的表示,不包括太多的业务逻辑,客户机页并不直接访问服务器上的业务对象。在 WAE 中,客户机页用类版型 << Client Page >> 表示,如图 13.5 所示。

图 13.5 客户机页的 3 种表示形式

生成代码框架时,客户机页生成以.html 为后缀名的文件,也可以在 Rose 中设置要生成的文件名。

13.3.3 << Build >> 关联

WAE 中用版型为 << Build >> 的单向关联表示服务器页和客户机页之间的关系。如图 13.6 所示是 << Build >> 关联的表示形式。

需要说明的是,一个服务器页可以创建多个客户机页,但一个客户机页只能由一个服务器页创建,下面是生成代码示例:

```
<%!
private String fooBar()
{
}
%>
```

在图 13.6 中,虽然 ServerPageA 和 ServerPageA_Client 表示为两个类,但由于 ServerPageA_Client 是由 ServerPageA 在运行时动态生成的,所以最后生成代码时,只有类 ServerPageA 才有对应的代码。另外,ServerPageA 中的操作 fooBar()作为 JSP 的方法声明。

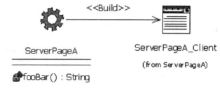

图 13.6　<<Build>>关联的表示形式

13.3.4　<<Link>>关联

WAE 中用版型为<<Link>>的关联来描述两个客户机页之间或一个客户机页到一个服务器页的超链接。如图 13.7 所示。

图 13.7 中的 HomePage 类所生成的代码如下所示:

```
<html>
  <body>
    <a HREF="Introduction.html"></a>
    <a HREF="Login.jsp"></a>
  </body>
</html>
```

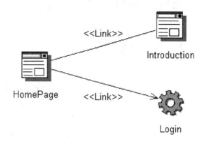

图 13.7　<<Link>>关联的使用

需要说明的是,<<Link>>关联可以是双向的,图 13.7 中 HomePage 类和 Introduction 类之间的关联即为双向关联。如果查看 Introduction 类所生成的代码,可以看到,Introduction 类生成的代码中也包含了到 HomePage 的链接。

在生成代码时,可以在 HomePage 类或 Introduction 类的规范说明(specification)中设置属性值,Rose 会根据这些属性值生成相应的代码。

13.3.5　表单

使用表单(Form)的目的是从最终用户取得输入数据。表单中不包含操作(或者说不包含业务逻辑)。

在 WAE 中,表单用版型为<<HTML Form>>的类表示,如图 13.8 所示。

图 13.8 表单的 3 种表示形式

客户机页和表单之间的关系是聚集关系,一个客户机页可以包含一个或多个表单。如图 13.9 所示是一个客户机页包含两个表单的例子。

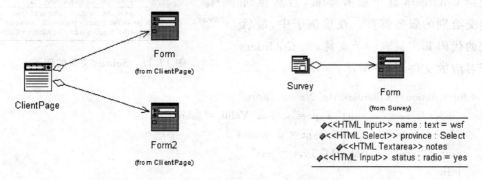

图 13.9 一个客户机页包含两个表单　　图 13.10 包含 Input、Select、Textarea 元素的表单

在 WAE 中用版型 << HTML Input >>、<< HTML Select >>、<< HTML Textarea >> 来说明表单中包含的元素(作为表单的属性)。其中 << HTML Input >> 元素的类型还可以是 text、passoword、checkbox、radio、submit、reset、file、hidden、image、button 等,不同的类型表示 HTML 页面上不同的输入控件。图 13.10 所示是包含 Input、Select、Textarea 等元素的表单例子。

对于图 13.10 的例子,在 Rose 中生成的 Survey.html 文件的代码如下所示:

```
<html>
  <body>
    <form Name="Form" Action="fastplan.jsp" Method="Post">
    <textarea Name="notes">
    </textarea>
    <select Name="province">
    </select>
    <input Name="status" Type="radio" Value="yes">
    <input Name="name" Type="text" Value="wsf">
    </form>
  </body>
</html>
```

13.3.6 << Submit >> 关联

WAE 用版型为 << Submit >> 的单向关联来描述表单和服务器页之间的关系。如

图 13.11 所示是 <<Submit>> 关联的例子。

在图 13.11 中，CdOrders 是服务器页。这个服务器页可能是一个 JSP 页面，在运行时会生成 CdOrders_Client 客户机页。这个客户机页是一个 HTML 页面，其中包含了一个 Form，用户通过这个 Form 输入一些数据，然后提交给服务器页。在图 13.11 中是提交给 CdOrders 这个服务器页，当然也可以提交给别的服务器页。在该例子中，最后生成的代码其实只有一个文件，即 CdOrders 类所对应的文件，如下所示：

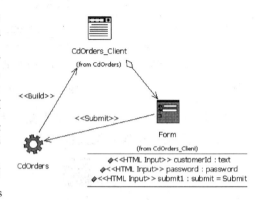

图 13.11　Submit 关联的例子

```
<form Action="CdOrders.jsp" Name="Form">
    <input Name="submit1" Type="submit" Value="Submit">
    <input Name="password" Type="password">
    <input Name="customerId" Type="text">
</form>
```

13.3.7　框架集

在进行 Web 设计时，经常会遇到使用框架集（frameset）的情况。一个框架集包含多个框架（frame），框架在 Web 应用系统中是一个重要的成分，利用框架可以把一个浏览器窗口分为多个子区域。图 13.12 所示即为采用框架集的网页。

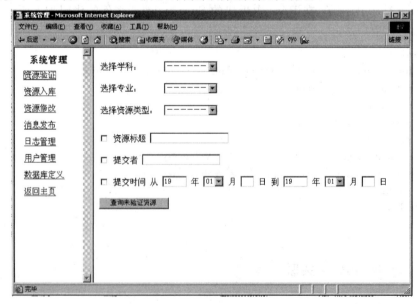

图 13.12　框架集的例子

在 WAE 中，框架集用类的 <<Frameset>> 版型表示。但 Rose 中并没有预定义用于框架集的版型，用户可以利用 Rose 的扩展机制自己加入用于框架集建模的版型，也可以利用 WAE2-UML.exe(http://www.wae-uml.org)这个小软件把框架集的版型加入进去。图 13.13 所示是使用框架集建模的例子。

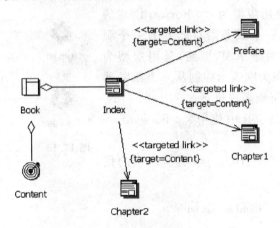

图 13.13　框架集建模的例子

在上面的例子中，Book 类表示一个框架集，Index 类表示导航区域，Content 类表示当单击导航区域中的不同链接时，不同的 Web 页面将在 Content 中显示。

13.3.8　<<Include>> 关联

JSP 的一个重要特性是可以包含指令，如 forward 指令、include 指令等。下面是 JSP 中使用 include 指令的例子：

<jsp：include page = "anotherFile.jsp"/>

下面是 JSP 中使用 forward 指令的例子：

<jsp：forward page="anotherFile.jsp"/>

在 WAE 中，用版型为 <<Include>> 的单向关联来描述服务器页和客户机页或两个服务器页之间的关系，如图 13.14 所示。

图 13.14 中 Menu 类所生成的代码如下所示：

<jsp：include page="Title.html"/>
<jsp：include page="Login.jsp"/>

可以在 <<Include>> 关联的规范说明中设置相关的属性值，Rose 会根据这些属性值生成不同的代码。

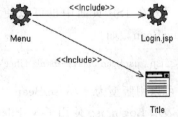

图 13.14　<<Include>> 关联的例子

13.3.9 《Forward》和《Redirect》关联

在 WAE 中,用版型为 《Forward》或《Redirect》的单向关联表示重定向问题。对于 JSP 页面,是用版型为《Forward》的单向关联表示控制从一个服务器页转到另一个服务器页或客户机页;对于 ASP 页面,是用版型为《Redirect》的单向关联表示控制从一个服务器页转到另一个服务器页或客户机页。

如图 13.15 所示是 JSP 中使用《Forward》关联的例子。

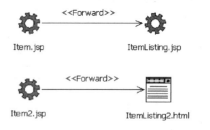

图 13.15 《Forward》关联的例子

在图 13.15 的例子中,Item.jsp 类所产生的代码为:

<jsp:forward page="ItemListing.jsp"/>

13.3.10 Session 和 JavaBean 建模

Rose 2003 允许在 JSP 页面的规范说明中设置一些属性值,如设置 Session 属性的值,表示是否要在 JSP 页面中使用 session,这样在生成代码的时候就会在相应的 JSP 文件中生成 Page 指令及 session 属性值。如果这个属性值是 false,即表示这个 JSP 页面不会使用 session;如果 session 属性的默认值是 true,则表示 JSP 页面要使用 session。不过具体的 session 值存在一个专门的 session 对象中。

另外在 JSP 页面中也可以使用 JavaBean。如:

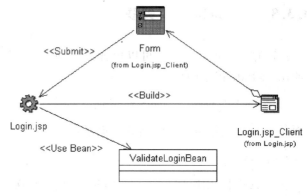

图 13.16 《Use Bean》关联的例子

<jsp:useBean class="bank.Checking" id="checking" scope="session"/>

可以用版型为《Use Bean》的关联表示一个 JSP 页面要使用 JavaBean。图 13.16 所示表示 Login.jsp 使用了 ValidateLoginBean 这个 JavaBean。

13.3.11 Servlet 建模

Servlet 是用 Java 语言编写的、运行于服务器端的程序,它接受来自客户端的请求,并将处理结果返回给客户端。编写 Servlet 类时通常继承 GenericServlet 类或 HttpServlet 类,因此 Java 中有两种类型的 Servlet,Rose 中用版型为 <<Http_Servlet>> 或 <<Generic_Servlet>> 的类表示这两种 Servlet。在 Rose 中,用 Tools → Java/J2EE → New Servlet... 菜单项来创建 Servlet 类。图 13.17 中 Servlet 的名字是 HelloWorldServlet,属于 <<Http_Servlet>> 类型。

图 13.17　<<Http_Servlet>> 类型 Servlet 的 3 种表示形式

13.4　Rose 的 Web 建模使用说明

在 Rose 2003 中可以对 Web 应用系统建模,建模前需要先在 Tool → Option → Notation 中设置默认模型语言为 Web Modeler,如图 13.18 所示。Web Modeler 可以根据模型产生 .jsp、.asp 和 .html(或 .htm)文件。

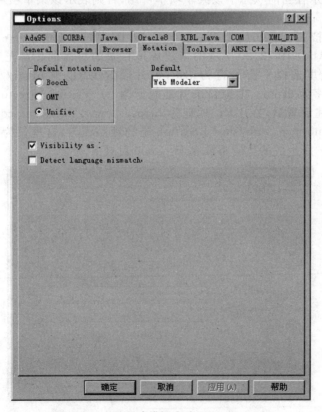

图 13.18　设置建模语言为 Web Modeler

设置了建模语言后，在 Rose 2003 的浏览器窗口中用鼠标右击 Logical View，在弹出的菜单中会有 Web Modeler 一项（如果不把建模语言设为 Web Modeler，这个菜单就不会出现）。如图 13.19 所示。

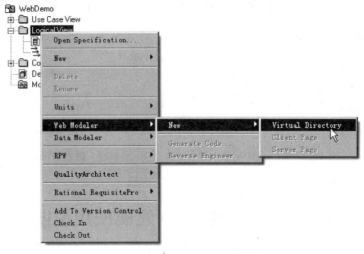

图 13.19　Web Modeler 菜单项

Rose 中的 Web 建模主要利用 Web Modeler 菜单项提供的功能完成，如果某一菜单项是灰色的，则表示在当前状态下该菜单项不可用，否则表示该菜单项可用。下面介绍具体的操作步骤：

(1) 创建虚拟目录（virtual directory）。选择 Web Modeler → New → Virtual Directory 菜单，弹出如图 13.20 所示的创建虚拟目录的对话框。首先选择平台语言，是 ASP 还是 JSP，这里选择平台语言为 JSP，另外设置 URL 为 http://www.webdemo.com，虚拟目录名字为 demo。虚拟目录就是版型为 << Virtual Directory >> 的包，demo 是包名。完成上述设置后，在 URL 地址为 http://www.webdemo.com 下的所有 Web 页面都将放在 demo 包下。Physical Location 是物理路径名，这里设为 D:\code，即如果用 Rose 生成代码，所生成的代码将放在 D:\code 目录下。

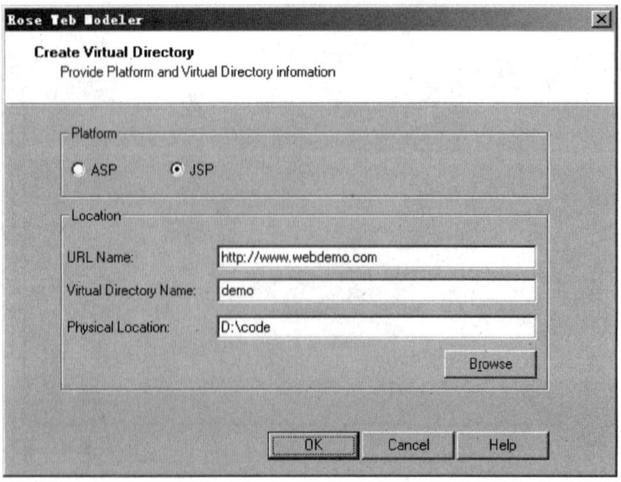

图 13.20　创建虚拟目录

完成上述设置后,按 OK 按钮,则在 Logical View 下创建了虚拟目录,如图 13.21 所示。

创建了虚拟目录后,就可以在这个目录下创建服务器页和客户机页。

(2)创建服务器页。13.3.1 节已提到,服务器页实际上是版型为 << Server Page >> 的类。用鼠标右击 << Virtual Directory >> demo,在弹出的菜单中选 Web Modeler → New → Server Page 子菜单。如图 13.22 所示。

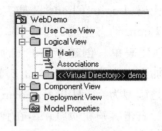

图 13.21　Logical View 下的虚拟目录 demo

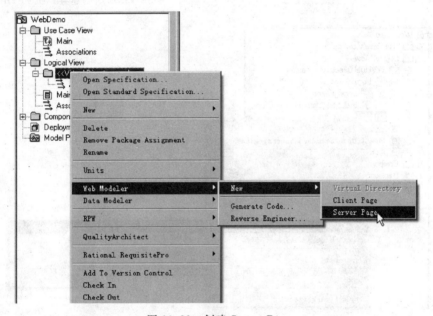

图 13.22　创建 Server Page

这时 Rose 将在 demo 子包下创建版型为 << Server Page >> 的类,类名取为 Login,如图 13.23 所示。Rose 在创建服务器页的同时会创建对应于该服务器页的客户机页,在图 13.23 中,如果展开服务器页 Login,会有对应于 Login 的客户机页 Login_Client。当然用户也可以自己创建客户机页。

(3)创建客户机页。13.3.2 节已提到,客户机页实际上是版型为 << Client Page >> 的类。用鼠标右击 << Virtual Directory >> demo,在弹出的菜单中选 Web Modeler → New → Client Page 子菜单。(参考图 13.22)

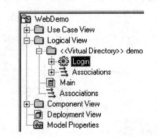

图 13.23　创建服务器页 Login

图 13.24 所示是在虚拟目录 demo 下创建了 Title 这个客户机页。需要注意的是,

Title 类和 Login 类内部的 Login_Client 客户机页不同,Title 类是一个独立的类,可以生成对应的代码,而 Login_Client 客户机页不会生成对应的代码,Login_Client 只是表示这个客户机页是由 Login 动态生成的。

(4) 创建表单。创建了客户机页后,就可以把表单添加到客户机页下。13.3.5 节已提到,表单实际上是版型为 << HTML Form >> 的类。

用鼠标右击客户机页 Title,在弹出的菜单中选 Web Modeler → New → HTML Form 子菜单,如图 13.25 所示。

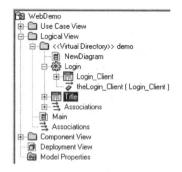

图 13.24 创建客户机页 Title

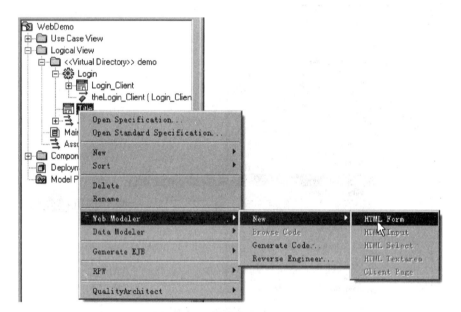

图 13.25 创建 HTML Form

这时将在客户机页 Title 下创建一个 Form,如图 13.26 所示。

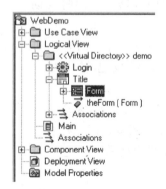

图 13.26 客户机页 Title 下的 Form

第 13 章 Web 建模

（5）添加表单中的 HTML Input、HTML Select 或 HTML Textarea。表单中的 Input、Select、Textarea 等给用户提供了输入的区域，它们都是表单的元素。其中 Input 的版型为 << HTML Input >>，Select 的版型为 << HTML Select >>，Textarea 的版型为 << HTML Textarea >>。

用鼠标右击 Form，在弹出的菜单中选择 Web Modeler → New → HTML Input 子菜单，如图 13.27 所示。这时将在表单下创建一个 Input 元素。

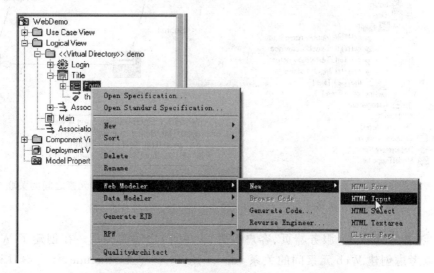

图 13.27 创建 HTML Input

对于表单中 Input 类型的元素，还要指定该元素的 type 值，具体的 type 值可以为 text、password、checkbox、radio、submit、reset、file、hidden、image、button 等，如图 13.28 所示。

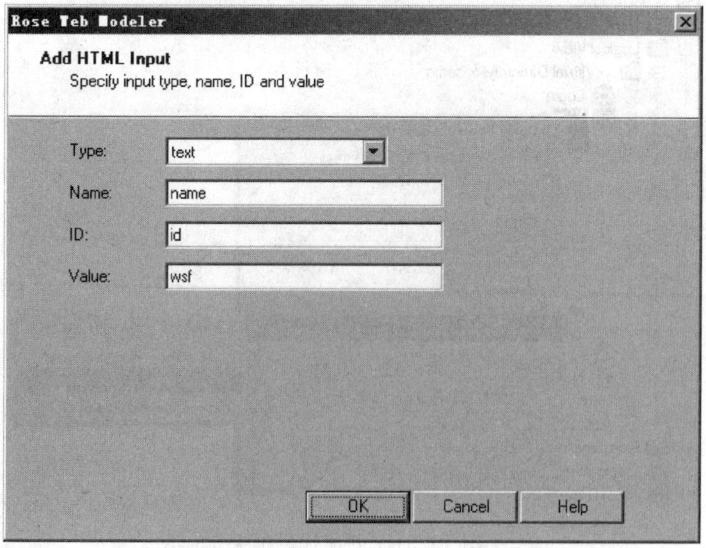

图 13.28 对 HTML Input 进行设置

添加 Select 和 Textarea 元素的方式与添加 Input 类似，但不需要指定 type 值。如图 13.29 所示是创建了 Input、Select、Textarea 等元素后的示例。

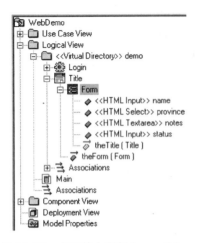 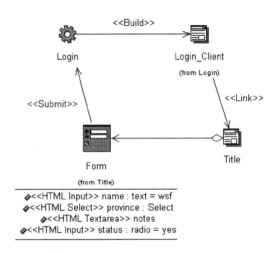

图 13.29　在表单中添加 Input、Select、Textarea 等元素　　　　图 13.30　各 Web 元素之间的关联关系

（6）创建 Web 元素（服务器页、客户机页、表单等）之间的关系。在创建了 Web 元素后，即可以考虑创建 Web 元素间的关系，如 << Build >>、<< Include >>、<< Link >>、<< Forward >>、<< Redirect >>、<< Submit >> 等。把 Rose 浏览器窗口中的 Web 元素拖动到右边的类图中，并创建各元素之间的关联关系，如图 13.30 所示。

建模完成后，就可利用 Rose 2003 生成代码框架。用鼠标右击准备要生成代码的类或包，在弹出的菜单中选择 Web Modeler → Generate Code... 子菜单，如图 13.31 所示。

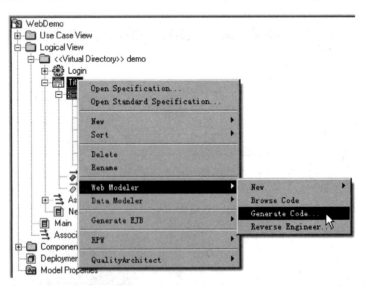

图 13.31　创建代码框架

对于图13.30中的客户机页Title,所生成的代码框架如下所示:

```html
<html>
  <body>
    <form Action="Login.jsp" Name="Form">
      <textarea ID="id" Name="notes">
      </textarea>
      <select ID="id" Name="province">
      </select>
      <input ID="id" Name="name" Type="text" Value="wsf">
      <input ID="id" Name="status" Type="radio" Value="yes">
    </form>
  </body>
</html>
```

在生成代码前,可以根据需要在各个模型元素的规范说明中设置相关的属性值。Rose 2003会根据这些属性值生成不同的代码。

13.5 Web建模实例

Jim Conallen是较早研究Web建模的人员,在参考文献[Con02]中,Jim Conallen通过一个项目术语管理系统来说明如何进行Web建模。下面对这个例子做一简单介绍。

项目术语管理系统的需求简单描述如下:一个软件开发项目往往包含许多和该项目有关的术语,项目术语管理系统对项目中涉及的术语进行管理,系统中包含一个项目术语数据库,项目开发人员可以增加、修改和删除数据库中的术语项。项目开发人员通过Web浏览器使用系统。

可以从网址http://www.wae-uml.org免费下载项目术语管理系统例子的相关示例文档。该例子有两个版本,一个版本使用了JavaScript,另一个版本没有使用JavaScript。后者更适合作为实际的例子来使用,其文件名是Glossary_NJS_1_0.zip,该压缩文件中包含了模型文件、源代码和已编译好的代码。例子所用开发语言为Java,开发环境为JPadPro(也就是说,要想对源代码做修改,最好是安装JPadPro),例子的运行环境为Tomcat和MySQL。如果要运行代码则首先要在MySQL中定义数据库的用户名和密码,其中用户名为glossary_usr,密码为password。当然用户名和密码可以在相应的JSP文件中修改(在文件Glossary.java中)。

例子中包含了UML模型和可运行代码。如果要使用该例子的UML模型,还要在Rose中定义虚拟路径(virtual path)的值。创建一个虚拟路径curdir,并定义其值为模型文件所在的目录。

该例子运行后,初始页面如图13.32所示。在该页面上,按字母顺序对项目中用到的所有术语进行分类。用鼠标单击#或A到Z中的任何一个字母,将会返回以该字母开头的术语。也可以输入关键字来检索术语。

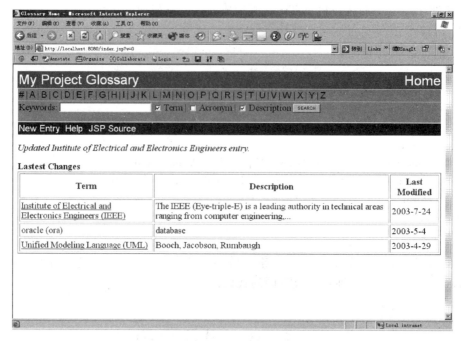

图 13.32 项目术语管理系统的初始页面

在初始页面上还有 New Entry、Help、JSP Source 三个菜单选项,其中 New Entry 是增加术语菜单,开发人员用这个菜单可以在数据库中增加项目术语,图 13.32 的页面显示的是最新添加的 3 个术语。单击 Help 菜单可新开一个帮助窗口,单击 JSP Source 菜单会新开一个窗口,显示当前页面的 JSP 文件的源代码内容。

如图 13.33 所示是单击 New Entry 菜单后弹出的页面。在 Term、Arconym、

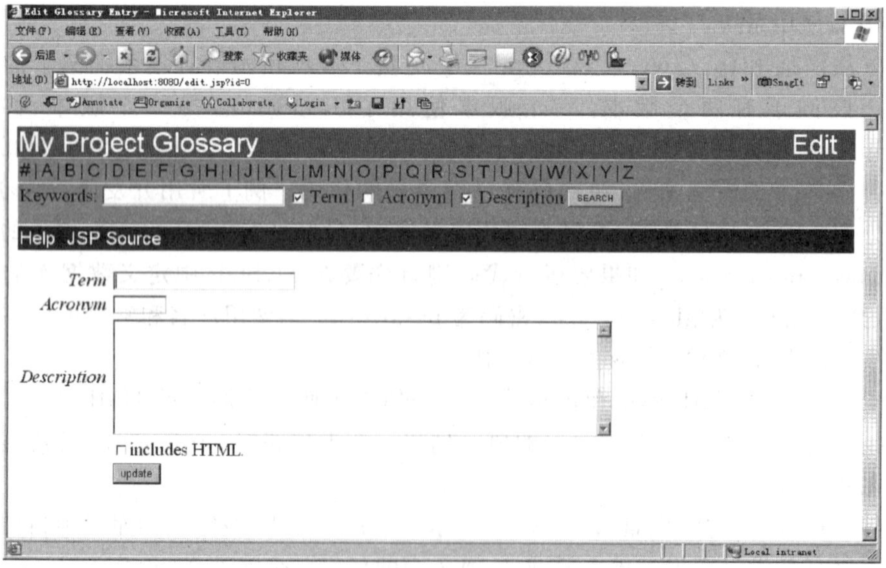

图 13.33 增加新术语的页面

Description 框中输入相应的内容,然后单击 update 按钮就可以把新术语加入数据库中。如果这时返回到图 13.32 的页面,则仍然显示 3 个术语。但在最上面的是最新加入的术语,原来在最下面的术语 Unified Modeling Language(UML)就不会显示出来了。

在图 13.32 的初始页面中,如果单击其中的术语项,例如 Institute of Electrical and Electronics Engineers (IEEE),则会进入如图 13.34 所示的页面。该页面显示了这个术语的详细信息。

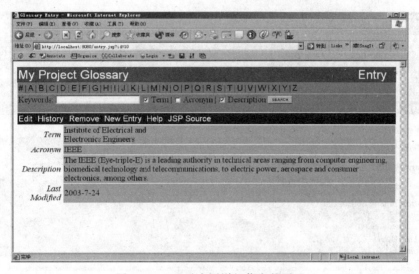

图 13.34　显示术语详细信息的页面

在图 13.34 的页面中,列出了一些菜单,包括 Edit、History、Remove、New Entry、Help、JSP Source。其中,单击 Edit 菜单可以对这个术语项进行编辑,单击 History 菜单可以显示这个术语的编辑历史,单击 Remove 菜单可以删除这个术语,而 New Entry、Help、JSP Source 这 3 个菜单和图 13.32 中的初始页面中相应菜单提供的功能一样。

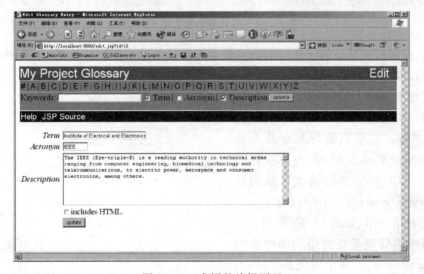

图 13.35　术语的编辑页面

图 13.35 所示是单击 Edit 菜单后弹出的窗口。可以对 Institute of Electrical and Electronics Engineers（IEEE）这个术语进行编辑，编辑完按 update 按钮即可把该术语的新的描述存入数据库中。

在对这个术语做了两次编辑后，再按 History 页面会弹出如图 13.36 所示的页面。在显示编辑历史的页面中，也有 New Entry、Edit、Help、JSP Source 等菜单，这些菜单所提供的功能和别的页面中相应菜单提供的功能一样。

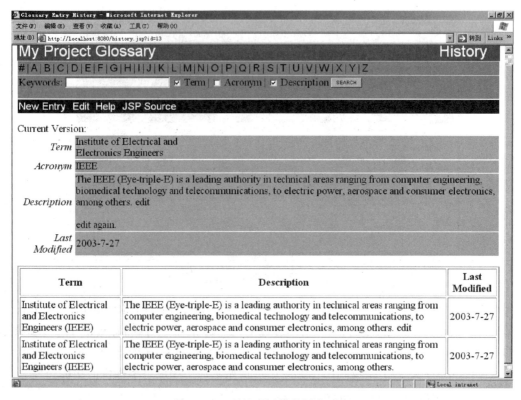

图 13.36　项目术语修改历史页面

以上介绍的就是该例子实际运行后的主要页面及其所提供的功能，下面对这个例子中的 UML 模型做一些分析。

与其他系统的 UML 模型一样，该例子的 UML 模型包括用例图、顺序图、类图、构件图等。这里只是对其中几个比较重要的图做简单介绍，并做一些修改以方便读者理解，完整的模型可从网址 http://www.wae-uml.org 下载。

首先看用例图，如图 13.37 所示。

项目术语管理系统的用例图中参与者是 Team member，两个用例是 Browse

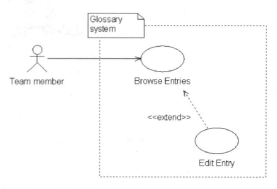

图 13.37　项目术语管理系统的用例图

Entries 和 Edit Entry。其中用例 Edit Entry 扩展了用例 Browse Entries，也就是说，团队成员一般情况下是浏览术语，但在某些情况下会对术语进行编辑。

对于用例，应该有文本来描述脚本(scenario)，包括基本操作流程和可选操作流程。由于该例子较简单，所以在模型文件中没有关于脚本的描述，而是直接用顺序图描述基本脚本的流程。

如图 13.38 所示是在 Rose 2003 的浏览器窗口中显示的模型树状结构图。

在 Logical View 下定义了 Analysis Model、Design Model、<<Schema>> Glossary(DB_0)、UX Model 等一些包。Jim Conallen 把系统的窗口动态显示的内容和用户在各个窗口之间导航关系用 UX(User Experience)模型表示，并放在 UX Model 包中。UX 是 Jim Conallen 提出的专门对用户和系统界面之间的交互进行描述的一种建模手段，对 UX 模型的详细介绍可参考文献[Con02]。

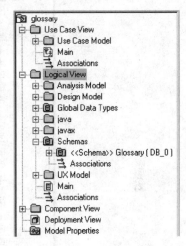

在 <<Schema>> Glossary(DB_0)包中定义的是术语管理系统中用到的两张表，如图 13.39 所示。Entry 表存储每个术语项，以及各个术语项的编辑历史等信息，PK 表用来产生 Entry 表中各记录的主键。当在 Entry 表中插入一个新的记录时，查询 PK 表得到 next_pk 的值，这个值就是 Entry 表中新插入记录的主键值，

图 13.38 模型的树状结构图

同时 next_pk 值加 1 以备下次使用，这样可以保证 Entry 表中每次插入记录时主键不会重复。由于在这个例子中，只有 Entry 表需要知道当前最大的主键值，所以在 PK 表中其实只有一条记录。

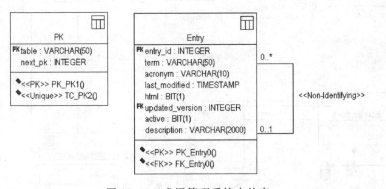

图 13.39 术语管理系统中的表

包 Analysis Model 中是分析模型，这个例子的分析模型非常简单，这里不再细述。包 Design Model 中是设计模型，设计模型的内部结构如图 13.40 所示。对这个例子，我们感兴趣的是设计模型中和 Web 建模有关的部分。

设计模型下的 glossary 子包中是一些基本类，如 Entry 类、Golssary 类等。这个例

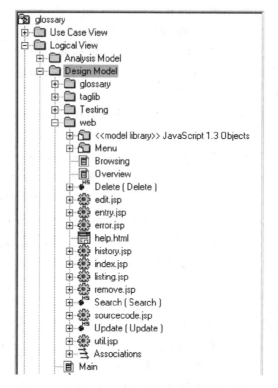

图 13.40 设计模型的结构

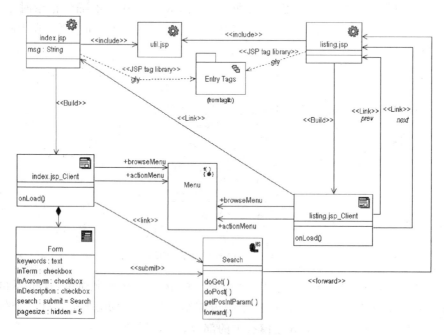

图 13.41 Web 页面之间的关系

子中的动态页面用 JSP 开发,使用了自定义的标记,所以在设计模型下有 taglib 子包用来表示所有的自定义标记。和 Web 建模有关的部分主要在 web 子包下,在这个子包中,有 edit.jsp、entry.jsp、error.jsp 等一些类,各个类之间的关系在类图 Browsing 中给出,如图 13.41所示。

从图 13.41 中可以看到,index.jsp 页面包含了 uti.jsp 页面,使用标记库中的类,同时 index.jsp 页面生成查询用的表单。

在浏览术语时,调用的是 listing.jsp 这个页面。在这个页面上有 prev(上一个术语)和 next(下一个术语)选项,如果单击这些选项,调用的页面仍然是 listing.jsp。

检索术语的工作由 Search 这个 Servlet 完成,得到检索结果后,系统将重定向(forward)到 listing.jsp 页面。

由于项目术语管理系统这个例子并不是很复杂,所以和 Web 建模有关的图并不多。除了图 13.41 外,其他的是一些和菜单、数据类型、HTML 中的标记等有关的类和图。

在模型文件中还给出了其他一些图,如构件图、顺序图等,这些图和非 Web 应用系统的建模类似,这里就不详述了。感兴趣的读者可以自己下载模型文件进行分析。

13.6 小　　结

1. 用 UML 对 Web 应用系统建模属于较新的研究领域。对 Web 建模主要是利用了 UML 的版型这种扩展机制。
2. 不同的人对于 Web 建模可以提出不同的扩展方法。Jim Conallen 提出的扩展方法称作 WAE,这个扩展方法比较完善,影响也比较大,已被多个 UML 建模工具采用。
3. WAE 定义了一些常见的 Web 建模元素的版型,但它并没有也不可能预先定义出所有 Web 建模元素的版型。如果读者自己在开发 Web 应用系统中遇到 WAE 中没有提供的版型,完全可以根据 UML 的扩展机制自己定义新的版型。
4. Web 建模是 UML 的扩展机制的一个应用。类似地,对于其他类型的应用系统,也一样可以利用 UML 的扩展机制定义一些适用于该类型应用系统的版型,然后用这些版型进行建模。

第 14 章 UML 与设计模式

14.1 为什么要使用设计模式

面向对象设计时要考虑许多因素,如封装性、粒度(granularity)大小、依赖关系、灵活性、性能、可重用性等。如何确定系统中的类以及类之间的关系?什么是好的设计和不好的设计?哪些是设计时要努力达到的目标?这些都是软件设计中不容易掌握的问题。

要真正掌握软件设计,必须研究其他软件设计大师的设计,这些设计中包含了许多设计模式(design pattern)。

设计模式系统地命名、解释和评价了重要的、经常出现的 OO 系统中的设计[GHJV94]。简单地说,设计模式是对某特定环境下某类问题的解决方法。需要注意的是,这个解决方法要求是在特定环境下的,也就是说,只有在特定的环境下,这个解决方法才有效,如果是在不同的环境下,仍采用同样的解决方法,则可能会得到相反的效果。

在软件开发中使用设计模式有以下好处:

- 简化并加快设计。从设计模式入手使得软件开发无需从底层做起,开发人员可以重用成功的设计,可节省开发时间,同时有助于提高软件质量。
- 方便设计者之间的通信。利用设计模式可以更准确地描述问题以及问题的解决方案,使解决方案具有一致性,使代码更容易理解。开发人员可以在更高的层次上思考问题和讨论方案。例如,如果所有人都理解 Visitor 设计模式的意思,则开发人员就可以用"建议采用 Visitor 设计模式来解决这个问题"这样的话来表达。
- 降低风险。由于设计模式已经过很多人的使用,已被证明是有效的解决方法,所以采用设计模式可以降低失败的可能性。
- 有助于转到 OO 技术。一种新技术要在一个开发机构中得到应用,会经历二个阶段,即技术获取阶段和技术迁移阶段。技术获取较容易,但在技术迁移阶段,由于开发人员对新技术往往会有抵触或排斥心理,对新技术可能带来的效果持怀疑态度,同时由于对新技术还是一知半解,所以要在一个开发机构中进行技术迁移并不是一件很容易的事。而设计模式是可重用的设计经验的总结,已在实际的系统中多次得到成功应用,因此用这些成功的例子有助于说服开发人员采用新技术。

14.2 设计模式的历史

设计模式这个概念最早是由美国伯克利大学教授克里斯托夫·亚历山大(Christopher Alexander)提出来的。在 20 世纪 70 年代后期,亚历山大出版了几本有关建筑学的书。他在《模式语言》(A Pattern Language)一书中提出了设计模式的思想,讨论了设计模式在建筑设计中的作用[AIS77]。在 80 年代,很多计算机开发人员根据亚历山大提出的设计模式思想开始在软件开发中有意识地使用设计模式,于是设计模式开始在计算机界流行起来。

到了 20 世纪 80 年代后期 90 年代初,Erich Gamma 开始对设计模式进行分类整理的工作,并在其博士论文(1991)中有详细的论述。

在 1995 年,E. Gamma、R. Helm、R. Johnson 和 J. Vlissides 四人合著了"Design Patterns: Elements of Reusable Object-Oriented Software"一书[GHJV94],这是设计模式领域中的一本经典书籍,从此设计模式开始成为软件工程的一个重要研究领域,很多人开始从事设计模式的研究工作。这四人也因此被称为"Gang of Four"(GoF),成为设计模式中大师级的人物。熟悉 Java 语言的读者一定知道 Eclipse 和 JUnit 这两个很有名的软件,它们就是 Erich Gamma 领导开发的,其中使用了很多设计模式。

14.3 设计模式的分类

GoF 的书中共有 23 个设计模式,这些模式可以按两个准则来分类:
- 按设计模式的目的(purpose)划分,可分为创建型模式、结构型模式和行为型模式 3 种。
- 按设计模式的范围(scope)划分,即根据设计模式是作用于类还是作用于对象来划分,可以把设计模式分为类设计模式和对象设计模式。

表 14.1 是对 GoF 的书中 23 个设计模式的分类。

表 14.1 GoF 的书中设计模式的分类

		目 的		
		创 建 型	结 构 型	行 为 型
范围	类	Factory Method	Adapter	Interpreter Template Method
	对象	Abstract Factory Builder Prototype Singleton	Adapter Bridge Composite Decorator Facade Flyweight Proxy	Chain of Responsibility Command Iterator Mediator Memento Observer State Strategy Visitor

创建型模式(creational pattern)抽象了创建对象的过程,使得系统不依赖于系统中对象是如何创建、组合和表示的。创建型模式包括:工厂方法(Factory Method)、抽象工厂(Abstract Factory)、生成器(Builder)、原型(Prototype)、单件(Singleton)。

结构型模式(structural pattern)主要描述如何组合类和对象以获得更大的结构。结构型模式包括：适配器(Adapter)、桥接(Bridge)、组成(Composite)、装饰(Decorator)、刻面(Facade)、享元(Flyweight)、代理(Proxy)。

行为型模式(behavioral pattern)主要描述算法和对象间职责的分配，主要考虑对象(或类)之间的通信模式。行为型模式包括：职责链(Chain of Responsibility)、命令(Command)、解释器(Interpreter)、迭代器(Iterator)、中介者(Mediator)、备忘录(Memento)、观察者(Observer)、状态(State)、策略(Strategy)、模板方法(Template method)、访问者(Visitor)。

在表 14.1 中可以看到，Adapter 这个设计模式既可以作用于类，也可以作用于对象。实际上，Adapter 设计模式有 2 种使用方式，一种是通过类之间的多重继承(类 Adapter 设计模式)，另一种是通过组合的形式(对象 Adapter 设计模式)。

14.4 设计模式实例

对于 GoF 中的 23 个设计模式，本章选其中的 3 个设计模式来讲解：Facade 设计模式、Abstract Factory 设计模式和 Visitor 设计模式。其中 Facade 设计模式较简单，可以作为设计模式的入门例子；Abstract Factory 设计模式能比较好地说明采用设计模式的好处(提供了系统的适应性，一旦有新的需求，可以很容易地修改系统以适应新的需求)；Visitor 设计模式比较复杂，学习 Visitor 模式主要是体会使用设计模式一定要考虑特定的应用环境，如果不管任何情况都使用同样的设计模式，有可能反而会得到不好的设计结果。

14.4.1 Facade 设计模式

刻面(Facade)设计模式属于对象结构型设计模式。Facade 设计模式定义了一个高层接口，这个接口使得子系统更加容易使用。利用 Facade 设计模式可以为子系统中的一组接口提供一个一致的界面，可以降低系统中各部分之间的相互依赖关系，同时增加了系统的灵活性。

图 14.1 是使用 Facade 设计模式的例子。

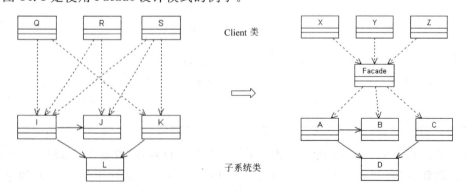

图 14.1 使用 Facade 设计模式后 Client 类和子系统类之间通信关系的变化

图 14.1 中左边没有使用 Facade 设计模式,造成各个 Client 类和子系统中的很多类都有依赖关系,因此 Client 类和子系统之间的耦合性很大。

图 14.1 中右边使用了 Facade 设计模式,各个 Client 类通过调用 Facade 类中的方法来与子系统通信。Client 类很少直接存取子系统中的对象,因此 Client 类和子系统之间的耦合性大大降低了。

Facade 设计模式的特点是:
- 对 Client 来说屏蔽了子系统中的类,因此减少了 Client 需要直接处理的对象,使得子系统更容易被使用。
- 降低了 Client 和子系统之间的耦合度。
- 有助于对象之间依赖关系的分层,建立具有层次结构的系统。
- 子系统中的类不需要了解关于 Client 的知识,也不需要了解关于 Facade 类的知识,即没有指向 Client 和 Facade 的引用。
- 如果需要,Client 也可以直接存取子系统中的类。

下面的例子说明了如何使用 Facade 设计模式。在 java.sql 包中,Java 提供了一些对数据库进行操作的接口,如 ResultSet、ResultSetMetadata、Connection、DatabaseMetadata、Statement 等,利用这些接口中的方法可以对数据库进行操作。(实际上 JDBC 驱动程序就是实现了这些接口,即提供了具体的实现类。)

Java 中使用数据库的过程可分为以下几步。

(1) 装载数据库驱动程序。代码如下所示:

```
try {
    Class.forName(driver);
} catch (Exception e) {
    System.out.println(e.getMessage());
}
```

(2) 利用 Connection 接口(具体实现类)连接数据库。如果必要,获取数据库的元数据信息。代码如下所示:

```
try {
    con = DriverManager.getConnection(url);
    dma = con.getMedataData();
} catch (Exception e) {
    System.out.println(e.getMessage());
}
```

(3) 利用 dma 对象(类型为 DatabaseMetadata)获取数据库的表名。代码如下所示:

```
Vector tname = new Vector();
try {
    results = new resultSet (dma.getTables(catalog, null, "%", types));
} catch (Exception e) {
    System.out.println(e);
```

}
While (results.hasMoreElements()) {
    tname.addElement(result.getColumnValue("TABLE_NAME"));
}

上述操作过程还没有涉及对表的各种操作，但已有些复杂。可以利用 Facade 设计模式来简化对数据库的使用过程，通过创建 Database 和 resultSet 两个类来包含 ResultSet、ResultSetMetadata、Connection、DatabaseMetadata、Statement 接口中的一些主要操作，并利用 Database 类和 resultSet 类执行连接数据库、显示表名、列名、列中的数据、执行查询等操作。如图 14.2 所示。

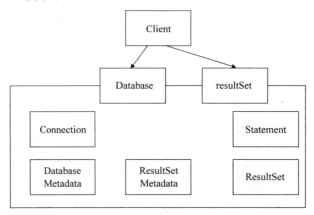

图 14.2 Facade 设计模式的应用

其中 Database 类的定义如下：

class Database {
    public Database (String driver) ();
    public void Open (String url, String cat);
    public String[ ] getTableNames();
    public String[ ] getColumnNames(String table);
    public String getColumnValue (String table, String columnName);
    public String getNextValue(String columnName);
    public resultSet Execute (String sql);
}

resultSet 类的定义如下：

class resultSet {
    public resultSet(ResultSet rset)();
    public String[ ] getMetaData();
    public boolean hasMoreElement();
    public String[ ] nextElement();
    public String getColumnValue(String columnName);
    public String getColumnValue(int i);
}

这样,对数据库的一般操作可通过类 Database 和 resultSet 进行,降低了客户程序和 ResultSet、ResultSetMetadata、Connection、DatabaseMetadata、Statement 等接口(具体实现类)之间的耦合关系。当然,如果需要一些特殊的操作,客户程序也可以直接调用 ResultSet、ResultSetMetadata、Connection、DatabaseMetadata、Statement 等接口(具体实现类)中的方法。

对于每个设计模式,都有该设计模式的适用场合,并不是在所有情况下使用该设计模式都有很好的效果。在下列情况下,可考虑使用 Facade 设计模式:
- 要为复杂的子系统提供一个简单的接口
- Client 和 Client 要使用的类之间存在过多的依赖关系
- 要建立具有层次结构的子系统

14.4.2 Abstract Factory 设计模式

抽象工厂(Abstract Factory)设计模式属于对象创建型设计模式。使用 Abstract Factory 设计模式的目的是给客户程序提供一个创建一系列相关或相互依赖的对象的接口,而无需在客户程序中指定要具体使用的类。这个设计模式之所以取抽象工厂这个名字,是把类比作工厂,它能不断地制造产品,每个工厂会制造出和该工厂相关的一系列产品,各个工厂制造出的产品的种类是一样的,只是各个产品在外观和行为方面不一样。

问题分析:每种图形用户界面都有自己的 look-and-feel,例如 UNIX 上的 Motif 以及 IBM OS/2 上的 Presentation Manager,这些图形用户界面都有滚动条(ScrollBar)、按钮(Button)等标准控件,但这些控件有不同的外观和行为,也就是说,有不同的 look-and-feel。

有时候,用户需要一个系统能支持多种 look-and-feel。例如,对 Java 来说,MS Windows 平台上的 JDK 1.4.2 版本支持 Metal、MS Windows、Motif 等风格的 look-and-feel。用 Java 开发的应用程序可以有多种 look-and-feel,图 14.3~图 14.5 是同一个 Java 程序以不同的 look-and-feel 显示的结果,其中 Metal 形式是 Java 默认的 look-and-feel。

显然,开发人员不能也不应该事先确定用户将使用哪种风格的 look-and-feel。在程序运行时,应用程序可以根据需要随时改变用户的界面风格,可以设置程序以什么样的 look-and-feel 风格出现,而且这种显示风格的种类根据需要应该很容易增加或删除。

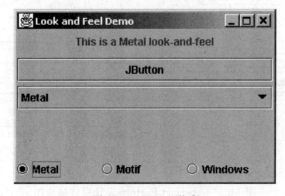

图 14.3 Metal 形式

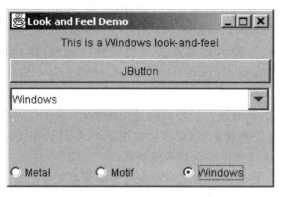

图 14.4　MS Windows 形式

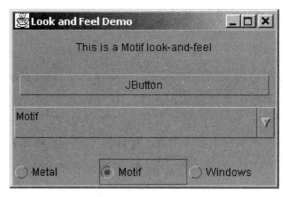

图 14.5　Motif 形式

对于一个支持多种 look-and-feel 的应用程序来说，为了系统的灵活性和可扩充性，不应该在应用程序中硬编码（hard-code）其在不同的 look-and-feel 中所使用的控件。对于类似的问题，一个比较好的解决方法就是采用 Abstract Factory 设计模式，如图 14.6 所示。

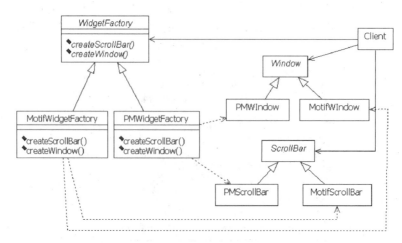

图 14.6　Abstract Factory 设计模式的应用

在图 14.6 中，WidgetFactory 是抽象类（定义成接口也可以）。对于图形用户界面中的每一个控件 X，在 WidgetFactory 中都会声明一个 createX() 这样的方法，如 createScrollBar()、createWindow() 等。对于每种具体的图形用户界面，将定义一个具体的子类，如对应于 Motif 图形用户界面，定义了类 MotifWidgetFactory，并且在类 MotifWidgetFactory 中实现了 createScrollBar() 和 createWindow() 方法。对于 Presentation Manager 图形用户界面也定义类似的类 PMWidgetFactory，并在类中实现了 createScrollBar() 和 createWindow() 方法。

除了要定义抽象类 WidgetFactory，还要为每种类型的控件定义抽象类，如对应于 Window 控件定义了 Window 抽象类、对应于 ScrollBar 控件定义了 ScrollBar 抽象类等。然后对于每种具体的 Motif 图形用户界面定义具体的子类，如 MotifWindow、MotifScrollBar 等。类似地，对 Presentation Manager 图形用户界面中的 Window、ScrollBar 控件等也定义具体的子类 PMScrollBar、PMWindow 等。

客户程序 Client 仅使用由抽象类 WidgetFactory、Window、ScrollBar 中声明的方法。Client 通过调用 WidgetFactory 抽象类中的 createScrollBar()、createWindow() 等方法来获得具体的控件对象，但 Client 并不知道它正在使用的是哪些具体类。Client 中只有类型为 WidgetFactroy、Window 和 ScrollBar 的变量声明，只有在运行时，这些变量才会动态绑定到具体子类。如果运行时使用的是 Motif 图形用户界面，则 Client 中类型为 WidgetFactory 的变量将被绑定到 MotifWidgetFactory 类型，类型为 Window 的变量将被绑定到 MotifWindow 类型，类型为 ScrollBar 的变量将被绑定到 MotifScrollBar 类型，这样 Client 就能根据运行时的情况动态地改变 look-and-feel。

图 14.7 是 Abstract Factory 设计模式的一般结构。

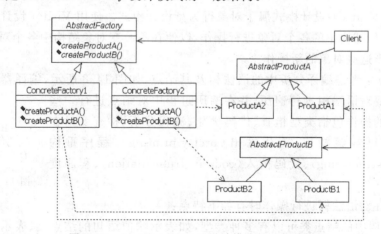

图 14.7　Abstract Factory 设计模式的一般结构

Abstract Factory 设计模式的特点是：
- Client 只通过抽象产品（如 AbstractProductA、AbstractProductB 等）操作产品对象，产品对象的具体名字（如 ProductA1、ProductB1、ProductA2、ProductB2 等）不出现在 Client 中。
- 在应用系统中增加或删除具体工厂（如 ContreteFactory1、ContreteFactory2 等）

- 可以保证应用系统在某一时刻只使用一个产品系列,如只使用 ProductA1、ProductB1 系列或只使用 ProductA2、ProductB2 系列。
- AbstractFactory 接口中已确定了可以创建的产品集合(如只有 ProductA 和 ProductB 这两种产品),如果要支持新的产品种类,需要扩展 AbstractFactory 类及其所有子类中的方法,这种修改比较困难。

对于图形用户界面这个例子,对于每种类型的图形用户界面,其所包含的控件种类如 ScrollBar、Window 等一般是固定的,且这些控件不大可能会变化,因此采用 Abstract Factory 这种设计模式比较好。如果控件种类不固定,会经常变化,则每当增加或减少一种控件时,需要在 AbstractFactory 类和每个 ConcreteFactory 类中增加或删除方法,这将是一个非常大的修改工作。

与 Facade 设计模式一样,Abstract Factory 设计模式也有它的适用场合。在下列情况下,可考虑使用 Abstract Factory 设计模式:

- 系统要独立于它的产品的创建、组合和表示。
- 可以对系统进行配置,以便系统可以使用多个产品系列中的某一个。
- 要求一组相关的产品要一起被使用,并且希望强化这个约束条件。
- 希望以类库的形式提供产品,并且只希望展示这些产品的接口,而不是产品的实现。

14.4.3 Visitor 设计模式

访问者(Visitror)设计模式属于对象行为型设计模式。使用 Visitor 设计模式的目的是,对一个对象结构中的各个对象进行操作,以便在不改变对象结构中各个对象类的前提下增加作用于这些对象的新操作。

问题分析:考虑编译分析中的语法树及其结点,如图 14.8 所示,编译器在进行静态语义分析时要对语法树进行遍历,并在遍历过程中对结点进行一些操作。可能的操作包括类型检查、代码优化、流程分析、检查变量在使用前是否已被赋初值、美化输出(pretty-printing)、程序重构(program restructuring)、代码植入(code instrumentation)、程序度量等。

图 14.8 语法树

编译器在对语法树进行操作时有如下特点:

- 语法树中的结点类可以有多种类型,如表示赋值语句的结点类、表示变量存取的结点类、表示算术表达式的结点类等。
- 结点类的集合依赖于具体的程序设计语言,对于一个特定的程序设计语言,结点类的集合是固定的。
- 在对语法树进行遍历时,对不同的结点类型所做的操作可能不同。例如对代表赋值语句的结点要做"生成代码"的操作,对代表变量的结点要做"检查变量在使用前是否已赋初值"的操作,而且在结点上所做的这些操作类型经常会变化。

如图 14.9 所示是对上述所描述的问题的一个设计,这里只给出了几个有代表性的结点类及操作。

图 4.19 的设计是一个比较容易想到的设计,但这个设计存在以下问题:

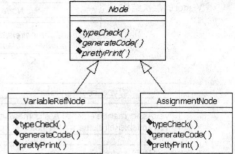

图 14.9　不采用 Visitor 设计模式的设计

- 由于把所有操作都分散到各个结点类中,导致整个系统难以理解和维护。根据上面的设计可以看到,不管对哪种类型的结点,都在这种类型的结点上定义了所有可能的操作。例如对于代表变量的结点(VariableRefNode),可能只需要做 typeCheck()操作,不需要做 generateCode()操作和 prettyPrint()操作;而对于代表赋值语句的结点(AssignmentNode),可能只需要做 generateCode()操作,不需要做 typeCheck()操作和 prettyPrint()操作。但在图 14.9 的设计中,由于所有的结点类都是从 Node 这个抽象类(或接口)继承的,所以即使是一个结点类不可能涉及的操作,也要在这个结点类中实现。也就是说,一些结点类被别的结点类的操作"污染"(polluted)了。
- 增加一个新的操作将需要对所有的结点类进行修改和重新编译。假如现在要增加一个新的操作"优化代码",那么要在抽象类 Node 中声明一个新的方法 optimizeCode(),同时在 Node 类的所有子类中增加 optimizeCode()方法的实现。显然这种改动对整个系统的影响很大。

在遍历语法树并对语法树中的结点进行操作这样的特定环境下,图 14.9 的设计并不是一个好的设计。现在希望能对这个设计做一些改进,使得结点类独立于作用于其上的操作,并且可以很容易增加新的操作,而系统不需要做很大的改动。改进的设计如图 14.10所示。

在图 14.10 的设计中,与结点类相关的操作被包装在一个独立的对象中,这个对象称作访问者(visitor),并在遍历语法树时把 visitor 对象(如 TypeCheckingVisitor 对象、CodeGeneratingVisitor 对象)传递给语法树中的元素。

图 14.10 的上半部分描述可能的操作类型。对于每种操作类型,都定义为抽象类 NodeVisitor 的一个具体子类,如对应于类型检查的操作,定义了 TypeCheckingVisitor 类,对应于代码生成的操作,定义了 CodeGeneratingVisitor 类。在 TypeCheckingVisitor 类和 CodeGeneratingVisitor 类中,定义了一些 visitX 方法,这些 visitX 方法对应于对象结构中的结点类型。也就是说,在语法树中有几种类型的结点,在 TypeCheckingVisitor 类和 CodeGeneratingVisitor 类中就有几个 visitX 方法。在图 14.10 中,只有两种具体的结点类型,即代表赋值语句的结点和代表变量的结点,所以在 TypeCheckingVisitor 类和 CodeGeneratingVisitor 类中就只有两个 visitX 方法,即 visitAssignment()和 visitVariable Ref()方法。对于一个程序设计语言来说,其语法是固定的,即语法树中的结点类型是固定的,所以抽象类 NodeVisitor 的每个具体子类中 visitX 方法的个数是固定的。

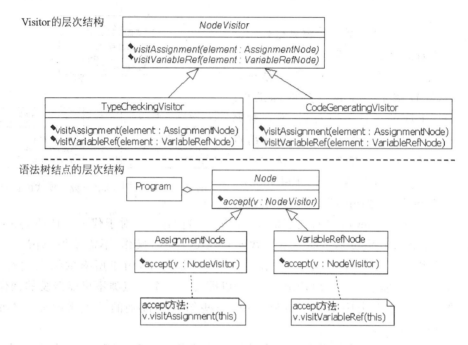

图 14.10　采用 Visitor 设计模式的设计

图 14.10 的下半部分描述对象结构的结点类。Node 类是抽象类,声明了一个 accept()方法,该方法有一个参数,其类型为抽象类 NodeVisitor。也就是说,在具体运行时,传到方法中的对象会是 NodeVisitor 的具体子类,即会是 TypeCheckingVisitor 类或 CodeGeneratingVisitor 类的对象。

对于 Node 类的每个具体子类,虽然都有方法 accept(),但 accept()方法中的语句是不同的。对于 AssignmentNode 类来说,accept()中的语句是 v.visitAssignment(this),对于 VariableRefNode 类来说,accept()中的语句是 v.visitVariableRef(this)。

这样,同一个 visitor 对象传给不同的结点类时,就会得到不同的运行结果。例如对于 CodeGeneratingVisitor 对象,传给 AssignmentNode 类中的 accept()方法后,最后运行的是定义在 CodeGeneratingVisitor 类的 visitAssignment()方法中的语句,而传给 VariableRefNode 类中的 accept()方法后,最后运行的是定义在 CodeGeneratingVisitor 类的 visitVariableRef()方法中的语句。

现在要想对语法树中的结点类增加新的操作,只需在抽象类 NodeVisitor 下增加一个具体子类,同时在这个子类中增加相应的 visitX 方法即可,不需要对原来的设计结构做修改。

图 14.10 中的类 Program 不是 Visitor 设计模式的一部分,而是使用这个 Visitor 设计模式的类。

Visitor 设计模式的一般结构如图 14.11 所示。

需要说明的是,在图 14.11 中,ConcreteElementA 和 ConcreteElementB 有相同的父

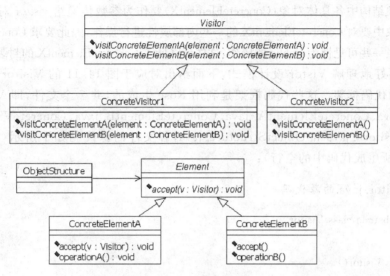

图 14.11　Visitor 设计模式的一般结构

类。事实上对于 Visitor 设计模式来说,这个要求可以放松,只要 ObjectStructure 能保证遍历所有的 ConcreteElement 即可。

例如,下面的例子表示的是一个 Visitor 类型的对象可以访问 MyType 类型的对象和 YourType 类型的对象,而 MyType 和 YourType 并不一定要有相同的父类。

```
class Visitor {
    //...
    public abstract void visitMyType (MyType element);
    public abstract void visitYourType (YourType element);
}
```

Visitor 设计模式允许不改变类的定义即可有效地增加其上的操作,实际上是使用了双分派(double-dispatch)技术。双分派指的是一个请求究竟由哪个操作来实现取决于请求的种类和两个接收者的类型,例如,在 Visitor 设计模式中,accept 是一个双分派操作,因为 accept 的含义决定于两个类型:Visitor 类型和 Element 类型。

与双分派技术相对应的是单分派(single-dispatch)技术,单分派指的是一个请求究竟由哪个操作来实现取决于该请求的名字和一个接收者的类型。例如,在图 14.9 中,generateCode 这个请求将调用的操作取决于所请求的结点对象的类型。

某些程序设计语言支持双分派技术(如 CLOS),那么就没有必要再使用 Visitor 设计模式了,只有在不支持双分派技术的语言(如 Java、C++等)中,才会考虑使用 Visitor 设计模式。也就是说,在某些情况下,使用设计模式也要考虑实现时所采用的语言。

Visitor 设计模式的特点是:
- 使得在复杂对象结构上增加新的操作变得容易。
- 相关的行为不是分布在各个类上,而是集中在一个访问者(visitor)中。
- 对象结构中各个对象的类型是固定的,增加新的对象类型很困难。

- 对象结构中各具体对象(ConcreteElementX)要作为参数传递给 visitor 对象,在 visitor 对象中要对 ConcreteElementX 的一些内部属性进行操作,因此要求 ConcreteElementX 提供一些可见性为 public 的操作,这样就降低了 ConcreteElementX 的封装性。

为了更好地理解 Vistor 设计模式,下面给出对应于图 14.11 的 Visitor 设计模式的一般结构的代码框架。这些代码框架是利用 Rose 生成的,共 7 个文件,即 Visitor.java、Element.java、ConcreteElementA.java、ConcreteElementB.java、ConcreteVisitor1.java、ConcreteVisitor2.java 和 ObjectStructure.java,各文件的源代码如下所示(为了节省篇幅,已删掉所生成代码中的空行):

1. Visitor.java 的源代码

```
public abstract class Visitor
{
  public Visitor()
  {
  }
  public abstract void visitConcreteElementA(ConcreteElementA element);
  public abstract void visitConcreteElementB(ConcreteElementB element);
}
```

2. Element.java 的源代码

```
public abstract class Element
{
  public Element()
  {
  }
  public abstract void accept(Visitor v);
}
```

3. ConcreteElementA.java 的源代码

```
public class ConcreteElementA extends Element
{
  public ConcreteElementA()
  {
  }
  public void accept(Visitor v)
  {
  }
  public void operationA()
  {
  }
```

}

4. ConcreteElementB.java 的源代码

```java
public class ConcreteElementB extends Element
{
    public ConcreteElementB()
    {
    }
    public void accept(Visitor v)
    {
    }
    public int operationB()
    {
        return 0;
    }
}
```

5. ConcreteVisitor1.java 的源代码

```java
public class ConcreteVisitor1 extends Visitor
{
    public ConcreteVisitor1()
    {
    }
    public void visitConcreteElementA(ConcreteElementA element)
    {
    }
    public void visitConcreteElementB(ConcreteElementB element)
    {
    }
}
```

6. ConcreteVisitor2.java 的源代码

```java
public class ConcreteVisitor2 extends Visitor
{
    public ConcreteVisitor2()
    {
    }
    public void visitConcreteElementA(ConcreteElementA element)
    {
    }
    public void visitConcreteElementB(ConcreteElementB element)
```

```
        {
        }
}
```

7. ObjectStructure.java 的源代码

```
public class ObjectStructure
{
    public Element theElement;
    public ObjectStructure()
    {
    }
}
```

与 Facade 和 Abstract Factory 设计模式一样，Visitor 设计模式也有它的适用场合。在下列情况下，可考虑使用 Visitor 设计模式：

- 一个对象结构包含很多种类型的对象，需要对这些对象实施一些依赖于对象具体类型的操作，而又想避免让这些操作"污染"所有的对象类。
- 定义对象结构的类几乎不会改变，但经常需要在此对象结构上定义新的操作。

应用 Visitor 设计模式时要考虑的关键问题是系统的哪个部分会经常变化，是作用于对象结构上的算法（作用于对象上的操作）还是构成该结构的各个对象的类？如果是作用于对象结构上的算法经常变化，则使用 Visitor 设计模式效果会比较好，如果是构成该结构的各个对象的类经常变化，则使用 Visitor 设计模式反而会有不好的效果。

14.5　在 Rose 中使用设计模式

在 Rose 2003 中使用设计模式有两种方式，一是根据设计模式的定义，在设计类图时直接画出每个类；另一种方式是使用 Rose 提供的设计模式生成器，自动生成各个类。两者之间的区别是使用 Rose 提供的设计模式生成器所生成的类可以产生更详细的代码。

要想在 Rose 2003 中使用设计模式生成器，必须先把建模语言设为 Java、VC++ 或 Analysis（在 Tools → Options... → Notaion 中设置）。Rose 2003 提供了 GoF 中 20 种设计模式的生成器，但不包括对 GoF 中 Interpreter、Memento、Builder 这 3 个设计模式的支持。

在 Rose 中使用设计模式生成器时，一般需要设置参与者（participant），但对于 Singleton 设计模式，则不用设置参与者。对于其余的 19 个设计模式则需要设置参与者，这 19 个设计模式的使用步骤是一致的。下面给出在 Rose 2003 中使用 Visitor 设计模式的步骤：

（1）首先在菜单 Tools → Options... → Notaion 中把模型语言设为 Java。

（2）在类图中创建类，把类名设为 A，然后用鼠标右击类 A，在弹出菜单中选择 Java/J2EE → GOFPatterns → Visitor 菜单项，如图 14.12 所示。

（3）这时弹出一个如图 14.13 所示的对话框，要求设置参与者。

第 14 章 UML 与设计模式

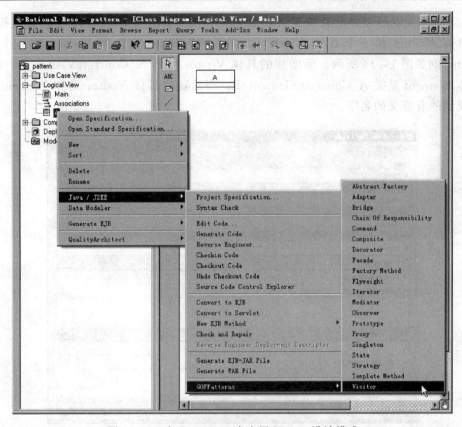

图 14.12　在 Rose 2003 中应用 Visitor 设计模式

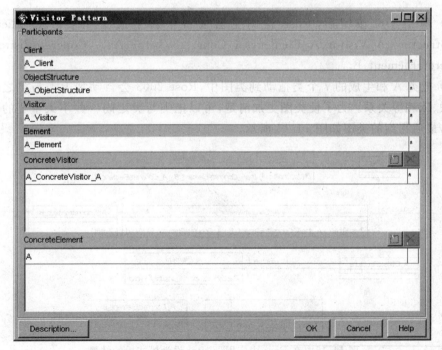

图 14.13　Visitor 设计模式指定参与者前的对话框

(4) 根据需要可以指定具体 Visitor 类和具体 Element 类,图 14.13 中已默认提供了一个具体 Visitor 和一个具体 Element。如果再增加一个具体 Visitor 和一个具体 Element,则如图 14.14 所示。所增加的具体 Visitor 是类 A_ContreteVisitor_B,所增加的具体 Element 是类 A_ConcreteElement_B。当然这些具体 Visitor 类和 Element 类可以改成别的有意义的名字。

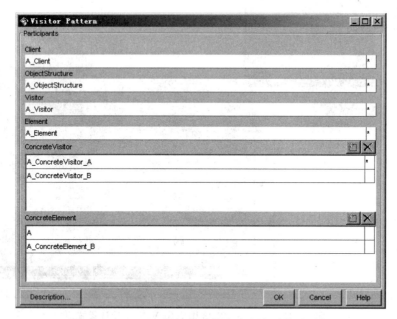

图 14.14　Visitor 设计模式指定参与者后的对话框

(5) 单击 OK 按钮后,Rose 在浏览器窗口中新生成 7 个类:A_Client、A_ObjectStructure、A_Visitor、A_Element、A_ConcreteVisitor_A、A_ConcreteVisitor_B 和 A_ConcreteElement_B。

(6) 把类 A 和生成的 7 个类拖动到类图中,Rose 2003 会自动加上类与类之间的泛化、关联、依赖等关系。为了使类图更加清楚,可以把类与类之间一些不太重要的依赖关系删除,最后得到的类图如图 14.15 所示。

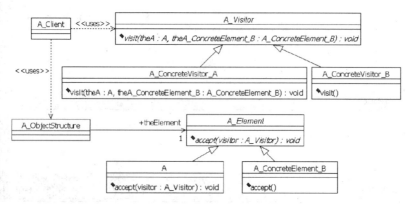

图 14.15　在 Rose 中应用 Visitor 设计模式后的结果

(7) 完成类图后,即可利用 Rose 2003 生成代码框架。

需要说明的是,这里的操作步骤是在 Rose 2003 中完成的,与 Rose 2002 相比,Rose 2003 对 Visitor 设计模式稍微做了些改动。如果读者使用的是 Rose 2002 版本,则只生成 6 个类,而没有 ObjectStructure 类和 Client 类,且生成的抽象类 A_Visitor 及其各个具体子类中,有多个 visitor 方法,每个方法对应一种具体的 Element 类型。在 Rose 2003 版本中,是把多个 visitor 方法合并成一个 visitor 方法,同时增加 visitor 方法中的参数个数,对应于每种具体的 Elemnent 类型,都有一个参数属于该类型。

Rose 2003 和 Rose 2002 中的 Visitor 设计模式从原理上讲是一样,只是两者的表现形式不同。其实 Rose 2002 中把各个 visitor 方法分开似乎更直观一些。

14.6 小 结

1. 在软件设计过程中,设计模式的作用非常大,使用设计模式能获得较好的设计结果。
2. 设计模式突出了面向对象技术中的封装、泛化、多态等概念,学习设计模式,必须清楚这些概念的使用。
3. 使用设计模式时要考虑它的适用场合,对于一个设计模式,如果在不适合该设计模式的场合下使用,有可能会得到不好的结果。
4. GoF 的书中包含了 23 个典型的设计模式,这些设计模式如果按设计模式的目的来划分,可分为创建型模式、结构型模式和行为型模式 3 种;如果按设计模式是作用于类还是作用于对象来划分,可分为类设计模式和对象设计模式。
5. Facade 设计模式属于对象结构型设计模式。
6. Abstract Factory 设计模式属于对象创建型设计模式。
7. Visitor 设计模式属于对象行为型设计模式。
8. Rose 对设计模式提供了一定的支持,目前 Rose 2003 中包含了 GoF 中 20 个设计模式的生成器。提供了一个类后,可以自动生成设计模式中其他各个类。当然也可以不使用设计模式生成器,直接根据设计模式的定义,在类图中画出所有类。

第 15 章 面向对象实现技术

15.1 面向对象程序设计语言概述

一般说来,通过面向对象分析和设计得到的模型,不一定非要用面向对象程序设计语言(Object-Oriented Programming Language,OOPL)实现,也可以用一般的结构化程序设计语言实现。但采用 OOPL 可以使得模型能很好地对应到源程序,因此 OOPL 是实现系统模型的理想语言。

目前 OOPL 非常多,比较常用的 OOPL 有 C++、Java 等,比较著名的 OOPL 有 Smalltalk、Eiffel、Objective-C、CLOS(Common Lisp Object System)等。

设计一个程序设计语言本身并不是很难,难的是设计出来的语言应该体现软件工程的思想,如分解、抽象、模块化、信息隐蔽等,同时要有相应的开发工具和环境的支持。好的程序设计语言能提高软件开发的效率,有助于开发出易于维护、易于重用、错误率低的软件系统。

不同的 OOPL 都有自己的特点,在开发软件系统时,需要根据各种因素来确定要选用哪种 OOPL,下面是一些需要考虑的因素:

- 类库对语言的支持程度。例如在 Java 语言刚出来的时候,其类库中的类很少,很多功能需要使用 Java 本地接口(JNI)调用其他语言编写的库,这样就使得用 Java 开发软件很不方便。但随着 Java 类库的不断丰富,很多功能都可以通过调用 Java 类库中的类来完成,这也使得 Java 容易被更多的人所接受。
- 有无实用的开发环境支持。一个好的开发环境能有效地提高软件开发效率,在某种程度上会促进语言被开发人员接受,例如,VB、VC++ 的流行与微软提供的优秀的集成化开发环境有很大的关系。
- 应用领域的要求。事实上,不同 OOPL 的适用领域并不相同,例如相对于 Java 来说,CLOS 就比较适合于人工智能领域的系统的开发。
- 软件开发人员和维护人员对该语言的熟悉程度。在一个开发机构内部,往往已用某种程序设计语言开发过多个软件系统,并积累了大量的经验,那么在开发新系统时会有选用相同语言的倾向。
- 所选 OOPL 是否是主流语言。例如 Smalltalk 语言简单易学、功能强大,能很好地体现面向对象的思想,但在国内使用 Smalltalk 的人并不多,因此很少有人会选用 Smalltalk 开发实际的项目。
- 其他因素的考虑。如对软件系统的性能考虑、客户对开发语言的要求等。

15.2 几种典型的 OOPL

OOPL 可分为两类，纯 OOPL 和混合型 OOPL。纯 OOPL 包括 Smalltalk、Eiffel、Java 等；混合型 OOPL 是在传统的程序设计语言基础上扩充了面向对象的机制后得到的，包括 C++、Objective-C、CLOS 等。

15.2.1 Smalltalk

Smalltalk 语言是最早的、最有代表性的 OOPL 之一。它是由 Xerox 公司 PARC 研究中心在 Alan Kay 的研究工作基础上开发的，先后发布了 Smalltalk-72、76、78、80 等版本，其中 Smalltalk-80 的发布是 OOPL 发展过程中一个引人瞩目的里程碑。

Smalltalk-80 是公认的较全面体现面向对象思想的语言。迄今为止大部分 OO 基本概念，如对象、类、方法、实例变量、消息、继承等，Smalltalk 都已具备。

Smalltalk 是纯 OOPL，在 Smalltalk 中，除了对象之外没有其他形式的数据，对一个对象的惟一操作就是向它发消息。例如，表达式 2+3 的含义是，向对象 2 发一条消息，请求 2 这个对象用参数 3 执行＋方法。

Smalltalk 采用了很多对后来的计算机发展有很大影响的技术，如虚拟机（virtual machine）技术。Smalltalk 程序执行时是先把源程序编译为字节码（bytecode），然后再对字节码解释执行，因此用 Smalltalk 编写的程序也具有跨平台性。目前流行的 Java 程序设计语言所采用的虚拟机技术就是借鉴了 Smalltalk 的虚拟机技术。

Smalltalk-80 采用了图形用户界面的开发环境和类库，这对以后其他 OOP 的影响也很大。另外，Smalltalk 有较强的动态存储管理功能，能进行内存垃圾收集。

Smalltalk 是一种弱类型化语言，程序中不做变量的类型说明，系统也不进行类型检查。在 Smalltalk 中，允许向任何对象发送任何消息，Smalltalk 环境只在运行时才判断一条消息对某个对象是否可识别。

Smalltalk 既是一种 OOPL，也是一种集成化程序设计环境。Smalltalk 的类库是开放的，也就是说，程序运行时可动态扩充或缩减类库，这既是 Smalltalk 的优点也是缺点。优点是可以使得软件开发的速度更快，但也有些人认为是 Smalltalk 不好的地方，由于类库的动态变化，使得对合作和分散开发大系统不利，有可能同一个项目的开发看上去使用的是同一种语言，但实际上已经是语法相同而语义不同的多种语言了。

下面给出几个 Smalltalk 程序的例子。

例 15.1 弹出一个对话框，对话框中显示字符串"Hello World!"。代码如下所示：

　　Dialog warn: 'Hello World!'.

上述代码的意思是向对象 Dialog 发送消息 warn，消息的参数是字符串'Hello World!'。Smalltalk 中规定字符串是用单引号括起的。

例 15.2 求 99 的阶乘。代码如下所示：

99 factorial.

这条语句的意思是向 99 这个对象发送消息 factorial，返回的也是一个对象。

例 15.3 求 9999 的 9999 次幂。代码如下所示：

9999 ** 9999.

这个例子的主要目的是测试 Smalltalk 处理大整数的能力，9999 ** 9999 的位数有 39996 位，同时取 9999 ** 9999 而不是 10000 ** 10000 是为了避免过多的零的情况。

只要内存允许，Smalltalk 中的整数可以有任意位数。

例 15.4

(1) |count s|
(2) count := 0.
(3) s := Dialog request: 'enter line'initialAnswer: ''.
(4) 1 to: s size do: [:i | (s at: i) isLetter
(5) 　　　　　　　　　　　ifTrue: [count := count+1]
(6) 　　　　　　　　　　].
(7) ^count

为了说明方便，这里为例 15.4 这个程序加上了行号。第(1)行语句首先声明变量 count 和 s，变量的类型并没有说明。第(2)行语句给变量 count 赋值对象 0。第(3)行语句要求用户输入一字符串，并赋值给变量 s。第(4)~(6)行语句是对用户输入的字符串中的字符进行统计，如果该字符是字母，则计数变量加 1。第(7)行语句是返回计数变量的值。

从上面的几个例子可以看出，一个 Smalltalk 程序往往很短，只有几行就可以了。由于代码量小，因此测试和维护的工作量就减少了，程序也相对不容易出错，开发效率也相应提高了。有人对 Smalltalk 和 Java 做过比较，认为 Smalltalk 生产率比 Java 高 2~3 倍，质量比 Java 好 3 倍，费用比 Java 少 3~7 倍(数据来源：http://www.lineaengineering.com/Resources/Productivity_/productivity_.html)。

目前比较有影响的 Smalltalk 的产品有 Cincom 公司的 VisualWorks(http://www.cincomsmalltalk.com/)，开放源码的 Squeak(http://www.squeak.org)等。其中 VisualWorks 的运行速度很快，其本身也是用 Smalltalk 写的。Squeak 虽然在速度方面不如 VisualWorks 快，但在处理多媒体信息方面功能很强。

15.2.2 Eiffel

Eiffel 语言是由 OO 领域的著名专家 Bertrand Meyer 于 1985 年在美国 ISE(Interactive Software Engineering)公司设计的，它是以法国巴黎著名的 Eiffel 铁塔的设计师 Gustave Eiffel 的名字命名的。Eiffel 是继 Smalltalk-80 之后的另一个纯 OOPL。

Eiffel 有一些独具特色的机制，在语言设计上很受称赞，在 OOP 领域中享有较高的地位。

Meyer 在设计 Eiffel 时,将其关于软件验证(software verification)的一些思想加入语言中,引入了一些机制来保证程序的质量,使得用 Eiffel 语言开发有助于提高软件的正确性。其中一个重要的思想是"按契约设计"(design by contract)的概念。

按契约设计中的契约包括 3 方面的内容,即前置条件(precondition),后置条件(postcondition)和类不变式(invariant)。在一个方法执行前,前置条件必须为真,当方法执行完后,后置条件必须为真。类不变量是和类相关联的条件,这个类的对象在所有状态下都应该满足这个条件。

例 15.5 在类的定义中使用契约。

```
class interface DICTIONARY [ELEMENT] feature
    put (x: ELEMENT; key: STRING) is
        -- Insert x so that it will be retrievable through key.
    require
        count <= capacity
        not key. empty
    ensure
        has (x)
        item (key) = x
        count = old count + 1
    
    ... Interface specifications of other features ...
    
    invariant
        0 <= count
        count <= capacity
end -- class interface DICTIONARY
```

Eiffel 中用关键字 require、ensure、invariant 表示前置条件、后置条件、类不变式。按契约设计和 Java 中的 assert 关键字的作用有些类似,但契约在 Eiffel 中可以被继承。

在 Eiffel 中还可以定义只执行一次的方法,即允许一个方法只执行一次,随后对方法的调用将返回和第一次调用相同的结果,并且不再执行方法体。

Eiffel 支持多继承,为了解决多继承中同名冲突的问题,Eiffel 采用方法再命名机制。除了用来解决同名冲突外,方法再命名机制也可以用来使子类的方法名特殊化。

例 15.6 设有 3 个类 ScreenObject、Text 和 Tree,它们定义的方法分别是:
ScreenObject: setHeight, setWidth, displayObject, moveObject
Text: displayText, addText, removeText, setHeight, setWidth
Tree: addChildNode, removeNode

在定义这 3 个类的共同子类 Window 时,类 ScreenObject 和类 Text 在方法 setHeight 和 setWidth 上有同名冲突,类 Tree 的 addChildNode 和 removeNode 方法对于 Window 来说方法名又过于一般化。利用 Eiffel 的再命名机制,子类 Window 的接口部分可以定义如下:

Export
　　setHeight, setWidth, displayObject, moveObject,
　　displayText, addText, removeText, setTextHeight, setTextWidth,
　　addChildWindow, removeWindow
Inherit
　　ScreenObject;
　　Text **rename**
　　　　setHeight **as** setTextHeight,
　　　　setWidth **as** setTextWidth;
　　Tree **rename**
　　　　addChildNode **as** addChildWindow
　　　　removeNode **as** removeWindow
end

目前比较有影响的 Eiffel 产品有 Eiffel Software 公司开发的 EiffelStudio(http://www.eiffel.com),GNU 的 SmartEiffel(http://smarteiffel.loria.fr)等。EiffelStudio 可以运行在 Windows、Linux、Mac OS X、VMS 等平台上,根据需要该产品也可以移植到其他平台上。

SmartEiffel 号称是速度最快的 Eiffel 编译器,也是目前使用得较多的 Eiffel 编译器。SmartEiffel 可以把 Eiffel 程序编译成 C 代码,然后再编译成可执行文件,也可以把 Eiffel 程序编译为 Java 字节码(.class 文件)。因此只要某一平台上有 C 编译器或 Java 虚拟机,SmartEiffel 就可以在该平台上运行。在网址 http://smarteiffel.loria.fr/system/system.html 上有 SmartEiffel 所支持的平台列表,包括 AIX、FreeBSD、Linux、HP-UX、IRIX、Solaris、Windows 95/98/NT 等。

15.2.3　C++

C++是由 Bjarne Stroustrup 于 1986 年在 AT&T Bell 实验室设计完成的。它是在 C 的基础上扩充得到的 OO 语言,是 C 的一个超集,属于混合型 OOPL。C++是"比 Smalltalk 更接近于机器,比 C 语言更接近于问题"的 OOPL。

C++语言的语法较复杂,提供的特性也较多,如操作符重载、多继承、友元(friend)函数、模板(template)、指针等。这些特性为开发人员提供了强大的功能,但使用这些特性也很容易在程序中产生错误,而且这些错误很难被发现。C++中没有内存垃圾收集功能,不自动进行存储管理,开发人员需要负责内存的申请和释放。与 Smalltalk 不同,C++是强类型语言,任何变量都有类型,程序在编译时会做类型检查,C++不存在伪代码的解释执行,因此执行效率较高。

早期的 C++编译器是一个简单的预处理器加一个 C 编译器,现在的 C++编译器大都是直接把 C++代码编译为机器码。

15.2.4　Java

Java 语言由 Sun 公司于 1995 年提出。Java 语言具有简单、面向对象、跨平台、安全、可靠等特点。

Java 语言在语法上类似于 C++，在语义上类似于 Smalltalk。Java 语言将 C++ 中一些容易引起问题的特性去掉，如 Java 中没有指针概念，不支持运算符重载，不支持多继承等。Java 提供内存垃圾收集机制，开发人员不用费心管理内存。另外，Java 中的数据类型有固定的长度，Java 中虚拟机和字节码技术借鉴于 Smalltalk，用 Java 语言开发的系统不依赖于具体的平台。

在 Java 语言刚出来时，Sun 公司将其宣传要点放在 applet 上。用 Java 语言编写的 applet 可以嵌入网页中，使得网页具有显示动画、声音等能力。但随着 Java 技术的发展，Java 应用的重点已渐渐转移到服务器端的计算中，而不是像 applet 这样的应用。与别的程序设计语言相比，Java 在服务器端计算中所体现出来的优势更明显。

15.2.5 Objective-C

Objective-C 是第一个在 C 的基础上扩充得到的比较有影响的 OO 语言，它是 Brad J. Cox 于 1983 年在 Stepstone 公司设计的。Objective-C 是 C 语言的一个超集，属于混合型 OOPL，Objective-C 也全面支持面向对象的基本概念（其中类的概念用"对象工厂"这个术语表示）。

Objective-C 和 C++ 对 C 的扩充方式不一样。Objective-C 增加的部分是独立的部分，使用方式上也不一致，而 C++ 增加的部分和原来 C 语法混合在一起。与 C++ 相比，Objective-C 受 Smalltalk 的影响更深，Objective-C 的类库最初就是采用 Smalltalk 中的类库模式。

1988 年，NeXT 公司从 Stepstone 公司取得许可，并决定 NeXT 工作站上的 NEXTSTEP 操作系统选用 Objective-C 语言作为开发语言。后来 NeXT 工作站并没有取得成功，但其软件保留了下来，直到 Apple 公司收购了 NeXT 公司，在 NEXTSTEP 的基础上开发出了新一代的操作系统，即 MacOSX，而 Objective-C 也就成了 MacOSX 上使用的主要语言。

15.2.6 CLOS 语言的特色

在 20 世纪 80 年代出现了 3 个主要的面向对象的 Lisp 语言：Xerox 开发的 Loops (Lisp Object Oriented Programming System)、MIT 开发的 Flavors 和 INRIA 开发的 Ceyx。CLOS(Common Lisp Object System) 是对各种面向对象 Lisp 语言统一后得到的语言，美国 ANSI 于 1988 年成立了 CLOS 标准化委员会，CLOS 是第一个有 ANSI 标准的 OO 语言。

与 C、Pascal 等语言相比，Lisp 中的很多概念更接近于 OO 思想，提供了很多机制来实现面向对象的概念，如动态创建对象、运行时的操作选择、动态绑定的实现等。CLOS 采用了 Lisp 的函数式程序设计风格，用常规 Lisp 函数调用的形式进行消息传递。CLOS 支持多继承，CLOS 允许程序员动态地修改类层次结构。

与其他 OOPL 不同的是,CLOS 允许动态地对一个类进行再定义,如增添或去除实例变量。即使这个类已经生成了一些实例,CLOS 也可自动地根据再定义的结果,来查找和修改所有受这次再定义影响的地方,包括那些已经生成的对象。

15.3　其他 OOPL

除了上面提到的这些 OOPL 外,还有很多其他的 OOPL,如 Ada 95、Oberon-2、Self 等,每种语言都有自己的特色。

Ada 语言是 20 世纪 80 年代初软件工程的产物,提供强类型、分别编译、抽象与封装、任务、类属、异常处理等机制。1983 年提出的 Ada 83 中只有包(package)的概念,而没有类的概念,也不支持继承、动态绑定等特性,所以有人把 Ada 83 称作基于对象的语言,而不是面向对象的语言。后来 Ada 语言又做了一些修改,目前 Ada 95 中已全面支持面向对象的概念,因此是面向对象的语言。

Oberon 是 N. Wirth 和 J. Gutnecht 于 1986 年设计的语言,它是 Pascal 和 Modula-2 的后续语言。设计 Oberon 的目的是为了开发 Oberon 系统,Oberon 系统是一个集成化的软件环境,它可以直接运行在裸机上或某一操作系统上。随后几年,Oberon 做了一些扩充,加入了一些面向对象的特征,并命名为 Oberon-2。在网址 http://www.oberon.ethz.ch/ 上可以找到与 Oberon 相关的信息。

Self 也是面向对象的程序设计语言,与别的 OOPL 不同的是,Self 是基于原型(prototype)的概念而不是基于类(class)的概念,把继承作为对象之间的关系而不是类型(type)之间的关系。Self 中没有类的概念,创建对象是直接通过拷贝 prototype 得到,而不是通过抽象的 class 创建得到的,因此这种类型的语言也称作基于对象(object-based)或以对象为中心(object-centered)的语言。Self 和别的 OOPL 的另一个不同之处是,一个 Self 对象要存取自己的状态,是通过发送消息完成的,没有用于读取或修改属性值的语法,导致一个对象会有大量发送给自己(Self)的消息,这也是 Self 这个语言名称的来历。

15.4　小　　结

1. 用面向对象方法得到的系统模型,既可以用 OOPL 实现,也可以用一般的结构化程序设计语言实现,但用 OOPL 实现比较好。
2. 目前 OOPL 非常多,每种语言都有自己的特点。
3. Smalltalk、Eiffel、Java 等是纯面向对象语言,C++、Objective-C、CLOS 等是混合型面向对象语言。
4. "按契约设计"是提高软件质量的一个重要方法。

第 16 章　RUP 软件开发过程

16.1　什么是软件开发过程

根据 Ivar Jacobson 的定义,软件开发过程是一个将用户的需求转化为软件系统所需要的活动的集合[JBR99,p4]。一般地,软件开发过程描述了什么人(who)、什么时候(when)、做什么事(what)以及怎样(how)实现某一特定的目标。

可以把软件开发过程看成一个黑匣子,用户需求经过这个黑匣子后,出来的是一个软件系统,如图 16.1 所示。其中用户需求可以是开发新软件的需求,也可以是对旧软件的修改性需求。

用户需求 ──→ 软件开发过程 ──→ 软件系统

图 16.1　软件开发过程

目前人们提出了很多软件开发过程,如瀑布式软件开发方法、快速原型法、螺旋式开发方法、喷泉式开发方法、净室(cleanroom)软件开发过程、个体软件过程(personal software process,PSP)、小组软件过程(team software process,TSP)、极限编程(extreme programming,XP)、RUP 软件开发过程等,各种方法都有自己的特点和适用范围。这些方法往往是人们对过去的软件开发经验的总结,虽然这些方法并没有很严密的理论基础,但应用这些方法往往更有可能成功地开发出软件,因此被很多开发机构和人员使用。本章主要介绍 RUP。

16.2　RUP 的历史

RUP 是 Rational Unified Process 的简称,根据字面理解,可以知道 RUP 包括 3 方面的意思,即 Rational、Unified 和 Process。Rational 表示 RUP 是由 Rational 公司提出的,Unified 表示 RUP 是最佳开发经验总结,而 Process 表示 RUP 是一个软件开发过程。

RUP 中的很多概念最早是由 Jacobson 提出来的。Jacobson 早年在爱立信(Ericsson)公司工作,因此所提出的方法就称为 Ericsson Approach,后来 Jacobson 从爱立信公司出来成立了 Objectory 公司,因此采用的方法也就称为 Objectory Process,随着 Objectory 公司被 Rational 公司收购,Jacobson 本人也到了 Rational 公司,采用的方法也改称为 Rational Objectory Process。之后 Rational 公司的很多软件工程师对该方法做了很多改进,在 98 年将该方法正式改名为 RUP 5.0,这个版本的 RUP 影响很大,参考文献

[JBR99]中介绍的统一软件开发过程就是以 RUP 5.0 版本为基础的。此后 Rational 公司不断地对 RUP 进行升级，一些公司也开始采用 RUP 进行软件开发，目前最新的 RUP 版本是 2003 版本。如图 16.2 所表示的是 RUP 的发展历程。

RUP 的发展历史表明，软件开发过程有一个不断升级的历程，每次升级都是对旧版本的改进，就像软件的升级一样。

可以把软件开发过程看作是软件。1987 年，Leon Osterweil 在第 9 届软件工程国际会议（ICSE 87）上发表了一篇论文，题目是"Software Processes are Software Too"[Ost87]，这篇论文的主要观点就是"软件开发过程也是软件"。软件过程是经过了需求捕获、分析、设计、实现和测试等活动才开发出来的，软件过程在开发出来之后，也有交付使用、维护升级直至废弃的过程，其中交付使用就是将软件过程实施，用于指导软件项目的开发。这篇论文发表之后影响非常大，在

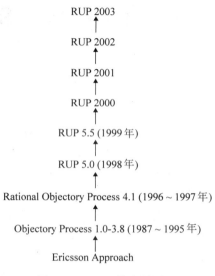

图 16.2　RUP 的发展历程

十年之后的第 19 届软件工程国际会议（ICSE 97）上，该论文被授予"最有影响论文"（most influential paper）奖。

16.3　6 个最佳开发经验

RUP 是最佳软件开发经验的总结，这些最佳经验是从过去许多成功的软件项目中总结出来的，可分为 6 个方面，即：

- 迭代式开发（develop software iteratively）
- 管理需求（manage requirements）
- 使用基于构件的体系构架（use component-based architectures）
- 可视化软件建模（visually model software）
- 验证软件质量（verify software quality）
- 控制软件变更（control changes to software）

开发人员经常问的一个问题是："怎样才能在一个开发机构中正确地应用 RUP？"事实上，对于这样的问题并没有一个确切的答案，在开发一个项目时，应该尽可能地应用这些最佳经验总结。如果只是关注有多少个 RUP 中描述的活动在机构中得到应用、有多少个 RUP 中描述的制品（artifact，如模型、源代码、测试用例等）在项目中产生等问题并没有实质性的意义，真正要判断 RUP 是否正确得到应用要看项目是否贯彻了这些最佳开发经验。下面对这些最佳开发经验做进一步的说明。

16.3.1 迭代式开发

大型软件系统非常复杂,很难按照定义整个问题、设计整个系统、实现软件、测试产品、部署等这样的顺序线性进行。在软件开发的早期阶段就想完全、准确地捕获用户的需求几乎是不可能的。事实上,需求在整个软件开发过程中经常会改变。瀑布式软件开发方法之所以受到越来越多人的批评,就是因为这种开发方法认为在软件开发的早期就可以确定要开发的软件的需求,并且这个需求是不变的,可以设置基线(baseline)。事实已证明,这种假定并不符合实际情况,是没有根据的。

迭代式开发允许在每次迭代过程中需求都可以有变化,通过不断细化来加深对问题的理解,因此更容易容纳需求的变更。

软件开发过程也可以看作是一个风险管理的过程,迭代式开发通过可验证的方法来帮助减少风险,降低项目的风险系数。另外,采用迭代式开发,每个迭代过程以可执行版本结束,开发人员随时有一个可交付的版本,这样也有利于鼓舞开发团队的士气。

16.3.2 管理需求

在软件开发过程中,需求会不断发生变化。确定系统的需求是一个连续的过程,除了一些小系统之外,开发人员在开发系统之前不可能完全详细地说明一个系统的真正需求。RUP描述了如何提取、组织系统的功能和约束条件并将其文档化,用例和脚本(scenario)的使用已被证明是捕获功能性需求的有效方法。RUP中采用用例分析来捕获需求,并由它们来驱动设计、实现和测试。

16.3.3 使用基于构件的体系结构

基于构件的开发是非常有效的软件开发方法,构件使重用成为可能,系统可以由已存在的、由第三方开发商提供的构件组成。基于独立的、可替换的、模块化构件的体系结构有助于管理复杂性,提高重用率。

RUP描述了如何设计一个有弹性的、能适应变化的、直观上易于理解的、有助于软件重用的软件体系结构。

16.3.4 可视化软件建模

RUP往往与UML联系在一起,对软件系统建立可视化模型可以帮助人们提高管理软件复杂性的能力。在第2章中已提到建模的重要性,使用模型可以更好地理解问题、加强人员之间的沟通、更早地发现错误或疏漏的地方、获取设计结果以及为代码的生成提供依据。

RUP告诉我们如何可视化地对软件系统建模,获取有关体系结构与构件的结构和行为信息。

16.3.5 验证软件质量

软件质量低下是影响软件使用的重要因素之一。在软件投入运行后再去查找和修改出现的问题比在开发的早期就进行这项工作需要花费更多的人力和时间。在 RUP 中，软件质量评估不再是事后型的或单独小组进行的分离活动，而是内建于过程中的所有活动，这样可以及早发现软件中存在的缺陷。

16.3.6 控制软件变更

在迭代式的软件开发过程中，不同的开发人员同时工作于多个迭代过程，期间会产生各种不同版本的制品，涉及很多并发的活动。如果没有严格的控制和协调方法，整个开发过程很快就会陷入混乱之中，RUP 描述了如何控制、跟踪和监控修改以确保成功的迭代开发。RUP 通过控制软件开发过程中的制品，隔离来自其他工作空间的变更，以此为每个开发人员建立安全的工作空间，保证了每个修改是可接受的、能被跟踪的。

16.4 RUP 软件开发生命周期

RUP 软件开发生命周期是一个二维的软件开发模型[Kru00]，如图 16.3 所示。

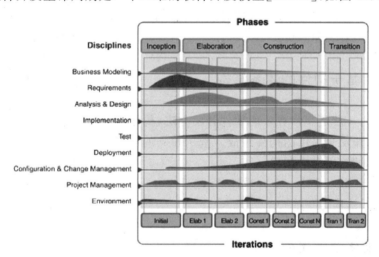

图 16.3 RUP 软件开发生命周期

图 16.3 中纵轴代表核心工作流，横轴代表时间。从纵轴来看，RUP 中有 9 个核心工作流，这 9 个核心工作流是：

- 业务建模（Business Modeling）：理解待开发系统所在的机构及其商业运作，确保所有参与人员对待开发系统所在的机构有共同的认识，评估待开发系统对所在机构的影响。
- 需求(Requirements)：定义系统功能及用户界面，使客户知道系统的功能，使开发人员理解系统的需求，为项目预算及计划提供基础。
- 分析与设计(Analysis & Design)：把需求分析的结果转化为分析与设计模型。
- 实现(Implementation)：把设计模型转换为实现结果，对开发的代码做单元测试，将不同实现人员开发的模块集成为可执行系统。
- 测试(Test)：检查各子系统的交互与集成，验证所有需求是否均被正确实现，对发现的软件质量上的缺陷进行归档，对软件质量提出改进建议。
- 部署(Deployment)：打包、分发、安装软件，升级旧系统；培训用户及销售人员，并提供技术支持。
- 配置与变更管理(Configuration & Change Management)：跟踪并维护系统开发过程中产生的所有制品的完整性和一致性。
- 项目管理(Project Management)：为软件开发项目提供计划、人员分配、执行、监控等方面的指导，为风险管理提供框架。
- 环境(Environment)：为软件开发机构提供软件开发环境，即提供过程管理和工具的支持。

需要说明的是，在图16.3中表示核心工作流的术语是discipline，在RUP 2000以前用的是core workflow这个术语，但在最新的版本中已改为用discipline。discipline的中文意义较多，根据RUP中的定义，discipline是相关活动的集合，这些活动都和项目的某一个方面有关，如这些活动都是和业务建模相关的、或者都是和需求相关的、或者都是和分析设计相关的，等等。

从图16.3的横轴来看，RUP把软件开发生命周期划分为多个循环(Cycle)，每个Cycle生成产品的一个新的版本，每个Cycle依次由4个连续的阶段(Phase)组成，每个阶段完成确定的任务。这4个阶段是：
- 初始(Inception)阶段：定义最终产品视图和业务模型，并确定系统范围。
- 细化(Elaboration)阶段：设计及确定系统的体系结构，制定工作计划及资源要求。
- 构造(Construction)阶段：构造产品并继续演进需求、体系结构、计划直至产品提交。
- 移交(Transition)阶段：把产品提交给用户使用。

每一个阶段都由一个或多个连续的迭代(Iteration)组成。迭代并不是重复地做相同的事，而是针对不同用例的细化和实现。每一个迭代都是一个完整的开发过程，它需要项目经理根据当前迭代所处的阶段以及上次迭代的结果，适当地对核心工作流中的行为进行裁剪。

在每个阶段结束前有一个里程碑(Milestone)评估该阶段的工作。如果未能通过该里程碑的评估，则决策者应该做出决定，是取消该项目还是继续做该阶段的工作。

在图16.3中，对应每个迭代有一个矩形框，表示在该迭代期间要做的工作。对于不同的迭代过程，工作的重点会有所不同。例如，对于细化阶段的第2个迭代(Elab 2)，可能还需要做一些业务建模的工作，但业务建模已经不如初始阶段的迭代过程中那样是主要工作了,而在移交阶段的第 2 个迭代(Tran 2),就没有业务建模的工作了。同样,在 Elab 2,主要工作是放在实现上,而在 Tran 2,实现工作已经很少了。

16.5 RUP 中的核心概念

RUP 中定义了一些核心概念,理解这些概念对于理解 RUP 很有帮助,这些概念包括:

- 角色(Role)——who 的问题:角色描述某个人或一个小组的行为与职责。RUP 预先定义了很多角色,例如体系结构师(Architect)、设计人员(Designer)、实现人员(Implementer)、测试员(Tester)、配置管理人员(Configuration Manager)等,并对每一个角色的工作和职责都做了详尽的说明。
- 活动(Activity)——how 的问题:活动是一个有明确目的的独立工作单元。
- 制品(Artifact)——what 的问题:制品是活动生成、创建或修改的一段信息。也有些书把 artifact 翻译为产品、工件等,和制品的意思差不多。
- 工作流(Workflow)——when 的问题:工作流描述了一个有意义的连续的活动序列,每个工作流产生一些有价值的产品,并显示了角色之间的关系。

RUP 2003 对这些概念有比较详细的解释,并用类图描述了这些概念之间的关系,如图 16.4 所示是 RUP 2003 中所提供的类图。

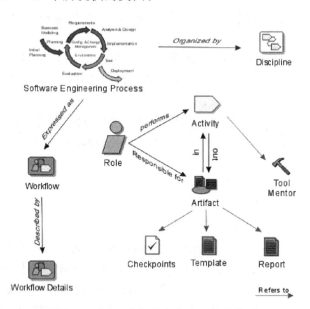

图 16.4 RUP 中各基本概念之间的关系

在图 16.4 中,除了 Role、Activity、Artifact 和 Workflow 这 4 个核心概念外,还有其他一些基本概念,如工具教程(Tool Mentor)、检查点(Checkpoints)、模板(Template)、报告(Report)等。从图 16.4 可以看出,软件工程的开发过程由 Discipline 组织起来,由

Workflow 表达,而 Workflow 由 Workflow Details 描述。Role 执行 Activity,Activity 要求输入一些 Artifact,也会产出一些 Artifact。对于 Activity,有 Tool Mentor 来说明如何使用工具支持 Activity。对于每种类型的 Artifact,会有 Checkpoints、Template、Report 与它相关联。

对于图 16.4 中的每个概念,在 Rationl 公司提供的 RUP 2003 产品中都有详细的进一步说明。

16.6 RUP 的特点

与别的软件开发过程相比,RUP 具有自己的特点,即 RUP 是用例驱动的、以体系结构为中心的、迭代和增量的软件开发过程。下面对这些特点做进一步的分析。

16.6.1 用例驱动

RUP 中的开发活动是用例驱动的,即需求分析、设计、实现、测试等活动都是用例驱动的,这点在第 3 章中有详细说明。

16.6.2 以体系结构为中心

RUP 中的开发活动是围绕体系结构展开的。对于软件体系结构,目前还没有一个统一的精确的定义,不同的人对软件体系结构有不同的认识。Mary Shaw 和 David Garlan 对软件体系结构的定义是:软件体系结构是关于构成系统的元素、这些元素之间的交互、元素和元素之间的组成模式以及作用在这些组成模式上的约束等方面的描述[SG96]。具体来说,软件体系结构刻画了系统的整体设计,它去掉了细节部分,突出了系统的重要特征。软件体系结构的设计和代码设计无关,也不依赖于具体的程序设计语言。

软件体系结构是软件设计过程中的一个层次,这一层次超越计算过程中的算法设计和数据结构设计。体系结构层次的设计问题包括系统的总体组织和全局控制、通讯协议、同步、数据存取、给设计元素分配特定功能、设计元素的组织、物理分布、系统的伸缩性和性能等。

体系结构的设计需要考虑多方面的问题:在功能性特征方面要考虑系统的功能;在非功能性特征方面要考虑系统的性能、安全性、可用性等;与软件开发有关的特征要考虑可修改性、可移植性、可重用性、可集成性、可测试性等;与开发经济学有关的特征要考虑开发时间、费用、系统的生命期等。当然,这些特征之间有些是相互冲突的,一个系统不可能在所有的特征上都达到最优,这时就需要系统体系结构设计师在各种可能的选择之间进行权衡。

对于一个软件系统,不同人员所关心的内容是不一样的,因此软件的体系结构是一个多维的结构,也就是说,会采用多个视图(view)来描述软件体系结构。打个比喻,对于一座大厦,会有大厦的电线布线结构、电梯布局结构、水管布局结构等,对于大厦的建设和维护人员来说,有些人关心大厦的电线布局,有些人关心大厦的电梯布局,还有些人关心水管布局,对于不同类型的人员,只需要提供这类人员关心的视图即可(一个视图可以用一个或多个图来描述),所有这些视图组成了大厦的体系结构。至于采用多少个视图,采用什么视图较好,不同的人就有不同的观点了。

在 RUP 中,是采用如图 16.5 所示的"4+1"视图模型来描述软件系统的体系结构。

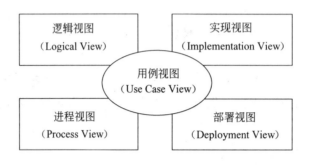

图 16.5 "4+1"视图模型

在"4+1"视图模型中,分析人员和测试人员关心的是系统的行为,因此会侧重于用例视图;最终用户关心的是系统的功能,因此会侧重于逻辑视图;程序员关心的是系统的配置、装配等问题,因此会侧重于实现视图;系统集成人员关心的是系统的性能、可伸缩性、吞吐率等问题,因此会侧重于进程视图;系统工程师关心的是系统的发布、安装、拓扑结构等问题,因此会侧重于部署视图。

软件体系结构是一个比较大的研究领域,这里只是做了一些简单的说明,没有做深入的论述,有兴趣的读者可以参考文献[SG96]。

16.6.3 迭代和增量

RUP 强调要采用迭代和增量的方式来开发软件,把整个项目开发分为多个迭代过程。在每次迭代中,只考虑系统的一部分需求,进行分析、设计、实现、测试、部署等过程,每次迭代是在已完成部分的基础上进行的,每次增加一些新的功能实现,以此进行下去,直至最后项目的完成。

软件开发采用迭代和增量的方式有以下好处:
- 在软件开发的早期就可以对关键的、影响大的风险进行处理。
- 可以提出一个软件体系结构来指导开发。
- 可以更好地处理不可避免的需求变更。
- 可以较早地得到一个可运行的系统,鼓舞开发团队的士气,增强项目成功的信心。
- 为开发人员提供一个能更有效工作的开发过程。

16.7　RUP 裁剪

RUP 是一个通用的过程模板,包含了很多关于开发指南、开发过程中产生的制品、开发过程中所涉及的各种角色的说明。RUP 可用于各种不同类型的软件系统、不同的应用领域、不同类型的开发机构、不同功能级别、不同规模的项目中。RUP 非常庞大,没有一个项目会使用 RUP 中的所有东西,针对具体的开发机构和项目,应用 RUP 时还要做裁剪,也就是要对 RUP 进行配置。RUP 就像是一个元过程(meta-process),通过对 RUP 进行裁剪可以得到很多不同的软件开发过程,这些软件开发过程可以看作 RUP 的具体实例,这些具体的开发过程实例适合于不同的开发机构和项目的需要。

针对一个软件项目,RUP 裁剪可分为以下几步:

(1) 确定本项目的软件开发过程需要哪些工作流。RUP 的 9 个核心工作流并不总是需要的,可以根据项目的规模、类型等对核心工作流做一些取舍。如嵌入式软件系统项目一般就不需要业务建模这个工作流。

(2) 确定每个工作流要产出哪些制品。如规定某个工作流应产出哪些类型的文档。

(3) 确定 4 个阶段之间(初始阶段、细化阶段、构造阶段和移交阶段)如何演进。确定阶段间演进要以风险控制为原则,决定每个阶段要执行哪些工作流,每个工作流执行到什么程度,产出的制品有哪些,每个制品完成到什么程度等。

(4) 确定每个阶段内的迭代计划。规划 RUP 的 4 个阶段中每次迭代开发的内容有哪些。迭代是 RUP 非常强调的一个概念,可以进一步降低开发风险。

(5) 规划工作流内部结构。工作流不是活动的简单堆积,工作流涉及角色、活动和制品,工作流的复杂程度与项目规模及角色多少等有很大关系,这一步要决定裁剪后的 RUP 要设立哪些角色。最后,规划工作流的内部结构,通常用活动图的形式给出。

在上面的 5 个步骤中,第 5 步是对 RUP 进行裁剪的难点。

如果从"软件开发过程也是软件"的角度来看,对 RUP 进行裁剪可以看作是软件过程开发的再工程。

16.8　RUP Builder

RUP 是一个通用的软件开发过程模板,针对具体的开发机构和项目还要做裁剪。但如果用手工的方法进行裁剪,不但工作量很大,且容易出错,特别是 RUP 涉及的内容非常多。可以说用手工的方法进行裁剪几乎是不可能的。

Rational Suite 2003 开发工具套件中提供了专门的工具 RUP Builder 来帮助对 RUP 进行裁剪。RUP Builder 允许软件开发过程管理人员使用预定义的过程插入件(plug-in)生成一个软件开发过程,生成的软件开发过程包括 RUP 的基本框架和插入件中所包含的内容。如果插入件不同,则生成的软件开发过程也不同。实际上就是允许开发过程管理人员对 RUP 软件开发过程进行配置,使配置后得到的软件开发过程可用于具体项目的开发。

在使用 RUP Builder 创建软件开发过程之前,需要理解 RUP 插入件(RUP plug-in)、过程构件(process component)、过程元素(process element)、过程视图(process view)等概念。

- RUP 插入件是一组可共享的过程元素,它是对基本 RUP(base RUP)的扩展。在基本 RUP 的基础上,RUP 插入件中可以包含一些特定技术方面的内容、增加新的角色和制品、舍弃一些制品、提供特定开发机构的准则和范例等。
- 过程构件是关于过程知识的模块,包含多个过程元素及过程元素之间的关系。过程构件可以被命名,是过程的一部分。可以把过程插入件看作多个已"编译"好的 RUP 过程构件。
- 过程元素是配置软件开发过程中所使用的最小单位,它包括角色、活动、制品、工具教程、准则、范例、白皮书等。
- 过程视图是软件开发过程的某一特定部分,它是为了某个特定目的(例如系统分析目的、测试目的等)、为特定的人员(例如系统分析员、测试人员等)使用的,并组织成树型结构形式的一个视图。项目开发团队中的不同人员使用不同的视图。

如图 16.6 所示是 RUP Builder 的启动界面。可以从已有的 3 个配置模板中选择一个,这 3 个配置模板是:Classic_RUP、Medium_Project 和 Small_Project,每个配置模板适合不同类型的开发团队使用。这些配置模板是进一步对开发过程进行裁剪的基础,可以在这些配置模板上增加一些过程插入件从而得到不同的软件开发过程。

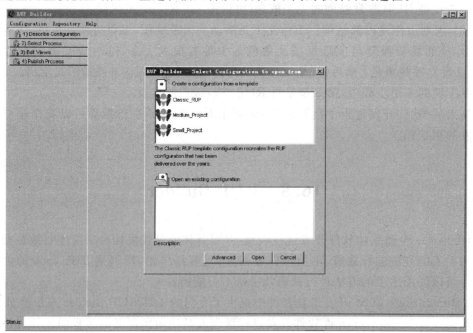

图 16.6　RUP Builder 的启动界面

从图 16.6 可以看出,使用 RUP Builder 生成软件开发过程分为以下 4 步:
- 描述过程
- 选择过程插入件及过程构件
- 过程视图的设置
- 以 Web 页面的形式发布所创建的软件开发过程

(1) 描述过程。在图 16.6 中选择了 Classic_RUP 配置模板后,会得到一个基本的软件开发过程配置,如图 16.7 所示。使用菜单项 Configuration→Save As...把这个过程配置命名为一个新的过程配置,如命名为 wsf。在图 16.7 中可以修改对 wsf 过程配置的描述。

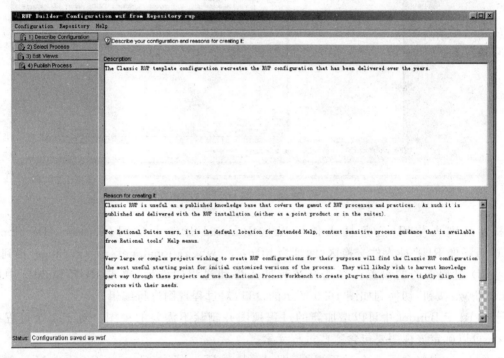

图 16.7　wsf 过程配置的描述

(2) 选择过程插入件及过程构件。在完成对过程的描述后,单击 RUP Builder 中的 Select Process 按钮,切换到如图 16.8 所示的窗口,选择所需要的 RUP 插入件和过程构件。

事实上,生成一个 RUP 过程配置并不难,难的是要决定在 RUP 过程配置中包含哪些内容,并且理解这样内容的意义,也就是如何选择过程构件。因为每个开发机构都有自己独特的地方,有不同的企业文化、历史、机构组织、企业规则、服务领域等。

图 16.8 是在所选的 Classic_RUP 过程模板的基础上增加了 rup_j2ee_plug_in 过程插入件后的界面。rup_j2ee_plug_in 插入件中包含了很多与 J2EE 应用系统开发相关的软件开发过程的说明。

需要说明的是,图 16.8 中可选的过程插入件并不是很多,但 RUP Builder 可以从外部导入 RUP 插入件。现在有很多公司把他们关于软件开发过程的知识做成 RUP 插入

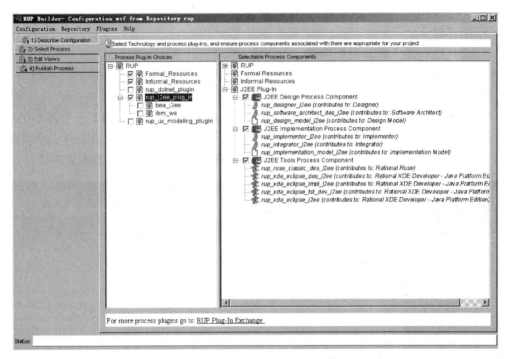

图 16.8 选择过程插入件和过程构件

件提供给别人使用，这些插入件可以从 Rational 开发人员网（Rational Developer Network）的 RUP 插入件交换区（网址为 http://www.rational.net/rupexchange）得到。

（3）过程视图的设置。在选好过程插入件和过程构件后，单击 RUP Builder 中的 Edit Views 按钮，切换到如图 16.9 所示的窗口，对过程视图进行编辑。

在 RUP Builder 中可以增加新的过程视图并删除不需要的视图。对于每个过程视图，还可以确定该视图要包含哪些过程元素。

图 16.9 中包含了 8 个过程视图，即 Analyst、Developer、Getting Started、Manager、Production and Support、Team、Tester 和 wsf，其中前 7 个视图是 Classic_RUP 配置模板默认提供的，而 wsf 视图是新创建的过程视图。

（4）以 Web 页面的形式发布所创建的软件开发过程。在确定了要创建的软件开发过程中所包含的过程视图后，单击 Publish Process 按钮，切换到如图 16.10 所示的窗口。

要生成的软件开发过程需以 Web 页面的形式发布。在图 16.10 中可以对要生成的软件开发过程做一些设置，如所生成的文件放在哪个目录下以及发布哪些过程视图、默认的过程视图（即 RUP 的首页要显示的过程视图）等。全部设置好后，单击 Publish 按钮，RUP Builder 即在指定目录下生成一个软件开发过程。

由于加入了 rup_j2ee_plug_in 插入件，因此在生成的软件开发过程中会有关于 J2EE 应用系统开发的说明。而 Rational Suite 2003 中附带的 RUP 2003 中并没有关于 J2EE 应用系统开发的说明，通过 RUP 中的搜索引擎（用关键字 j2ee 搜索）就可以发现这两个软件开发过程之间的差别。

第 16 章 RUP 软件开发过程

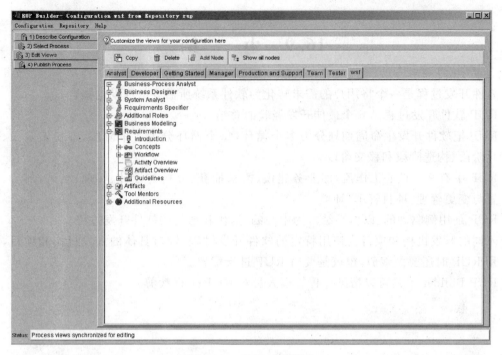

图 16.9 编辑过程视图

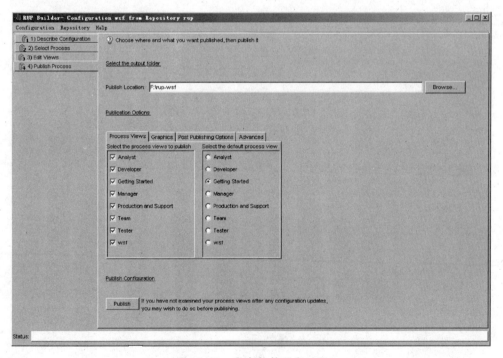

图 16.10 发布软件开发过程

16.9 小　　结

1. 软件开发过程是一个将用户的需求转化为软件系统所需要的活动的集合。
2. RUP 软件开发过程是 6 个最佳开发经验的总结。
3. RUP 把软件开发生命周期划分为多个循环,每个循环分为 4 个阶段,即初始阶段、细化阶段、构造阶段和移交阶段。
4. RUP 中有 9 个核心工作流,即业务建模、需求捕获、分析与设计、实现、测试、部署、配置与变更管理、项目管理、环境。
5. RUP 是用例驱动的、以体系结构为中心的、迭代和增量的软件开发过程。
6. 不同的开发机构和项目会使用特定的软件开发过程,针对具体的开发机构和项目,应用 RUP 时还要做裁剪,也就是要对 RUP 进行配置。
7. RUP Builder 工具可以帮助过程管理人员对 RUP 进行裁剪。

第 17 章 UML 开发工具

17.1 支持 UML 的常见工具

目前支持 UML 的工具很多,除了 Rational Rose 外,还有很多别的工具,本节对其中功能比较强、使用比较广泛或比较有特色的几个工具做简单的介绍。

17.1.1 Together

Together 是用 Java 语言开发的功能非常强的 UML 工具,最新版本是 6.1。Together 软件分为 Together Solo 和 Together Control Center 两个版本,其中 Together Solo 是作为入门级应用的,功能不如 Together Control Center 强。

Together Control Center 支持 UML 中所有类型的图,支持 HTML 生成、代码调试器、重构(refactoring)、Java 的双向工程、EJB 开发和部署、GoF 中的设计模式等。

Together 原来是 TogetherSoft 公司的主力产品,后来 TogetherSoft 公司被 Borland 公司收购,因此现在已成为 Borland 公司的产品。可以从网址 http://www.borland.com/together/index.html 获得更多关于 Together 产品的信息。

目前 Borland 公司已分别开发出与 JBuilder、WebSphere Studio、SAP 等软件集成的不同版本的 Together 产品,分别为 Together Edition for JBuilder、Together Edition for WebSphere Studio、Together Edition for SAP 等。

17.1.2 ArgoUML

ArgoUML 是属于开放源码的项目,最新版本是 0.14。ArgoUML 采用 BSD 许可证制度(http://opensource.org/licenses/bsd-license.php),也就是说允许其他人对 ArgoUML 做一些扩充,然后作为商品化产品出售。事实上,已经有公司在这样做了,例如 Gentleware 公司(http://www.gentleware.com/)的 Poseidon for UML 这个产品就是在 ArgoUML 的基础上开发出来的,据称开发 Poseidon for UML 这个产品仅用了几个人的开发力量。

ArgoUML 是用纯 Java 开发的,可运行于几乎所有的平台上。ArgoUML 的另一个特色是支持所有的 OCL 语法,并且可以根据 OCL 的约束表达式产生 Java 代码。可以从网址 http://argouml.tigris.org/ 获得更多关于 ArgoUML 的信息。

17.1.3 MagicDraw UML

No Magic 公司开发的 MagicDraw UML 也是一个功能很强的 UML 工具,其 5.0 版本曾获得 Java 开发者杂志(Java Developer's Journal)颁发的最佳 Java 建模工具奖。目前 MagicDraw UML 的最新版本是 7.0,已于 2003 年 7 月 17 日发布。

除了支持 UML 的 9 个图外,MagicDraw UML 7.0 还支持其他多种图,如 XML 模式图、Web 应用图、WSDL 图、CORBA IDL 图等。

MagicDraw UML 支持对 Java、C++、C#、CORBA IDL 等的正向工程和逆向工程,最新的 7.0 版本已支持 EJB 2.0 的代码生成和逆向工程。

可以从网址 http://www.magicdraw.com/ 获得更多关于 MagicDraw UML 的信息。

17.1.4 Visual UML

Visual Object Modelers 公司的 Visual UML 是一个易用的、功能强大的 UML 工具,最新的 3.21 版本已于 2003 年 9 月 3 日发布。用 Visual UML 可以做出"UML Distilled"[FS99]这本书中的所有图。

Visual UML 支持 Visual Basic、C#、Java 的双向工程以及 C++ 的代码生成,并支持业务建模、数据建模、XML 建模、Web 建模。其中 Web 建模使用的符号和 Rose 中一样,也是 Jim Conallen 提出的 Web 建模扩展 WAE。

Visual UML 生成的模型和 Rose 生成的模型可以相互替换使用。

可以从网址 http://www.visualuml.com/ 获得更多关于 Visual UML 的信息。

17.1.5 Visio

微软公司的 Visio Professional 2003 是一个功能强大的绘图工具。使用 Visio Professional 2003 可以画各种各样科学和商务应用方面的图,如流程图、电路图等,而 UML 规范说明中定义的 9 个图也是 Visio Professional 2003 支持的一个方面。

可以从网址 http://www.microsoft.com/office/ 获得更多关于 Visio 的信息。

17.1.6 Poseidon for UML

德国 Gentleware 公司的 Poseidon for UML 是在 ArgoUML 基础上开发的一个产品,其最新版本为 2.0。

Poseidon for UML 可以生成 Java 代码。除了提供基本功能外,Poseidon for UML 还可以利用插入件增强工具的功能,例如利用 UML doc 插入件可以生成 HTML 格式的文档,就像 Java 中的 JavaDoc 工具根据 Java 源文件可以生成 HTML 格式的文档一样;

Statechart-to-Java 插入件则可以根据状态图生成代码,现在支持从状态图生成代码的工具还不多,Poseidon for UML 利用插入件提供了这个功能;OCL-to-Java 插入件则可以根据 OCL 约束条件生成 Java 代码。随着新的插入件越来越多,Poseidon for UML 的功能也随之不断得到增强。

可以从网址 http://www.gentleware.com/ 获得更多关于 Poseidon for UML 的信息。

17.1.7 BridgePoint

Project Technology 公司开发的 BridgePoint Development Suite 的特色是在建模的早期就可以执行模型,观察模型是否符合要求,并把模型编译为可执行代码。

直接执行模型可以说是 UML 的一个发展方向。现在大多数工具还仅限于根据模型产生代码框架,开发人员需要自己编写代码才能最后执行。

目前 UML 规范说明 1.5 版本对语义方面的定义还不足以支持执行模型(这也是 UML 规范说明的下一个版本要考虑的内容),所以 BridgePoint Development Suite 中使用的建模语言是 x_TUML(Executable and Translatable UML)。据称 x_TUML 已在 1400 多个项目中被成功应用。

可以从网址 http://www.projtech.com/ 获得更多关于 BridgePoint Development Suite 和 x_TUML 的信息。

17.2 Rational Suite 2003 开发工具

Rational Suite 2003 是 Rational 公司推出的一组软件套件,其中除了有 Rose 这个支持 UML 的著名工具外,还包括了很多其他支持软件开发过程各个阶段活动的工具,这些工具可以集成使用。下面对这些工具做简单介绍。

17.2.1 Rational RequisitePro

RequisitePro 是一个功能强大、易于使用的需求管理工具。所谓需求管理就是对项目的需求进行标识、组织、文档化的过程,在一个项目开发过程中,需求往往是易变的,有些需求在本质上就是随着时间的推移不断地在变,大型软件项目的需求管理是一个很困难的工作。研究表明,有相当大比例的软件项目并没有成功,项目超过预算、超过预期时间、半途被放弃等现象非常常见。有些项目虽然按规定完成了,但客户最终发现软件系统并没有他们所希望提供的功能,或者软件系统开发出来后,客户的需求已经改变,而新的需求并没有反映在软件系统中。

RequisitePro 可以记录需求变更的历史,可以对项目需求的演变过程进行审核;建立不同项目中的需求的可追溯性(traceability)关系;建立需求间的层次关系;对需求进行查询、过滤、排序、归档；控制用户对需求的存取权限等。

17.2.2 Rational ClearCase

ClearCase 是软件配置管理（Software Configuration Management）工具。在大型软件开发过程中，会产生各种各样的制品（artifact，例如模型、源代码、测试用例等），每种类型的制品又有多个版本，各种制品之间存在各种各样的关系。例如软件系统版本 7.21 是运行在 Windows XP 平台上，使用了类 A 的版本 3.1，类 B 的版本 5.2，接口 C 的版本 2.0 等，而类 A 的版本 2.1 是 John 编写的、版本 3.1 是 Jack 编写的，现在 Jack 正在写类 A 的 4.0 版本等。在每次构建软件系统时，需要正确提取某个类的某个版本，有时候还要查看某某人在什么时候对哪些类做了哪些修改，哪些人只能查看某些制品，而不能修改这些制品，等等。类似这样工作的管理是一个非常繁琐又容易出错的工作，需要有相应的工具来辅助管理。可以这样说，一个好的软件配置管理工具是大型软件项目成功的基础。

目前一些常用的配置管理工具有微软的 Visual SourceSafe、开放源码的 CVS（Concurrent Version System）、Rational 公司的 ClearCase 等。这些软件各有特点，其中 Visual SourceSafe 很容易使用，但只能在 Windows 平台上使用，且功能上不如 CVS 和 ClearCase；CVS 功能非常强大，且是跨平台的，客户端可以在 Windows、Linux、Solaris、FreeBSD、AIX、Macintosh 等各种操作系统上运行，CVS 本身又是开放源码的，现在几乎所有开放源码的项目都采用 CVS 作为配置管理工具；ClearCase 功能更加强大，与 Rational 公司其他工具结合得非常好，但使用起来较复杂，对初学者来说有点困难。

目前 Rose 2003 可以集成任何符合微软的 SCC（Source Code Control）API 标准的配置管理工具，如 ClearCase、SourceSafe 等。

17.2.3 Rational ClearQuest

ClearQuest 是变更请求管理（Change Request Management，CRM）工具，变更请求管理是大型软件开发过程中必不可少的部分，可以有效地改善软件的质量。用 ClearQuest 可以对软件开发过程的变更活动进行管理，包括功能增强、缺陷报告、文档修改等请求。对于不同类型的变更请求，可能会采用不同的处理方式，但一般都包括提交、评估、决策、实现、验证、完成等过程。

ClearQuest 记录了各种关于变更请求的信息，如当前存在哪些变更请求、哪些人在对这些变更请求进行处理、变更请求的优先级、状态等。ClearQuest 支持对变更请求进行处理的各个步骤，并可以用图表的形式表示变更请求。

ClearQuest 会把变更请求存入数据库中，目前 ClearQuest 支持 Oracle、SQL Server、DB2、Access、SQL Anywhere 等数据库。

需要注意的是，在项目开发的不同阶段，对变更请求管理的要求是不同的。在项目开发的早期，变更请求比较多，对变更的管理可能比较非正式。而在项目开发的后期，对变更请求的管理就比较严格，每一个变更请求都要做仔细的评估和决策，在做变更前要清楚这个变更会对系统产生什么样的影响,变更后要做相应的测试,修改相应的文档。因此,在这个阶段,好的变更请求管理工具显得尤为重要。

17.2.4 Rational PureCoverage

在开发大型软件时,测试是保证软件质量的重要手段之一。在对软件进行测试时,一般希望测试过程能尽量多地覆盖代码和功能,但如何知道测试用例的覆盖率是一个比较难的问题。PureCoverage 是用于辅助测试代码的工具,可以对运行程序进行监控,收集和分析关于代码覆盖范围的数据。

PureCoverage 的使用比较简单。一般是先运行程序,收集有关代码覆盖率的数据,然后对这些数据进行分析,以确定哪些功能和代码被执行了,哪些没有被执行,根据分析结果再重新运行程序和测试用例。

PureCoverage 支持的可运行文件类型包括 Visual C++ 代码生成的 .exe 文件、.dll 文件、ActiveX 控件、COM 对象、Java 的类文件、JAR 文件、C♯生成的受控代码(Managed code)等。

17.2.5 Rational Purify

Purify 是软件纠错(调试)工具,可以对难以发现的问题,特别是那些运行时才出现的错误进行诊断,如数组元素下标的越界、使用虚悬指针存取数据(即这些指针已不再指向任何对象,但仍通过这些指针来存取数据)、没有初始化变量就存取该变量(这是 C++ 中的常见问题,变量在初始化前其值是不确定的,不像 Java 中对变量有初始值约定)、内存泄漏(即程序不断申请分配内存,但使用完内存后却不释放内存,最后导致系统不能分配内存)等。这些错误一般很难发现,且修正这些错误非常费时间,Purify 可以帮助发现这些错误并快速修正。

Purify 可以跟踪程序的执行流程、显示对象的细节和对象间的关系、监视内存的使用情况,采用这些方法可以有效地发现哪些对象会大量使用内存、哪些对象会阻止别的对象的内存垃圾收集等。

Purify 支持的程序设计语言有 Java、Visual C++、C♯等。

17.2.6 Rational Quantify

Quantify 是评估软件运行性能的工具,用以找出系统的运行瓶颈。对于一个软件系统,当然是希望其运行速度越快越好。在开发出一个运行可靠、稳定的系统后,可以开始考虑对系统进行优化。通过实践发现,系统的性能往往只和小部分代码有关,这部分代码称为系统的瓶颈。对这部分代码进行优化可以显著提高系统的运行速度,而过于关注对系统的其他部分进行优化,可能会浪费很多时间和人力,效果却不好。但如何发现系统的瓶颈并不是一件容易的事,一般需要对系统运行时产生的数据进行分析才能发现。

Quantify 可以找出系统中的哪部分运行最费时间,开发人员据此可以对系统进行优化。

Quantify 支持的文件类型包括 Visual C++代码生成的.exe 文件、.dll 文件、ActiveX 控件、COM 对象、Java 的类文件、JAR 文件、C#生成的受控代码(Managed code)等。

17.2.7　Rational SoDA for Word

SoDA(Software Documentation Automation)是软件文档自动生成工具。对于大型软件项目来说,文档的编写非常重要但又很费时间。SoDA 的思想就是利用模板来产生文档,减少项目开发人员的工作量,同时又能产生标准格式的文档。

SoDA 可以和 Rational 公司的很多工具集成使用,如 Rose、RequisitePro 等。SoDA 可以从各种信息源抽取信息,然后根据模板生成文档。SoDA 提供了一些预定义的模板,这些模板放在<SoDA 安装路径>\template\目录的各个子目录下,在 template 目录下有 rose、reqpro 等子目录,这些子目录下放的就是对应于各个工具的模板。用户也可以自己创建模板,把创建的模板放在 template 目录的相应子目录下,SoDA 就能找到这些模板。

17.2.8　其他工具

在 Rational Suite 2003 中还有一些其他工具,如 RUP 2003,支持测试的工具 Rational Robot、Rational TestFactory、TestManager 等。这里就不对这些工具做进一步的介绍了,感兴趣的读者可以从网址 http://www.rational.com/ 获得更多的信息,也可以从这些工具的联机文档中了解其功能。

17.3　Rose 2003

Rose 是当前应用最广泛的 UML 建模工具之一,目前 Rose 的最新版本是 Rose 2003。Rose 2003 支持 UML 的各个模型图,包括用例图、顺序图、协作图、类图、状态图、活动图、构件图和部署图,Rose 不直接支持对象图,但可以在协作图和类图中画出对象图。

Rose 支持软件开发的双向工程,即正向工程和逆向工程。正向工程是指从需求开始按照工程项目的自然开发周期逐步经历分析、设计和实现等阶段,逆向工程则是从一个已经实现的系统开始,利用工具逐步获得该系统的设计思想和分析模型。利用 Rose 的正向工程和逆向工程,可以使得模型和代码保持一致。

与别的支持 UML 建模的工具相比,Rose 有很多好的特点,如:

- 可以与 Rational 公司别的工具,如需求管理工具、配置管理工具、变更请求管理工具、测试工具、文档生成工具等进行集成,支持软件开发过程的各个阶段。
- 有很多第三方开发商提供的支持 Rose 的产品,因为 Rose 的市场占有率比较高。

- 支持团队开发。大型软件往往是很多人合作开发完成的，Rose 提供了很多机制来支持团队开发，其中控制单元的概念是支持团队开发的基础。

Rose 中的控制单元可以是模型文件(.mdl 文件)、Use Case 视图中的包(.cat 文件)、Logical 视图中的包(.cat 文件)、Component 视图中的包(.sub 文件)、Deployment 视图(.prc 文件)、模型属性(Model Properties)文件(.prp 文件)。为了使多人可以并行开发，应先在 Rose 中生成控制单元，然后利用配置管理软件对控制单元进行管理，以便支持多人并行工作。

Rose 中的一些基本功能在前面各章节中已做了介绍，下面对 Rose 中的一些高级功能做简单介绍。

17.4 Rose Model Integrator

Rose 模型集成器(Rose Model Integrator)是用于模型比较和合并的工具。其实 Rose Model Integrator 是一个独立的工具，但由于它主要是针对 Rose 模型集成用的，且可以从 Rose 中启动这个工具，所以这里就把它作为 Rose 的一部分功能。

例如对于同一个模型，有两个开发人员都需要对这个模型做修改，但他们改的是模型的不同部分，则他们可以同时修改。改完后用 Rose Model Integrator 对两个人修改后的模型自动进行合并，但如果模型之间存在冲突，则合并时需要人的介入来解决这些冲突。

如果是对 3 个以上的模型进行合并，则需要把其中一个模型设为基模型(base model)，才能对这些模型进行合并。

需要说明的是，在 Rose 中对模型进行合并并不是只能依赖 Rose Model Integrator 进行。其实可以把需要合并的部分放在不同的包中，配合相应的配置管理工具，不同的开发人员可以同时对各自的包进行修改，最后对这些包进行合并即可。

17.5 Rose Web Publisher

Rose Web Publisher 可以使模型以 Web 页面的形式发布，这样别人就可以用浏览器查看模型。在 Rose 中选 Tools→Web Publisher...菜单项，会出现如图 17.1 所示的对话框。可以在这个对话框中选择要发布模型的哪些视图，如发布 Use Case 视图、Logical 视图、Component 视图、Deployment 视图等，可以选择要生成的 Web 页面的详细程度、使用的建模符号(Booch 格式、OMT 格式、UML 格式 3 种选一，一般选 UML 格式)，可以设置要生成的 Web 页面放在哪个目录下等。

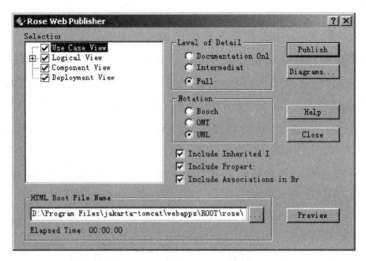

图 17.1 Web Publisher 对话框

除了采用图 17.1 的对话框形式外,也可以用命令行的形式进行模型的 Web 发布,如下所示:

rosewpbatch.exe testbatch.ini

其中 rosewpbatch.exe 在＜rose 安装路径＞\rosewp\目录下,testbatch.ini 文件中的内容是对 Web 发布的要求,下面是 testbatch.ini 文件的具体内容,它们所起的作用和图 17.1 中的对话框中所做的设置类似。

[RoseWebPublisher]
LevelOfDetail=2
DiagramType=2
PrintInherited=1
PrintProperties=1
IncludeAssociations=1
Notation=2
RootFileName="c:\testbatch\ordersys\ordersys.htm"
Model="c:\testbatch\ordersys.mdl"

如果要进行 Web 发布的模型较多,则可以写一个批处理文件,然后采用这种命令行形式一次完成所有模型的 Web 发布。

17.6 Rose 脚 本

Rose 提供了多条途径允许用户扩展和定制 Rose,以满足用户特殊的软件开发需要。如 Rose 脚本(script)、Rose 插入件(add-in)等。

Rose 脚本文件有两种类型:.ebs 文件和.ebx 文件。对.ebs 文件是通过菜单载入,交互式解释执行;.ebx 文件由.ebs 文件编译后得到的,对.ebx 文件是直接执行。

Rose 脚本有以下用途:

- 获取模型中的信息。如提取模型中的所有用例,并生成特定的报表。
- 对模型执行某些有效性检查。
- 对模型本身进行操作,如增加、删除、修改模型中的元素。
- 与一些第三方的工具进行集成,如别的工具可以调用脚本文件来完成某些功能。

下面用几个例子来说明如何使用 Rose 脚本。

例 17.1 输出模型中的所有用例,代码如下:

```
Sub Main
    Dim AllUCs as UseCaseCollection
    Set AllUCs = RoseApp.CurrentModel.GetAllUseCases()

    Viewport.Open
    For i = 1 to AllUCs.Count
        Print AllUCs.GetAt(i).Name
    Next i
End Sub
```

在 Rose 中运行脚本,可以选择 Tools→New Script 菜单项,弹出一个窗口,在这个窗口中输入脚本,然后单击 ▶ 按钮(运行)即可开始运行。对于如图 17.2 所示的用例图,如果运行例 17.1 中的脚本,得到的结果如图 17.3 所示。

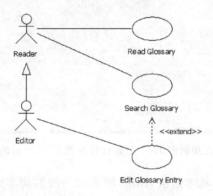

图 17.2 用例图

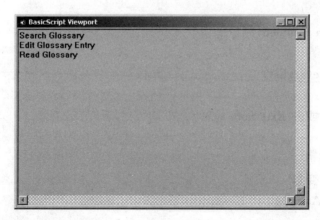

图 17.3 在用例图 17.2 上运行脚本例子 17.1 后的输出结果

例 17.2 输出模型中的所有参与者,代码如下:

```
Sub Main
    Dim AllClasses As ClassCollection
    Set AllClasses = RoseApp.CurrentModel.GetAllClasses()
    Viewport.Open
    For i = 1 To AllClasses.Count
        if AllClasses.GetAt(i).Stereotype ="Actor"Then
            Print AllClasses.GetAt(i).Name
        End If
    Next i
End Sub
```

对于如图 17.2 所示的用例图,如果运行例 17.2 中的脚本,得到的结果如图 17.4 所示。

图 17.4　在用例图 17.2 上运行脚本例子 17.2 后的输出结果

下面给出 Rose 脚本的基本语法,Rose 脚本和一般的脚本语言的语法很相似,有以下部分:

(1) 注释

例:'This is a comment

(2) 声明例程

例:Sub Name(arglist)

(3) 结束例程

例:End Sub 或者 Exit Sub

(4) 主例程

例:Main

(5) 声明局部变量

例:Dim var As type

(6) 输出语句

例：Print

(7) If...Then...Else 语句，格式如下所示：

If condition Then
　　[statements]
[ElseIf else_condition Then
　　[elseif_statements]]
[Else
　　[else_statements]]
End If

(8) For...Next 语句，格式如下所示：

For counter = start To end [Step increment]
　　[statements]
　　[Exit For]
　　[statements]
Next [counter [,nextcounter]...]

(9) While/Until 循环，格式如下所示：

Do {While|Until} condition
　　statements
Loop

或者是：

Do
　　statements
Loop {While|Until} condition

或者是：

Do statements Loop

17.7　Rose 插入件

利用 Rose 插入件可以扩充或增强 Rose 的功能，Rose 插入件以在 Rose 中增加新菜单项的形式表现。如 Rose JBuilder Link 3.x 就是一个 Rose 插入件，该插入件由 Ensemble 公司开发。在 Rose 中加入该插入件后可使 Rose 支持对 JBuilder 的双向工程。

用户根据需要可以自己开发插入件来增强 Rose 的功能。下面以 Rose JBuilder Link 3.x 这个插入件为例来说明如何开发 Rose 插入件。（需要说明的是，这个插入件支持的 JBuilder 版本较旧，Ensemble 公司没有开发该插入件的更新版本，但这并不影响将其作为例子来讲解插入件的开发步骤。）

例 17.3 插入件 Rose JBuilder Link 3.x 的开发步骤：

(1) 选定开发语言,如 Rose Script、VB、C++等。

(2) 实现相关功能,得到各种类型的文件,如菜单文件.mnu、属性文件.pty、配置文件.ini、图形文件.bmp、.wmf、.emf 等,以及帮助文件.hlp、注册文件.reg、脚本文件.ebs 或.ebx、可执行文件.exe、动态链接库文件.dll 等。当然并不是所有类型的文件都需要,应根据不同的插入件要求制作相关的文件。

(3) 制作安装程序和卸载程序。这一步是可选的,如果不使用安装程序,也可以用手工的方法修改注册表,把各种类型的文件放在相应的目录下。

(4) 安装时在注册表的 HKEY_LOCAL_MACHINE\SOFTWARE\Rational Software\Rose\AddIns\下创建一个子键,在这个例子中是创建了 Rose JBuilder Link 3.x 这个子键。Rose 启动时会读注册表中 HKEY_LOCAL_MACHINE\SOFTWARE\Rational Software\Rose\AddIns\下各个子键的值。这样即把插入件加入 Rose 中了。

如图 17.5 所示是注册表中 HKEY_LOCAL_MACHINE\SOFTWARE\Rational Software\Rose\AddIns\Rose JBuilder Link 3.x 子键的内容。

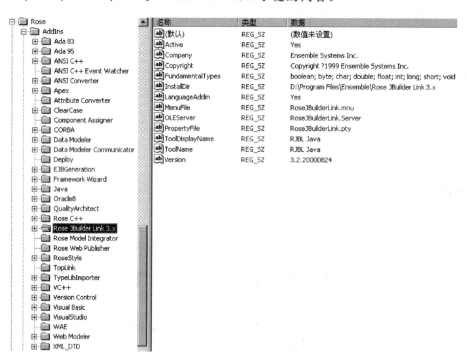

图 17.5 子键 Rose JBuilder Link 3.x 下的内容

在这个子键下有插入件的安装路径、各种类型的文件名、版本号等各种信息。例如 MenuFile 项表示菜单文件,其值是 RoseJBuilderLink.mnu。下面是文件 RoseJBuilderLink.mnu 的内容:

Menu Tools

```
    {
        Separator
        Menu "&Ensemble Tools"
        {
            option "Rose &JBuilder Link..."
            {
                RoseScript $ENSEMBLE_ROSE_JBUILDER_LINK\RoseJBuilderLink.ebs
            }
            option "JBuilder Properties &Editor..."
            {
                enable %selected_items:unary
                RoseScript $ENSEMBLE_ROSE_JBUILDER_LINK\RoseJBuilderLinkEditor.ebs
            }
            option "&Import Java Archive..."
            {
                RoseScript $ENSEMBLE_ROSE_JBUILDER_LINK\RoseJBuilderLinkImportJar.ebs
            }
        }
    }
```

Rose 根据这个文件的内容生成 Tools→Ensemble Tools 菜单项及其中的 3 个子菜单项 Rose JBuilder Link...、JBuilder Properties Editor... 和 Import Java Archive...，以及单击这些子菜单项后将调用的 Rose 脚本。如图 17.6 所示表示的是 Rose JBuilder Link 3.x Add-Ins 安装后的菜单界面，其中 Tools→Ensemble Tools 菜单项下的另两个子菜单项 Attribute Converter... 和 Component Assigner... 是根据其他 .mnu 文件生成的。

图 17.6　Rose JBuilder Link 3.x 插入件在 Rose 中的菜单项

17.8 在 Rose 中增加新的 Stereotype

有时在建模时会发现无法表示某个元素,或者觉得 Rose 2003 中提供的预定义版型不够,这时可以利用 Rose 的可扩展性增加版型。在 Rose 中增加新的版型很简单,只需在模型元素的规范说明(sepcification)中增加版型名即可(一般用鼠标右击模型元素即会弹出 specification 菜单)。但用这种方法增加的版型显示时只有 Label 形式,而没有 Icon 形式和 Decoration 形式,因此有时会觉得这样做出来的模型不直观或不好看。如果想用 Icon 形式或 Decoration 形式的版型,则需要自己添加版型显示时要用到的图符。

Rose 在 "<Rose 安装目录>\defaultstereotypes.ini" 这个版型配置文件中预定义了一些版型,打开这个文件,可以看到以下内容:

[Stereotyped Items]
Class:Interface
Component:EXE
Component:DLL
Component:ActiveX
Component:Application
Component:Applet
Use Case:business use case
Use Case:business use-case realization
Use Case:use-case realization
Class:control
Class:boundary
Class:entity
Class:business actor
Class:business worker
Class:business entity
……

[Class:boundary]
Item=Class
Stereotype=boundary
Metafile=&\stereotypes\normal\boundary.wmf
SmallPaletteImages=&\stereotypes\small\boundary_s.bmp
SmallPaletteIndex=1
MediumPaletteImages=&\stereotypes\medium\boundary_m.bmp
MediumPaletteIndex=1
ListImages=&\stereotypes\list\boundary_l.bmp
ListIndex=1
ToolTip=Creates a boundary\nBoundary

［Class：entity］
Item＝Class
Stereotype＝entity
Metafile＝&.\stereotypes\normal\entity.wmf
SmallPaletteImages＝&.\stereotypes\small\entity_s.bmp
SmallPaletteIndex＝1
MediumPaletteImages＝&.\stereotypes\medium\entity_m.bmp
MediumPaletteIndex＝1
ListImages＝&.\stereotypes\list\entity_l.bmp
ListIndex＝1
ToolTip＝Creates an entity\nEntity
……

由于这个文件很长，所以这里只列出需加以说明的部分内容。

文件中首先列出每一个版型，如 Class：Interface 表示 Class 上的 << Interface >> 版型，Component：EXE 表示 Component 上的 << EXE >> 版型等，然后对每一个版型有详细的说明，这里只列出了 Class：boundary 和 Class：entity 两项的说明。在每项说明中，设定了 Metafile、SmallPaletteImages、MediumPaletteImages、ListImages 等的值，这些值就是版型显示时要用到的图符。其中 Metafile 指明的图符是在具体的图中用到的表示版型的符号；SmallPaletteImages 和 MediumPaletteImages 指明的图符是工具条上用到的表示版型的符号，分别表示小图符和大图符；ListImages 指明的图符是在 Rose 的浏览器窗口中用到的表示版型的符号。

当然在 Rose 2003 中，defaultstereotypes.ini 文件只是所有版型配置文件中的一个。并不是所有的版型都在这个文件中定义，可以使用其他版型配置文件，只要 Rose 2003 能根据注册表中的键值找到这些文件即可。

用户可以根据需要修改原来的配置文件或创建自己的配置文件，事实上有很多第三方开发商提供的软件就使用了自己的配置文件，如 deploymentIcons.exe 和 WAE2-UML.exe。安装了这些软件后可使 Rose 具有更多可使用的版型，其中 deploymentIcons.exe 使 Rose 可在部署图中表示更多的结点类型，而 WAE2-UML.exe 就是第 13 章中介绍的对 Web 建模的扩展。

例 17.4 下面以 deploymentIcons.exe 的开发及使用为例来说明如何在 Rose 中增加新的版型。deploymentIcons.exe 的功能是增强 Rose 中部署图的表示能力，其开发步骤如下：

（1）设计部署图中新增版型所用的图符文件（.bmp，.wmf，或 .emf 文件）。

（2）创建新版型的配置文件 n6icons.ini。这里没有采用手工改动预定义版型配置文件 defaultstereotypes.ini 的方法，而是创建新的配置文件，主要是为了安装和卸载方便。用户增加的新配置文件需在注册表中说明。

（3）制作安装程序。这步是可选的，如果不采用安装文件，则使用时需要手工逐步添加进去。

（4）安装时在注册表的 HKEY_LOCAL_MACHINE\SOFTWARE\Rational Software\

Rose\StereotypeCfgFiles 下增加一个键值项。例如在安装了 deploymentIcons.exe 后,注册表中 StereotypeCfgFiles 下的内容类似于如图 17.7 所示的内容。

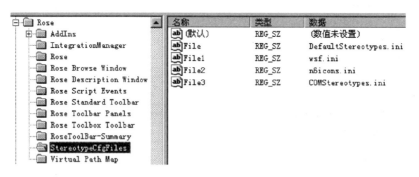

图 17.7　子键 StereotypeCfgFiles 下的内容

图 17.7 中,共使用了 4 个版型配置文件。其中 DefaultStereotypes.ini 和 COMStereotypes.ini 是 Rose 2003 中自带的版型配置文件,n6icons.ini 是安装了 deploymentIcons.exe 后增加的版型配置文件,wsf.ini 是作者自己在 Rose 2003 中创建的版型配置文件。

安装了 deploymentIcons.exe 后就可以在部署图中使用新的版型了,就像 Rose 2003 中预定义的版型一样。

如图 17.8 所示是使用了新版型的一个部署图,其中结点对象 Workstation、Internet、Regional Server、logging server、country server 等都是定义在处理机(processor)上的版型。

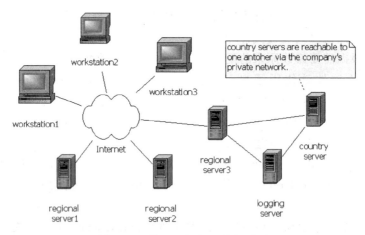

图 17.8　使用了新版型的部署图

如图 17.9 所示是把图 17.8 中的所有版型以 Label 的形式表示。这与不使用 deploymentIcons.exe 中提供的版型,而直接在各处理机的规范说明中指定版型所表示的意义是一样的,但显然图 17.9 不如图 17.8 直观和形象。

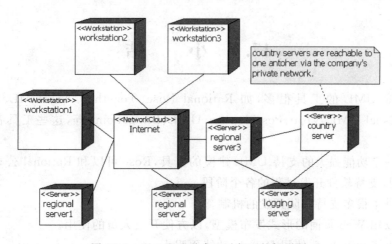

图 17.9　以 Label 形式显示版型的部署图

例 17.5　WAE2-UML.exe(对 Web 建模的扩展)的开发。WAE2-UML.exe 的开发原理类似于 deploymentIcons.exe，Rose 2003 中已集成了 WAE2-UML.exe 中的一部分版型。某些版型已经可以在 Rose 2003 中直接产生代码框架了，这点也是和用户自己定义的版型的区别之一。一般用户自定义的版型不易产生代码框架，而 Rose 中预定义的版型由于已集成到软件中，所以可以较容易地产生反映这个版型特征的代码。

如图 17.10 所示是 WAE2-UML.exe 中定义在构件(component)上的 3 个版型，分别表示 HTML 页面、JSP 页面和 ASP 页面。在第 13 章介绍 Web 建模时，已提到 Rose 2003 中预先包含了表示服务器页和客户机页的版型，用这些版型可以表示 HTML 页面、JSP 页面、ASP 页面等。但它们一般是用在类图中，而在构件图中，Rose 2003 并没有提供相应的表示 HTML 页面、JSP 页面和 ASP 页面的版型。WAE2-UML.exe 增加的这几个版型可以在构件图中表示 HTML 页面、JSP 页面和 ASP 页面。

图 17.10　WAE2-UML.exe 增加的一些版型

除了图 17.10 所示的几个版型外，WAE2-UML.exe 也定义了很多别的版型，如定义在类上的 <<Frameset>> 版型。这里就不具体说明每个版型了，感兴趣的读者可以从网址 http://www.wae-uml.org 下载 WAE2-UML.exe 试用。

17.9 小　　结

1. 目前支持 UML 的工具很多，如 Rational Rose、Together、ArgoUML、MagicDraw UML、Visual UML、Visio、Poseidon for UML、BridgePoint 等，这些工具各有自己的特色。
2. Rose 是一个功能强大的支持 UML 建模的工具，Rose 可以和 Rational 公司别的工具集成使用，支持软件开发过程的各个阶段。
3. Rose 提供了很多支持团队开发的机制。
4. Rose 可以用 Web 页面的形式发布模型，以方便开发人员的使用。
5. Rose 提供了脚本语言，使得 Rose 的功能更强大。
6. 可以在 Rose 中添加插入件以扩充或增强 Rose 的功能。
7. Rose 中提供了一些预定义的版型，如果觉得这些版型不够用，可以利用 Rose 的可扩展型增加新的版型。

第 18 章　实例应用分析

18.1　引　　言

本章介绍 UML 应用的一个实例——课程注册系统,仔细研究这个例子对于掌握 UML 有很大的帮助。本例在 Rational Suite 2002 套件的 RUP 2002 联机文档中有介绍,但在 Rational Suite 2003 套件中,该例已被拿出来放在 Rational 开发人员网(Rational Developer Network)上,而不再包含在 RUP 2003 中。读者可从网址 http://www.rational.net 下载该例。只有 Rational 产品的用户才能注册,注册成功后用关键字 Wylie College 搜索可以找到该例。Rational 公司(现已被 IBM 公司收购)允许使用 RUP 产品的用户对该例进行复制和修改,用于自己的开发机构和项目中。

在 Rational Suite 中,课程注册系统的例子主要是用来讲解如何运用 RUP,对例子中的分析和设计模型部分只给出了结果,没有做更多的解释。本章将详细讲解这个例子,主要是对分析和设计模型中一些难以理解的地方做解释。

课程注册系统的例子用到的两个模型文件是 coursereg_analysis.mdl 和 coursereg_design.mdl,这两个文件可以在 Rational Suite 2002 的安装目录下搜索得到,也可以从 RUP 2002 首页的树型目录下选择 Examples Overview → Course Registration System 菜单,打开课程注册系统的例子,然后找到这两个文件。

运行这两个例子需要先在 Rose 的 File → Path Map 菜单中设置虚拟路径的值,即创建符号$CRS_HOME,并将其值设为模型文件所在的目录。(需要注意的是,Rational 公司发布过多个课程注册系统例子的版本,如果使用的不是 RUP 2002 中提供的版本,有可能需要创建别的符号,如要创建符号$REGISTRATION。)

18.2　问 题 陈 述

首先给出课程注册系统的问题陈述:

Wylie 学院原来有一个旧的课程注册系统,采用主机-终端型结构,但这个系统已不能满足学院发展的需要,因此 Wylie 学院计划开发一个新的课程注册系统。新系统准备采用 client-server 结构,新系统允许学生利用局域网上的 PC 机来注册课程并查看自己的 report card。

需要注意的是,在上面的问题陈述中,有 report card 这个词。单从字面上理解,可以大概猜出它的意思,但并不能精确知道这个词的意义。对于需求说明中类似的词,应该单独列出来放在一个文件中,称作系统的术语表(glossary)。术语表定义了所有需要澄清的术语，以便于增进人员之间的交流和减少由于误解所带来的开发风险。

在这个例子的术语表中，对 report card 的定义是：report card 包含了一个学生在一个学期内所有课程的所有成绩。这样就排除了 report card 可能是一个学生在所有学期的所有课程的成绩、或一个学生在一个学期内一门课程的各次考试成绩等可能性。

由于经费问题，学院不想立刻更换旧系统的所有部分，计划保留旧系统中的课程目录数据库部分，课程目录数据库中保存了所有的课程信息。课程目录数据库建立在 DEC VAX(一种小型机)机器的 Ingres 关系数据库上。

（注意，课程目录数据库系统 Course Catalog Database System 是一个外部系统，不是所要开发的新课程注册系统的一部分。）

幸运的是，Wylie 学院已购买了一个开放的 SQL 接口，通过这个 SQL 接口，可从 UNIX 服务器上直接存取课程目录数据库。

旧的课程注册系统的性能相当差，所以要求新的课程注册系统在性能上要有明显改进，在存取课程目录数据库中的数据时要及时。

新的课程注册系统将读取课程目录数据库中的课程信息，但不会修改数据库中的课程信息。教务长(registrar)通过其他系统维护课程目录数据库中的课程信息。

在每个学期初，学生可以获取这个学期所开设的所有课程的目录，在课程目录中包含每门课的详细信息，如这门课的教授(professor)、开课系别(department)、课程的先修要求(prerequisite)等。

每个学生在一个学期中可选 4 门主选课，同时还可选 2 门备选课，以便在主选课不能满足的情况下学生可以上备选课。

每门课的学生人数最多为 10 人，最少为 3 人。如果学生人数少于 3 人，该门课将被取消。

在每个学期，有一个选课期，在这个时间段内，学生可以改变他们的选课计划(schedule)。课程注册系统允许学生在这段时间内增加或删除所选课程。

一旦一个学生的课程注册过程结束，课程注册系统将向计费系统(billing system)发送信息以便学生能交费。如果一门课程已经选满，则必须在向计费系统提交选课计划前通知学生。

（注意，计费系统并不是课程注册系统的一部分，但是要与课程注册系统交互。）

在学期结束的时候，学生可以通过系统查询成绩。由于学生成绩属于敏感信息，因此系统要有安全措施来防止非授权的存取。

新系统允许教授在学生选课之前决定要教哪些课程，教授可以存取系统来获取他们所教的课程的信息，可以了解哪些学生选了他们的课，也可以登记该门课程的学生成绩，但不能查看和登记非自己所教的课程的成绩。

Wiley 只有教授这一种类型的教师。

对于一个实际的项目来说，需求可分为功能性需求和非功能性需求两部分。上面给出的问题陈述可以说是需求说明的功能性部分，而非功能性需求，如可靠性、可用性、性能、可支持性(supportability)等方面的要求可另外补充说明。另外有些功能涉及整个系统的，或对多个用例都有要求的功能性需求也可以放在补充说明中。下面是课程注册系统的补充需求说明。
- 功能性(functionality)，下面这些功能性方面的要求是多个用例中都要求的：
  (1) 所有的系统错误都要记录在日志中，如果遇到致命错误，系统将自行停机。系统的错误信息包括错误的文本描述、操作系统错误代码(如果有的话)、哪个模块检测到这个错误、数据戳(data stamp)、时间戳(time stamp)等。所有的系统错误要保存到错误日志数据库(Error Log Database)中。
  (2) 系统可以运行在远端的计算机上，系统的所有功能都可以通过网络远程使用。
- 可用性(usability)，要求：
  (1) 客户端的用户界面应该是 windows 95/98 形式的窗口系统。
  (2) 系统的用户界面要易于使用。
  (3) 系统中的每项功能应有联机帮助说明。
- 可靠性(reliability)，要求：
  (1) 系统应该每周 7 天、每天 24 小时可用，关机时间不超过 4%。
  (2) 系统的平均无故障时间 MTBF(Mean time between failures)要大于 300 小时。
- 性能(performance)，要求：
  (1) 中央数据库(central database)在任何时候都能支持最多 2000 个并发用户的使用，局域数据库(local server)在任何时候都能支持最多 500 个并发用户的使用。
  (2) 系统提供存取旧的课程目录数据库的功能，且存取时间延迟不超过 10 秒。另外根据原型系统发现，如果不能有效使用某些中间层处理能力，课程目录数据库将无法满足系统的性能要求。
  (3) 系统中 80% 的事务处理应该在 2 分钟内完成。
- 安全性(security)，要求：
  (1) 系统必须防止学生修改其他人的选课计划，防止教授修改其他教授所授课程的信息。
  (2) 只有教授才可以输入学生的成绩。
  (3) 只有教务长才可以修改所有学生的信息。
- 可支持性(supportability)，要求：
  (1) 课程注册系统的升级可以通过网络从 UNIX 服务器上下载来完成。
- 其他约束条件：
  (1) 客户机部分要能运行在 486 及以上的机器上，客户机使用的磁盘空间要小于 20M，内存要小于 32M。
  (2) 服务器部分要运行在 Wylie 学院的 UNIX 服务器上。

另外，在课程注册系统的术语表中，定义了一些术语的含义，如。
- Course
- Course Offering
- Course Catalog
- Faculty

- Finance System
- Grade
- Professor
- Report Card
- Roster
- Student
- Schedule
- Transcript

对于这些术语的精确解释,因为不是本章要讨论的内容,这里就不再具体列出,只是用下面的例子说明术语表的作用。

例 18.1 Course 和 Course Offering 的区别。对于这两个术语,如果用中文来翻译,用"课程"这个词都是可以的。但在课程注册系统中,这两个术语的内涵有差别,Course 指的是一门课程,如"数据结构"这门课,而不管这门课在哪个学期开、由谁主讲等,Course Offering 指的是在某个特定学期所开设的一门课程,Course Offering 会包括上课时间、地点等,很可能同一门"数据结构"课程会在同一个学期由 2 个教授分别主讲,那么就是 2 个 Course Offering。

显然对于 Course 和 Course Offering 这样易于混淆的术语,如果不在术语表中对其做精确的定义,那么开发人员和客户有可能会给出错误的理解,从而影响项目的开发。

18.3 分析阶段模型说明

在面向对象方法中,分析阶段和设计阶段之间没有明确的鸿沟,从分析阶段到设计阶段的过渡是平滑的。不过在课程注册系统这个例子中,Rational 公司为了说明方便,用两个文件分别表示分析阶段模型和设计阶段模型,其中分析阶段模型的文件名是 coursereg_analysis.mdl,下面对这个文件中的内容做一些分析。

18.3.1 分析阶段的用例图

分析阶段的一个主要工作是对用户的需求进行分析,找出系统的用例。如图 18.1 所示是课程注册系统的用例图,其中参与者 Course Catalog 和 Billing System 表示外部系统。

当然,图 18.1 并不是惟一可能的用例图,不同的分析人员对用例的划分粒度、参与者的选择、用例优先级的分配等会有不同的方案。例如,在课程注册系统中,可能会有这样的问题:新学生和老学生是否采用不同的参与者?对这个问题的不同回答可能会得到不同的用例图。对于类似的问题,分析人员需要根据具体情况,仔细分析系统的需求,不断地和客户沟通交流才能确定答案,显然不同的分析结果对于后面的系统设计和实现会有很大的影响。在图 18.1 中,新学生和老学生用同一个参与者 Student 表示。

在多个可能的分析结果中,某些分析结果可能比另一些要好。好的分析结果往往来自分析人员的丰富经验、对所开发系统的所属领域的充分理解、与客户的出色沟通能力等。

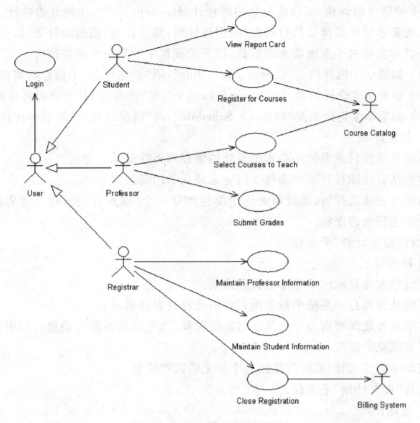

图 18.1　分析模型中的用例图

在用例分析中,对于用例还有一个很重要的工作就是要有用例的描述,这是初学者非常容易忽视的一个工作。如果只是简单地画出每个用例,而没有用例的描述,那么只能从用例的名称来推断这个用例的功能,显然这样不同的人就会有不同的理解。其实,一个用例图所起的作用就像是目录一样,要真正确定用例的内容还需要给出用例的描述。在图 18.1 中,共有 8 个用例,因此对应有 8 个文件来描绘这些用例。这里引用其中一个用例 Register for Courses(注册课程)的描述,其实这个用例也是所有 8 个用例中分析和设计做得最完整的一个用例。对于其他 7 个用例,Login 这个用例的分析和设计做得较多,Close Registration 这个用例只进行了分析,其他 5 个用例则做得比较简单。

Register for Courses 这个用例的描述如下所示:

1. 用例名称:注册课程
1.1　简要描述

这个用例允许学生注册本学期需要学习的课程。在学期开始的课程 add/drop 阶段,学生可以修改或删除所选择的课程。课程目录系统提供了本学期开设的所有课程列表。

1.2　事件流程
1.2.1　基本流程

当学生希望注册课程,或想改变他的课程计划(schedule)时,用例开始执行。
1) 系统要求学生选择要执行的操作(创建计划,修改计划,或删除计划)。
2) 一旦学生提供了系统要求的信息,以下子流程中的某一个将被执行。
   (1) 如果学生选择的是"Create a Schedule",则"创建计划"子流程将被执行。
   (2) 如果学生选择的是"Update a Schedule",则"修改计划"子流程将被执行。
   (3) 如果学生选择的是"Delete a Schedule",则"删除计划"子流程将被执行。

1.2.1.1 创建计划
1) 系统从课程目录系统中检索出有效的课程列表并显示。
2) 学生从有效课程列表中选择 4 门主选课和 2 门备选课。
3) 当学生完成选择后,系统将为这个学生创建一个"课程计划",这个课程计划包含了学生所选的课程。
4) 执行"提交计划"子流程。

1.2.1.2 修改计划
1) 系统检索并显示学生当前的课程计划。
2) 系统从课程目录系统中检索出有效的课程列表并显示。
3) 学生从有效课程列表中选择要增加的课程,也可以从当前的课程计划中选择任何想要删除的课程。
4) 当学生完成选择,系统将修改这个学生的课程计划。
5) 执行"提交计划"子流程。

1.2.1.3 删除计划
1) 系统检索并显示学生当前的课程计划。
2) 系统提示学生确认这次删除。
3) 学生确认这次删除。
4) 系统删除课程计划。如果这个课程计划中包含"已注册"(enrolled in)的 course offering,则在 course offering 中删除关于这个学生的信息。

1.2.1.4 提交计划
1) 对于课程计划中所选的每门课程,如果还没标记为"已注册",则系统将验证学生是否满足先修条件、课程是否处于 open 状态以及课程计划中是否没有冲突。如果验证通过,则系统将把学生加到所选的 course offering 中,课程计划中所选的课程标记为"已注册"。
2) 课程计划被保存在系统中。

1.2.2 可选流程

1.2.2.1 保存计划
在任何情况下,学生可以选择保存课程计划而不是提交课程计划。在这种情况下,"提交计划"这一步被下面的步骤所代替:
1) 课程计划中没有被标记为"已注册"的课程应标记为"选择"(selected)。
2) 课程计划被保存在系统中。

1.2.2.2 先修条件不满足或课程满员或课程计划冲突

如果在"提交计划"子流程中，系统检测出学生没有满足先修条件，或学生所选的课程已满，或课程计划存在冲突，则系统显示错误消息。学生可以选择其他课程（用例继续），或保存课程计划（和"保存计划"子流程一样），或取消本次操作，如果是取消操作，则用例基本流程重新开始。

1.2.2.3 没有找到计划

如果在"修改计划"或"删除计划"子流程中，系统不能检索到学生的课程计划，则系统显示错误信息。学生确认该错误，用例基本流程重新开始。

1.2.2.4 课程目录系统不可用

如果系统不能和课程目录系统通讯，则系统将向学生显示错误信息，学生确认该错误，用例终止。

1.2.2.5 课程注册结束

如果在用例开始的时候，系统检测到已过了本学期的课程注册时间，则系统将向学生显示信息，用例终止。学生在本学期的课程注册结束后就不能再注册课程了。

1.2.2.6 取消删除

如果在"删除计划"子流程中，学生决定不删除课程计划了，则删除被取消，用例基本流程重新开始。

1.3 特殊需求

无

1.4 前置条件

开始这个用例之前学生必须已登录到系统。

1.5 后置条件

如果用例成功结束，则会创建、修改或删除学生的课程计划，否则系统的状态不变。

1.6 扩展点

无

对用例的描述，在格式上并没有统一的规定，不同的开发机构可能会采用不同的格式。上面所描述的 Register for Courses 这个用例只是采用了其中的一种格式，当然也可以采用别的格式，但不管采用何种格式，基本内容应该差不多。

18.3.2 分析阶段的逻辑视图

在分析阶段，逻辑视图（Logical View）比较简单，如图 18.2 所示是逻辑视图中 Analysis Model 包和 Design Model 包中的部分内容，包括课程注册系统中和领域相关的一些关键类。这些关键类已按边界类、控制类和实体类做了划分。

在逻辑视图中定义了几个类图，其中 Main 类图描述了包之间的依赖关系。一般在一个包下会有一个 Main 类图用来描绘这个包中的各个子包之间的关系；Key Abstractions 类图中描述的是领域的关键类；CourseOffering (attributes)类图中描述的是 CourseOffering 类的属性，其中有一个属性是派生属性；Association Class Example 类图中给出的是关联类的例子。这些类图还是概念层的类图,需要在设计阶段做进一步的细化。

另外,在这个分析模型中,CourseOffering(attributes)类图和 Association Class Example 类图并不是很重要。Raitonal 公司给出这个例子时把这些类图包含进来只是用例子来说明派生属性、关联类等这些概念,在实际项目开发中,很少会为了说明某些概念而引入类图。

在分析阶段的逻辑视图中还建立了一个 Design Model 包,这个包会在设计阶段被大大细化。但目前这个包中的内容比较少,主要只是对系统的体系结构做了初步的划分,分为应用层(在 Application 子包中)和业务服务层(在 Business Services 子包中)。但目前 Application 子包和 Business Services 子包还是空的,没有具体的类。

在 Desing Model 包下还有一个 Use-Case Realizations 子包,这个子包用于描述 Close Registraion、Login、Register for Courses 这 3 个用例的实现。

把 Use-Case Realizations 子包展开,可以看到这个子包的内部结构如图 18.3 所示。

下面以 Register for Courses 用例为例来说明用例的实现。事实上,"用例实现"是版型为 << use-case realization >> 的用例,用虚线的椭圆表示。可以把用例的实现作为一个目录来理解,与用例 Register for Courses 的实现有关的类图、顺序图、协作图等都可以放在该目录下面。

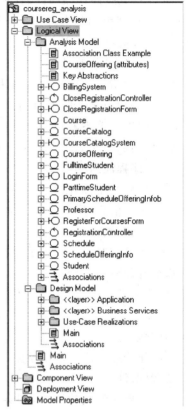

图 18.2 分析阶段的逻辑视图

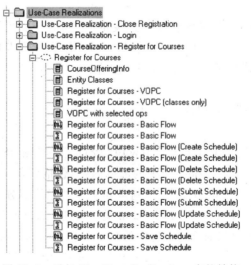

图 18.3 子包 Use-Case Realizations 中的结构

第 18 章　实例应用分析

需要说明的是，在分析阶段，这些类图、顺序图、协作图等都放在 Register for Courses 这个用例实现下面，但这并不是说这些图的位置是固定的。在后面的设计阶段，可以把这些图移到别的子包下面，或者干脆删掉这些图用其他更详细的图来代替。

在图 18.3 中，用例实现 Register for Courses 下面共有 5 个类图用于描述类之间的关系：

- CourseOfferingInfo 类图
- Entity Classes 类图
- Register for Courses-VOPC 类图
- Register for Courses-VOPC（classes only）类图
- VOPC with selected ops 类图

其中 VOPC 是（View Of Participating Classes 的简称）。

这 5 个类图中，CourseOfferingInfo 类图和 Analysis Model 包下的 Association Class Example 类图的内容是一样的；Entity Classes 类图是 Register for Courses-VOPC 类图的一部分，把它单独列出来是为了强调系统中的实体类。Register for Courses-VOPC（classes only）类图和 Register for Courses-VOPC 相比，它不描述类与类之间的关联关系。这些类图不难从它们的名字推测出所描述的内容，这里就不细述了。

另外在这个用例实现下面还有 6 个顺序图以及相应的 6 个协作图，这 6 个图的名字是：

- Register for Courses-Basic Flow
- Register for Courses-Basic Flow（Create Schedule）
- Register for Courses-Basic Flow（Delete Schedule）
- Register for Courses-Basic Flow（Submit Schedule）
- Register for Courses-Basic Flow（Update Schedule）
- Register for Courses-Save Schedule

下面对其中的 2 个顺序图做一些说明。如图 18.4 所示是分析阶段的顺序图 Register for Courses-Basic Flow，如图 18.5 所示是分析阶段的顺序图 Register for Courses-Basic Flow（Create Schedule）。

从图 18.4 中，可以看到画顺序图的几个要点：一是不要在一个顺序图中把所有可能的分支都表示出来，否则容易使顺序图变得复杂、混乱。如果有分支，可以再单独画一个顺序图来表示这个分支，例如对图 18.4 中的 create schedule()（创建计划）这个消息有一个说明，然后再在图 18.5 的顺序图中把创建计划的具体过程表示出来；二是在分析阶段，对于顺序图中的消息可以先大致说明其意思，而不一定要和类中的操作名字完全一致，虽然这些消息最后是要和类的操作对应起来的；三是在画模型中的建模元素时最好遵从一定的风格，这样可以有助于别人和自己今后对模型的理解。例如在顺序图中，一般参与者对象列在两边，表示人的参与者在最左边，表示外部系统的参与者在最右边。有关 UML 的一些建模风格可以参考文献[Amb03]，当然，这些建模风格只是一个建议，并不是必须的，在某些情况下，可以使用自己认为合适的风格。例如，在图 18.5 中就没有把表示 Course Catalog（课程目录）这个参与者对象放在最左边。

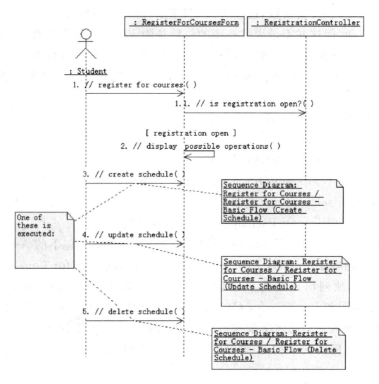

图 18.4　顺序图 Register for Courses-Basic Flow

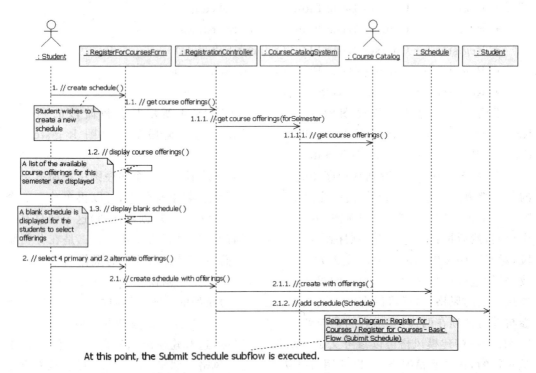

图 18.5　顺序图 Register for Courses-Basic Flow (Create Schedule)

在设计阶段，顺序图 Register for Courses-Basic Flow 和 Register for Courses-Basic Flow (Create Schedule)将会被进一步细化，加入一些新的对象和消息，消息名也会更精确而不是只有一个简单的说明。

其他 4 个顺序图和这 2 个顺序图大致类似，这里就不再解释了。

18.4 设计阶段模型说明

设计模型是在分析模型的基础上细化得到的，分析阶段主要是考虑系统的需求方面的问题，对类图、体系结构的设计还比较粗糙。在设计阶段，类图、系统的分层结构的设计就要详细多了，还要考虑进程视图(Process View)、构件视图(Component View)和部署视图(Deployment View)等方面的问题。

设计阶段模型的文件为 coursereg_design.mdl。下面对这个文件中的内容做分析。

18.4.1 设计阶段的用例图

设计阶段的用例图和分析阶段的用例图差别不是很大，主要是对课程目录(Course Catalog)参与者和计费系统(Billing System)参与者的方法做了细化。

在分析阶段，参与者 Course Catalog 有 get course offerings 这个方法，在设计阶段 get course offerings 被细化为 executeQuery()和 getConnection()这两个方法。

参与者 Billing System 在分析阶段没有考虑方法，在设计阶段引入了 open connection()、process transaction()、close connection()这 3 个方法。

需要注意的是，参与者是类的版型，可以在参与者中增加方法。但参与者是属于系统外部的，因此需要在系统内有一个起代理作用的类，这个类负责与外部参与者的交互，同时提供了和参与者中的方法同名的方法供系统内部其他类使用。

18.4.2 设计阶段的逻辑视图

设计阶段的逻辑视图如图 18.6 所示。

与分析阶段相比，设计阶段的逻辑视图中增加了进程视图，同时在 Design Model 包下增加了几个子包，现在共有 6 个子包，即：

- <<layer>> Application 包
- Architectural Mechanisms 包
- Base Reuse 包
- <<layer>> Business Services 包
- <<layer>> Middleware 包
- Use-Case Realizations 包

其中 Architectural Mechanisms、Base Reuse、<<layer>> Middleware 是新增加的

包、<<layer>> Application、<<layer>> Business Services、Use-Case Realizations 是在分析阶段就有的,但现在增加了很多设计方面的内容。

<<layer>> Application 包中包含了与具体应用相关的一些设计；Architectural Mechanisms 包中是关于系统的持久性、安全性、分布性等方面的设计；Base Reuse 包中是可重用的元素（在这个例子中,Base Reuse 包中只有一个参数化类 Lsit）；<<layer>> Business Services 包中是和业务相关的一些设计,可在多个应用中使用；<<layer>> Middleware 包中提供了独立于具体平台的服务,这里是 Java 类库中的一些包和第三方厂商开发的包；Use-Case Realizations 包中是关于用例实现的,在 18.3 节中对这个包已做过一些介绍。

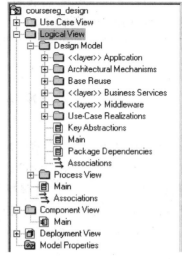

图 18.6　设计阶段的逻辑视图

一般一个包下的 Main 类图给出了这个包下各个子包之间的依赖关系。但由于 Design Model 下的子包及其子包的子包较多(大约有十几个),因此专门用一个类图 Package Dependencies 来表示各子包之间的关系,而 Main 类图则表示顶层子包之间的关系。

下面对逻辑视图下的各个子包做一些介绍。

1. <<layer>> Application 子包

<<layer>> Application 子包的结构如图 18.7 所示,包括 Registration 子包、Main 类图和 Distribution Package Dependencies 类图。其中 Registration 子包中包含一些与课程注册有关的控制类、边界类、接口等。

Registration 子包下的 Main 类图是课程注册系统中一个比较重要的类图,如图 18.8 所示(由于 Registraion 子包下已没有更小的子包,所以这里的 Main 类图就不再用来表示包之间的依赖关系)。

查看这个类图,可以发现以下一些特点：

(1) 类图中的类只给出了类中的属性和方法的定义,而没有给出类中方法的实现细节。对于同一个方法,可以有多种不同的实现方式,可以采用不同的数据结构。如果有特殊的规定,可以在类图中用注解的方式说明。在图 18.8 的类图中,特地规定如果关联的多重性大于 1,则一般用链表(List)实现,除非有另外的要求。

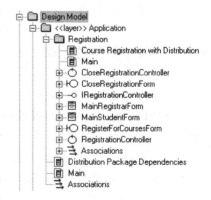

图 18.7　<<layer>> Application 子包的结构

(2) 客户机和服务器之间用 Java RMI 进行通信,因此有接口 Remote,Remote 接口来自 java.rmi 包。

第 18 章 实例应用分析

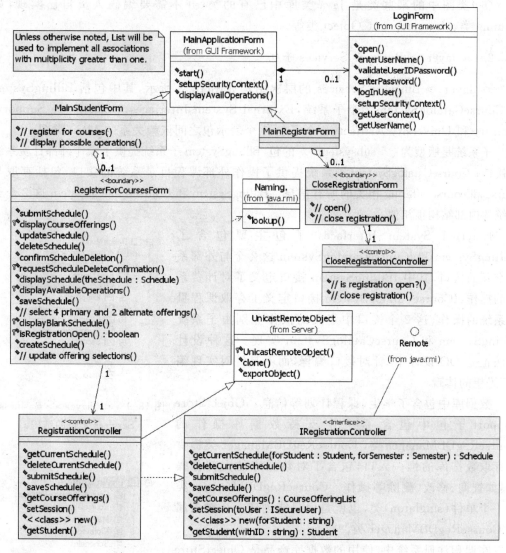

图 18.8 Registration 子包的 Main 类图

（3）类图中有两个边界类 RegisterForCoursesForm 和 CloseRegistrationForm。因为可能有两种不同类型的用户使用系统，所以有两种界面，一个供学生使用，一个供教务长使用。

（4）类图中有一些单向的聚集和组合关系。例如从 MainApplicationForm 类到 LoginForm 类是单向的组合关系，也就是说 MainApplicationForm 类中有类型为 LoginForm 的变量，但 LoginForm 类中没有类型为 MainApplicationForm 的变量。

（5）注意图 18.8 中接口 IRegistrationController 和接口 Remote 之间的关系，例子中表示的是实现关系，这可能是原例中的一个错误。更好的表示法应该是接口 IRegistrationController 继承接口 Remote，然后由类 RegistrationController 实现接口 IRegistrationController，因为两个接口之间的实现关系并不符合"接口"这个概念的本意。

(6) 类图中的某些类是 Java 类库中已有的类,并不需要编码人员自己实现,如 Naming 类、UnicastRemoteObject 类等。

2. <<layer>> Business Services 子包

<<layer>> Business Services 的层次结构如图 18.9 所示,其中包括 BillingSystem 和 CourseCatalogSystem 2 个子系统,External System Interfaces、ObjectStore Support、Security 和 University Artifacts 4 个子包,1 个表示包之间依赖关系的 Main 类图。

子系统是版型为 <<subsystem>> 的包,BillingSystem 子系统提供了操作外部计费系统的接口;CourseCatalogSystem 子系统提供了操作外部课程目录系统的接口,包括存取与 course 和 course offering 相关的所有信息。BillingSystem 和 CourseCatalogSystem 这 2 个子系统的内部结构很相似。

External System Interfaces 子包主要包含了 IBillingSystem 和 ICourseCatalogSystem 这 2 个与外部系统交互的接口,其中 IBillingSystem 接口定义了对计费系统的操作,ICourseCatalogSystem 接口定义了存取课程目录系统的操作,这 2 个接口中定义的操作分别由子系统 BillingSystem 和 CourseCatalogSystem 实现。这种设计方法正是 OO 设计中"针对接口编程,而不是针对实现编程"思想的体现。

图 18.9 <<layer>> Business Services 子包的结构

数据库中包含了学生、课程计划等信息。ObjectStore Support 子包中包含了一个支持数据库操作的 CourseRegDBManager 类,CourseRegDBManager 类提供了存取数据库的惟一入口,包含了对数据库的大部分操作,如查询、修改、删除等操作。CourseRegDBManager 类是一个单件(singleton)类,也就是说只能创建一个对象属于 CourseRegDBManager 类。

在课程注册系统中,使用的数据库产品是 ObjectStore 数据库,关于 ObjectStore 数据库产品的具体介绍可以参考网址 http://www.objectstore.net 上的内容。

ObjectStore 这个产品可以有两种使用方式,一是作为中间层建立在已有的信息系统之上,提供高速的数据存取功能,以数据服务器的形式使用;二是作为高性能的数据库管理系统直接使用。ObjectStore 提供了 C++ 和 Java 接口,C++ 和 Java 的类层次结构可以直接存在数据库中。

Security 子包中包含了系统安全方面的一些设计,例如用户登录后存取权限的判断等。

University Artifacts 子包的结构如图 18.10 所示,它是比较重要的一个子包,其中包含了 Course、CourseOffering

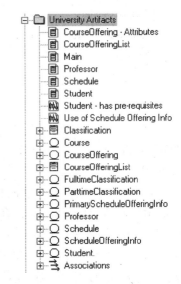

图 18.10 University Artifacts 子包的结构

等共 9 个实体类,这些类基本上和选课有关,具体名字可参考图 18.10,另外 University Artifacts 子包中还有 Classification 和 CourseOfferingList 这 2 个与实现有关的类。

在 University Artifacts 子包中有 CourseOffering-Attributes、CourseOfferingLsit、Main、Professor、Schedule、Student 等共 6 个类图,其中比较重要的一个图是 Main 类图,CourseOffering-Attributes、Professor、Schedule 和 Student 这 4 个类图只是 Main 类图的一部分。CourseOfferingList 类图描述如何把参数化类 List 的形参绑定到实参而得到 CourseOfferingList 类。下面对 Main 类图做一些说明。

如图 18.11 所示是课程注册系统中 University Artifacts 子包的 Main 类图。

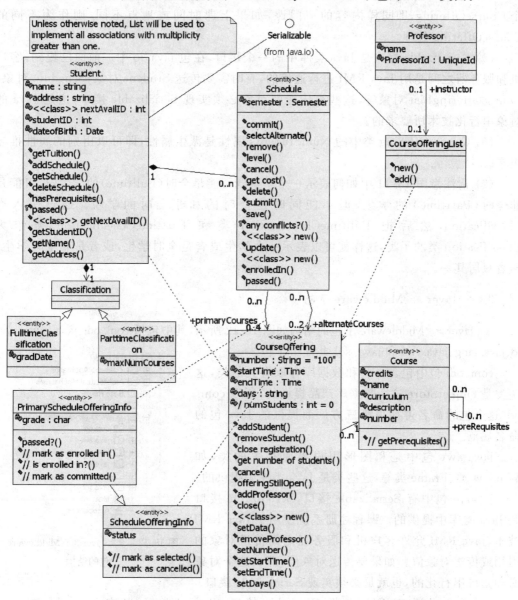

图 18.11 University Artifacts 子包的 Main 类图

查看图 18.11 这个类图,可以发现以下特点:

(1) 与图 18.8 课程注册系统 Registration 子包的 Main 类图一样,University Artifacts 子包的 Main 类图也规定了实现方式,即如果关联的多重性大于 1,则一般用链表(List)实现,除非有另外的要求。

(2) 类 PrimaryScheduleOfferingInfo 是关联类。

(3) 在类 Course 上定义了一个自返关联,表示课程之间的先修关系,这是一个单向的自返关联。

(4) Course 类和 CourseOffering 类之间有 1 对多的关联,一个 Course 可以对应于多个 CourseOffering,即同样内容的一门课,如果上课时间或地点不同,则作为不同的 CourseOffering 处理。

(5) Serializable 接口是 Java 类库中的一个接口,在包 java.io 中。前面已提到,客户机和服务器之间是用 Java RMI 进行通信的,有时需要传送 Student 对象、Schedule 对象、CourseOfferingList 对象等,这些被传送的对象必须实现 Serializable 接口,这是 Java 的对象串行化技术所要求的。

(6) CourseOffering 类中的 NumStudents 属性是派生属性,即可以由别的属性推导出来。

(7) 请注意图 18.11 中如何表示一个学生既可能是全时(Fulltime)的学生,也可能是非全时(Parttime)的学生,但不能同时是全时的和非全时的学生。通过引入类 Classification,然后把 FulltimeClassification 类和 ParttimeClassification 类作为 Classification 类的子类,这样就可以表示一个学生或者是全时学生,或者是非全时学生,两者只居其一。

3. << layer >> Middleware 子包

<< layer >> Middleware 子包的结构如图 18.12 所示,其中包括 com.odi、java.awt、java.io、java.lang、java.rmi 和 java.sql 共 6 个子包。

com.odi 包中包含一些和数据库存取有关的类,这些类是 ObjectStore 这个数据库产品提供的,所以 com.odi 这个包的命名遵循由第三方厂商提供的 Java 包的命名规范。

java.awt 包中是和图形用户界面有关的类,如 Window 类、Frame 类等,这些类是 Java 类库中提供的。

java.io 包中有 Serializable 接口,Serializable 接口是 Java 类库中提供的。课程注册系统使用了 Java RMI 技术,Java RMI 允许客户机和服务器之间传送对象的引用或传送对象值。如果要传送对象值,那么这个对象必须是可串行化的,也就是必须实现 Serializable 接口。

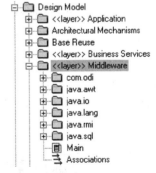

图 18.12 << layer >> Middleware 子包的结构

java.lang 包中有 Object 类、Runnable 接口、Thread 类等,其中 Runnable 接口和 Thread 类是用来实现多线程的,这些类和接口都是 Java 类库中提供的。

java.rmi 包中包含支持 Java RMI 技术的一些类和接口,如 UnicastRemoteObject 类、Naming 类、Remote 接口等,它们都是 Java 类库中提供的。

java.sql 包中是使用 JDBC(Java DataBase Connectivity)存取数据库时要使用的一些类,如 Connection 类、DriverManager 类、ResultSet 类、Statement 类等,这些类也都是 Java 类库中提供的。

4. Architectural Mechanisms 子包

Architectural Mechanisms 子包的结构如图 18.13 所示,其中包括 Distribution、Persistency 和 Security 共 3 个子包。

Distribution 子包描述了课程注册系统中采用 Java RMI 进行通信的实现机制;Persistency 子包描述了存取 ObjectStore 数据库和一般的关系数据库中对象的机制;Security 子包描述了如何实现用户的身份验证和存取权限控制。

图 18.13　Architectural Mechanisms 子包的结构　　图 18.14　Base Reuse 子包的结构

5. Base Reuse 子包

Base Reuse 子包的结构比较简单,如图 18.14 所示,其中只有参数化类 List 这个基本的可重用设计元素。

实际上这种设计已是对数据结构的规定,一般情况下,设计人员应该尽量不要对实现人员在实现时的细节做过多的规定。但在某些情况下,可以对实现人员做一些硬性规定,如在这里就规定了要使用链表这种数据结构。

6. Use-Case Realizations 子包

与分析阶段相比,设计阶段的 Use-Case Realizations 子包在结构上并没有很大的变化,主要是考虑了系统的分布性(distribution)、持久性(persistency)、安全性(security)等方面的问题,并增加了几个用例实现。也就是说,对于同一个用例,会有多个用例实现,但这些用例实现考虑的角度不同,有些是从分布性方面考虑的,有些是从持久性方面考虑的,有些是从安全性方面考虑的。

18.4.3　设计阶段的进程视图

进程视图(Process View)是 UML 中的"4+1"视图之一,与逻辑视图是处于同一层次的视图。但在 Rose 中,并没有默认的进程视图这个结构,所以一般把进程视图画在逻辑视图下面,作为逻辑视图的一个子包来表示。

进程视图中描述的是涉及并发和同步等问题的线程和进程,主要考虑系统的性能、伸缩性(scalability)、吞吐率(throughput)等问题。

课程注册系统的进程视图的结构如图18.15所示,其中有 BillingSystemAccess、CloseRegistrationProcess、CourseCatalogSystemAccess、CourseRegistrationProcess、RegistrarApplication 和 StudentApplication 共 6 个进程和 CourseCache、OfferingCache 这 2 个线程。

CourseCatalogSystemAccess 进程用于对 Course Catalog 这个外部系统的存取,可由多个用户共享使用,采用 cache 来提高性能。进程内部有 2 个独立的线程 CourseCache 和 OfferingCache,负责从外部系统中检索数据。

图 18.15　进程视图的结构

BillingSystemAccess 进程的作用和 CourseCatalogSystemAccess 类似,是用于存取外部的计费系统。

CourseRegistrationProcess 进程负责学生的课程注册,每个正在进行课程注册的学生都有一个相应的 CourseRegistrationProcess 进程实例。

CloseRegistrationProcess 进程负责选课期结束的处理工作。

StudentApplication 进程负责与学生的交互,如用户界面的处理,与服务器的协作等。每个正在进行课程注册的学生都有一个相应的 StudentApplication 进程实例。

RegistrarApplication 进程的作用和 StudentApplication 类似,不同的是 RegistrarApplication 进程负责与教务长的交互。

进程视图中的类图描述了各个进程之间的关系,以及进程和某些边界类、控制类、实体类的关系。其中主要类图是 Main 类图,其他几个类图大多是为了强调 Main 类图的某一部分而重新又画了一遍,其实已包含在 Main 类图中。

18.4.4　设计阶段的部署视图

部署视图(Deployment View)也是 UML 中的"4+1"视图之一。在课程注册系统中,部署视图较为简单,其结构如图 18.16 所示,其中包含了 <<legacy>> BillingSystem、<<legacy>> CourseCatalog System、Desktop PC、External Desktop PC 和 RegistrationServer 共 5 个处理机。

一般一个系统只有一个部署图,课程注册系统的部署图如图 18.17 所示。

图 18.16　部署视图的结构

部署图表示了各处理机之间的关系,在 Desktop PC 和 Registration Server 上还注明了所运行进程的名字,这些进程就是 18.4.3 节中提到的那些进程。

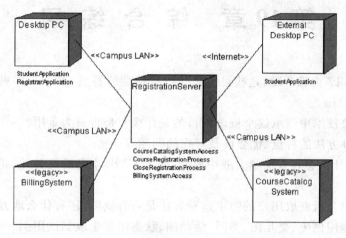

图 18.17 课程注册系统的部署图

18.5 课程注册系统实例总结

在课程注册系统中还没有考虑构件视图(Component View)。另外在课程注册系统的例子中虽然有状态图和活动图的例子(在 Logical View → Design Model → <<layer>> Application → Registration 包的 RegistrationController 类下有状态图的例子,在 Use Case View 的 Register for Courses 用例下有活动图的例子),但这些图已不是课程注册系统的主要部分,给出这些图只是作为例子说明状态图和活动图这些概念。

这个例子对数据建模的论述也比较简单,事实上,这个例子的数据建模是用其他专门用于数据建模的工具完成的。

在本章中,主要是对模型的内部结构做了分析。对于这样的模型,实现人员拿到后,就可以根据模型实现具体的系统。但对于设计人员是如何设计出这个模型的,是通过什么样的步骤得到的,在本章中论述得不多,原因是考虑到这已属于软件开发过程的问题。对于一个系统,其实可以有各种各样的可能的开发过程,可能是采用第 16 章中所介绍的 RUP 软件开发过程,也可能是采用 XP 软件开发过程,也可能是某个公司内部使用的特殊的软件开发过程。(当然,Rational 公司是将课程注册系统作为 RUP 软件开发过程的例子来说明的。)对于软件开发过程,不能规定一个标准的开发过程,但不管是哪种软件开发过程,都应该采用标准化的建模语言。

第 19 章 综 合 练 习

下面题 1 至 17 为思考题,这些思考题并没有标准的答案,其中一些思考题可以作为学期小论文的题目。

1. 面向对象技术中继承这个概念的目的是什么?是否只为重用?
2. 论述 OO 方法的特点、优势以及存在的问题等。
3. UML 为什么会在方法学大战中取胜,除了 UML 本身的优势外,是否还存在别的因素?
4. 通过用例分析获取用户的需求这种方法是否有缺陷,还有什么地方需要改进?
5. 如何根据用例图、交互图、类图、活动图、状态图等生成测试用例?
6. 综述用 Rose、PowerDesigner、ERwin 等工具进行数据库设计的优缺点。
7. 分析 GoF 中的 Observer 设计模式,并举例说明其应用。
8. 总结并描述几个不同于 GoF 中的设计模式。
9. 如果不生成代码,直接执行 UML 模型,需要对 UML 1.5 规范说明做哪些扩充。

(提示:参考 UML Action Semantics Consortium,http://www.kabira.com/as/home.html)

10. 在一个开发机构中进行面向对象软件开发需要什么样的先决条件?
11. RUP 是否是解决软件危机的银弹?为什么?
12. RUP 和别的软件开发过程(如 XP)相比有什么特点,各有什么优缺点?
13. 用 UML 表示某一软件开发过程。
14. 如何在 Rose 2003 中表示 N 元关联?

(提示:Rose 2003 中并没有表示 N 元关联的模型元素,因此如果用户想表示 N 元关联只能使用版型,可以模仿 deploymentIcons.exe 的做法自己在 Rose 2003 增加一个版型元素)

15. 实现一个 Rose 的插入件,插入件的功能可以自己确定。
16. 目前支持 UML 的工具很多,除了 Rose 外,对一些比较有名的工具如 Together、ArgoUML、MagicDraw UML、Visual UML、Visio 等做分析和比较,可以从对 UML 的支持程度、易用性、适用平台、运行速度、对代码生成的支持等方面考虑各工具的优缺点,并据此写一篇综述性的文章。
17. 从 Rational 公司的站点或其他介绍 UML 的站点上下载工资支付系统(Payroll System)的例子,按照第 18 章分析课程注册系统的步骤,分析工资支付系统这个例子。

下面题 18 至 20 可作为学期大作业题目。

18. 设计题目:企业人力资源管理系统 miniHRS

基本功能要求：
(1) 员工信息管理：对企业员工的变动信息进行管理，如人员调入、调出、部门间调动、离退休处理等。可以查询企业员工的基本信息，员工的基本信息包括：姓名、年龄、性别、部门、岗位、工作证号、工作时间等。
(2) 考勤管理：对每位员工的出勤情况进行管理，管理员可以查询某一时期公司员工的上班、请假、加班、出差等出勤情况，并统计员工的实际工作时间。
(3) 工资管理：可自定义工资项目和参数，并根据员工的考勤状况，核算出员工的工资，生成工资总表和员工个人工资表。
(4) 报表管理：可以生成人事报表、员工考勤表、员工工资表等。可以多种方式输出结果（如以不同格式输出到文件中、预览报表、打印报表等）。
(5) 系统管理：系统管理员使用，包括用户权限管理（增加用户、删除用户、密码修改等）、数据管理（提供数据修改、备份、恢复等多种数据维护工具）、系统运行日志、系统设置等功能。
(6) 系统帮助：提供了操作指南。

可选功能（根据时间自己决定是否实现），如：
(1) 增加员工的种类，对不同种类的员工管理不同的基本信息。
(2) 系统管理员可动态自定义员工信息的基本项，如系统管理员必要时可删除"工作证号"这一项，同时增加"身份证号"一项。对于这种类型的需求变化，整个系统不需要重新实现。

实现要求：
(1) 分析和设计时要具备所有功能。
(2) 实现时必须具备员工信息管理、考勤管理、工资管理以及系统管理中的用户管理功能。但可以只有一个框架，如查询时用伪查询语句代替，每次返回值都一样；报表管理和系统管理中的数据管理、系统运行日志、系统设置可不实现；系统帮助尽量详细。
(3) 系统使用者包括超级用户和普通用户两类，超级用户可以使用全部功能，普通用户所能使用的功能由超级用户设置。

19. 设计题目：小型虚拟超市管理系统 miniVS
基本功能要求：
(1) 进货管理：根据进货单进货。
(2) 销售管理：每次销售都产生销售收据。
(3) 报表管理：报表分进货报表、销售报表等；报表可以有多种格式可供选择；可以把报表输出到文件中，可以预览报表、打印报表等。
(4) 系统管理：系统管理员使用，包括用户权限管理（增加用户、删除用户、密码修改等）、数据管理（提供数据修改、备份、恢复等多种数据维护工具）、系统运行日志、系统设置等功能。

可选功能（根据时间自己决定是否实现），如：
(1) 商品预定。

(2) 退货处理。
(3) 各种销售优惠措施,如根据顾客购买的商品数量或/和时间给予不同的价格。
(4) 对描述商品的基本信息可进行动态定制,如系统管理员在必要时可删除商品的"供货商"属性,同时增加"库存数量"属性。对于这种类型的需求变化,整个系统不需要重新实现。
(5) 其他自己觉得有必要实现的功能。

实现要求:
(1) 重点在分析和设计。
(2) 商品的基本信息由自己确定,例如可以有价格、商品供应商、库存数量等属性。
(3) 系统的使用者包括顾客、采购员、售货员、总经理和系统管理员 5 种。系统管理员可以使用系统的所有功能,顾客、采购员、售货员、总经理所能使用的功能由系统管理员设置。
(4) 提供一定的安全验证机制,例如用户身份在登录时验证,不同用户对页面的访问权限不同。
(5) 实现时不要求有完整的实现,可以简化。如对数据库进行查询时可以用伪查询语句代替,每次返回值都一样。
(6) 报表管理可以不用实现。
(7) 系统管理中的数据管理、系统运行日志、系统设置可以不用实现。

20. 设计题目:图书借阅管理系统 miniLib
    基本功能要求:
    (1) 图书管理:新书登记,图书查询,图书注销。
    (2) 借阅管理:借书,还书,查询今日到期读者。
    (3) 读者管理:增加读者,删除读者,查询读者,读者类别管理(可以设置不同类型的读者,并使不同类型读者对应不同的图书流通参数,如可借册数、可借天数、可续借次数、可续借天数等)。
    (4) 报表管理:包括图书借阅统计报表、被注销图书统计报表等;报表可以有多种格式可供选择;可以把报表输出到文件中,可以预览报表、打印报表等。
    (5) 系统管理:系统管理员使用,包括用户权限管理(增加用户、删除用户、密码修改等)、数据管理(提供数据修改、备份、恢复等多种数据维护工具)、系统运行日志、系统设置等功能。

    可选功能(根据时间自己决定是否实现),如:
    (1) 预约借图书。
    (2) 图书到期催还,图书丢失赔偿,过期罚款。
    (3) 对描述图书的基本信息可进行动态定制,如系统管理员在必要时可删除图书的"类别"属性,同时增加"语言"属性。对于这种类型的需求变化,整个系统不需要重新实现。

(4) 其他自己觉得有必要实现的功能。

实现要求：

(1) 重点在分析和设计。
(2) 图书的基本信息自己确定，例如书名、作者、出版日期、当前借阅状态等属性。
(3) 系统的使用者包括读者、图书管理员、系统管理员 3 种。读者可以查询图书；图书管理员可以完成图书管理、借阅管理；系统管理员可以使用系统的所有功能。
(4) 提供一定的安全验证机制，例如用户身份在登录时验证，不同用户对页面的访问权限不同。
(5) 实现时不要求有完整的实现，可以简化，如对数据库进行查询时可以用伪查询语句代替，每次返回值都一样。
(6) 报表管理可以不用实现。
(7) 系统管理中的数据管理、系统运行日志、系统设置可以不用实现。

附　　录

本附录中是两套模拟试题及答案,对于部分答案给出了解释。模拟试题中的一些题目可以作为 UML 应用的一些实例,希望读者做完这些题目后可以加深对 UML 的认识。

附录 A　模拟试题(一)及答案

模拟试题(一)

一、判断对错题(共 10 题,每题 2 分,对的标"T",错的标"F")

1. 一个状态图最多只能有一个初态和一个终态。
2. 协作图中的消息必须要有消息顺序号。
3. 两个参与者(actor)之间可以有包含(include)关系、扩展(extend)关系或泛化(generalization)关系,而包含关系和扩展关系是依赖(dependency)关系的版型。
4. 参与者(actor)和用例(use case)之间的关系是关联(association)关系。
5. 参与者(actor)位于所要建模的系统边界的外部。
6. 类 A 和类 B 之间的关系如图 A.1 所示,则称类 B 中的 getName()方法是对类 A 中的 getName()方法的重载(overload)。

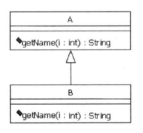

图 A.1　getName()方法之间的关系

7. 在顺序图中无法表示要重复发送的消息,但在协作图中可以表示要重复发送的消息。
8. 一个软件系统,如果只有源代码,缺乏其他相应的辅助文档,如缺乏顺序图和类图,则可以利用 Rose 进行逆向工程得到顺序图和类图,但得到的顺序图和类图会比较简单。
9. 如图 A.2 所示是抽象工厂(Abstract Factory)设计模式的一般结构。抽象工厂设计模式的一个特点是,如果要增加新的产品(Product)类型,如在已有的 AbstractProductA 和 AbstractProductB 外再增加新的 AbstractProductC 及相应的具体子类,则很容易通过新增加一个具体工厂(Factory)类并继承 AbstractFactory 类就可以适应这个需求的变化,原来的一些类不需要做改动。

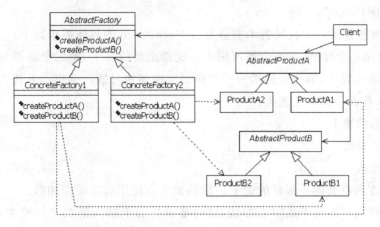

图 A.2 抽象工厂设计模式

10. RUP 软件开发生命周期中有 4 个核心工作流,即初始阶段(Inception)、细化阶段(Elaboration)、构造阶段(Construction)和移交阶段(Transition)。

二、**单项选择题**(共 18 题,每题 2 分,每题选一个正确答案)

1. 一个设计得好的 OO 系统具有
   (A) 低内聚、低耦合的特征
   (B) 高内聚、低耦合的特征
   (C) 高内聚、高耦合的特征
   (D) 低内聚、高耦合的特征

2. UML 中的扩展机制之一约束(Constraints)是用下面哪种方式表示的?
   (A) 只能用[text string]这种方式
   (B) 只能用{text string}这种方式
   (C) 只能用(text string)这种方式
   (D) 上面任何一种方式都可以

3. Statopia 是一家大型公司,由于公司业务的扩大,准备对公司已有的软件系统进行升级,因此委托 ObjectR 公司负责该项工作。Statopia 公司所使用的系统是很久以前开发的,且不是用 OO 方法开发的,该系统非常复杂,而且系统使用多线程来处理公司中并发的业务请求。由于系统开发出来后经过多次修改,因此最初的系统开发文档已经过时。ObjectR 公司的专家建议在对系统升级前和 Statopia 公司的高层管理人员开一次讨论会,以便能更好地了解目前所使用的软件系统。那么在这次讨论会中,下面几个图中哪个图是最有用的?
   (A) 状态图(Statechart Diagram)
   (B) 部署图(Deployment Diagram)

(C) 活动图(Activity Diagram)

(D) 顺序图(Sequence Diagram)

4. Coolsoft 准备开发一个自动餐卡服务系统 Coco,Coco 的具体需求如下：

Coco 将使用三个插槽,第一个插槽用于系统送出新的餐卡,第二个插槽用于在向餐卡中加钱时插入餐卡,第三个插槽用于在向餐卡中加钱时插入纸币。系统运行时会显示一个界面,界面中有 3 个选项:

(1) 获取新的餐卡

(2) 为餐卡加钱

(3) 打印收条

选项 1 允许用户获得一张新的餐卡。新的餐卡在使用前必须先加钱。

选项 2 允许用户为新卡或旧卡加钱,这时要求把餐卡插入第二个插槽中,把纸币插入第三个插槽中。

选项 3 允许用户打印与加钱活动有关的收据,或打印餐卡最近一次使用情况的收据。

在开发 Coco 系统完成上述功能时,下面几个图中哪个图是最有用的?

(A) 构件图(Component Diagram)

(B) 状态图(Statechart Diagram)

(C) 活动图(Activity Diagram)

(D) 部署图(Deployment Diagram)

5. "一个研究生在软件学院做助教(teaching assistant),同时还在校园餐厅打工做收银员(cashier)。也就是说,这个研究生有 3 种角色:学生、助教和收银员,但在同一时刻只能有一种角色。"

根据上面的陈述,下面哪种设计是最合理的?

(A)

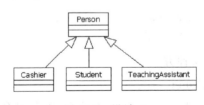

图 A.3　设计 A

(B)

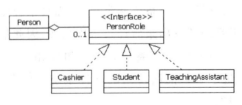

图 A.4　设计 B

(C)

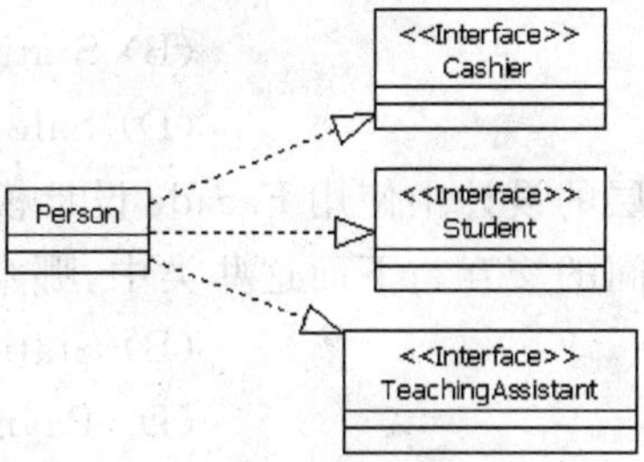

图 A.5 设计 C

(D)

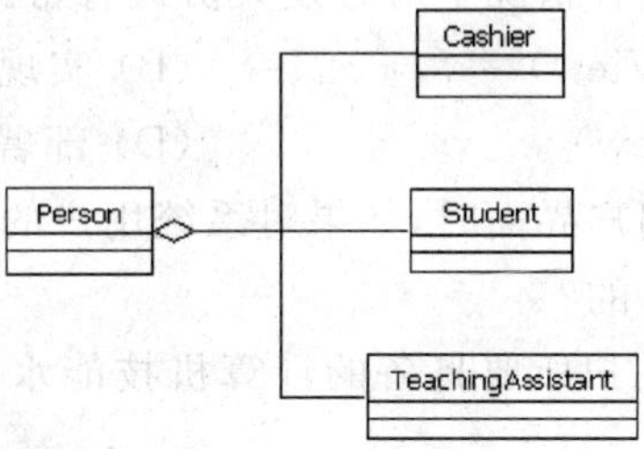

图 A.6 设计 D

6. 为了描述和理解系统中的控制机制,如为了描述一个设备控制器在不同情况下所要完成的动作,下面几个图中哪个图是最有用的?
   (A) 交互图　　　　　　　　　　　　(B) 活动图
   (C) 状态图　　　　　　　　　　　　(D) 类图

7~8 题参考书店库存管理系统的类图 A.7。

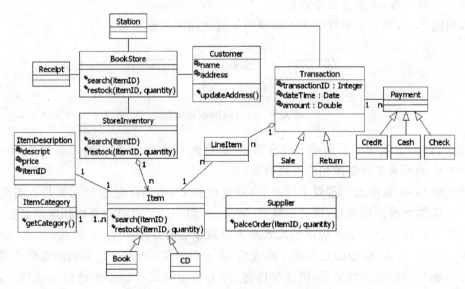

图 A.7 书店库存管理系统的类图

7. 下面几个类中,最有可能负责创建 Transaction 类的是哪个?
   (A) LineItem (B) Station
   (C) Payment (D) Sale

8. 可以在表示层和业务逻辑层的设计中使用 Facade 设计模式,把某个类作为 Facade,负责表示层和业务逻辑层之间的交互。下面这些类中,哪个类最适合作为 Facade?
   (A) Customer (B) Station
   (C) BookStore (D) Payment

9. 一个机票预订系统运行后发现系统的响应时间很慢,初步分析认为是系统的吞吐量(throughput)低于平均水平。开发人员准备解决系统响应时间慢的问题,请问在下面几种视图中,哪种视图在这种情况下对开发人员最有帮助?
   (A) 用例视图(Use Case View) (B) 实现视图(Implementation View)
   (C) 进程视图(Process View) (D) 部署视图(Deploymnet View)

10. 在设计一个应用系统的用户界面时,如果对系统用户的计算机技能水平不是很清楚,那么下面那种方法是最好的?
    (A) 确定使用该系统的用户所要具备的计算机技能水平,并安排对用户进行必要的培训。
    (B) 确定使用该系统的用户所要具备的计算机技能水平,并提供详细的系统联机帮助,当用户需要帮助时,能迅速获得这些帮助。
    (C) 开发一个用户界面部分的原型,并做一些可用性测试以发现用户使用过程中会存在的问题,将这些问题用文档详细说明,并与最终系统一起交付给用户。
    (D) 开发一个用户界面部分的原型,并做一些可用性测试以确定用户的计算机技能水平以及用户使用什么样的界面操作会比较满意。根据测试结果对系统界面做一些修改,并重复这个过程。

11. 根据图 A.8,判断下面哪句话正确说明了包之间的依赖关系。

图 A.8 包之间的依赖关系

(A) 对 Loan 包中的元素做了修改后,需要检查 Customer 包中的元素和 Account 包中的元素是否要做相应的修改。

(B) 对 Loan 包中的元素做了修改后,需要检查 Customer 包中的元素是否需要做相应的修改。如果是,则还要检查 Account 包中的元素是否要做相应的修改,否则不再检查 Account 包中的元素是否要做相应的修改。

(C) 对 Account 包中的元素做了修改后,需要检查 Customer 包中的元素是否需要做相应的修改。如果是,则还要检查 Loan 包中的元素是否要做相应的修改,否则不再检查 Loan 包中的元素是否要做相应的修改。

(D) 对 Account 包中的元素做了修改后,需要检查 Customer 包中的元素和 Loan 包中的元素是否需要做相应的修改。
12. 根据顺序图 A.9，选择类 Account 必须实现哪些方法。
    (A) withdraw，checkBalance
    (B) withdraw，checkBalance，log
    (C) withdraw，checkBalance，acknowledge
    (D) withdraw，checkBalance，log，acknowledge

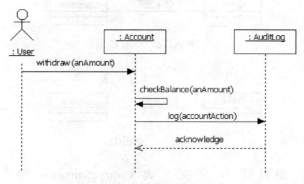

图 A.9　单选第 12 题顺序图

13. 顺序图(sequence diagram)和交互图(interaction diagram)的关系类似于下面哪种类型的关系。
    (A) 类和对象　　　　　　　　　(B) 类和参与者(actor)
    (C) Java 和高级程序设计语言　　(D) UML 和 Java
14. 类和接口的关系类似于下面哪种类型的关系。
    (A) 关联(association)和聚集(aggregation)
    (B) 关联(association)和组合(composition)
    (C) 脚本(scenario)和用例(use case)
    (D) 包(package)和子系统(subsystem)
15. 类和对象的关系类似于下面哪种类型的关系。
    (A) 关联(association)和链(link)　　(B) 用例(Use case)和参与者(actor)
    (C) 包(package)和类图(class diagram)　(D) 聚集(aggregation)和组合(composition)
16. 在类图 A.10～A.13 中，哪个类图中的类 Order 所生成的代码具有

    public class Order
    {
    　public Customer recipient;
    }
    的形式？

    (A)

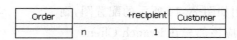

图 A.10　类图 A

(B)

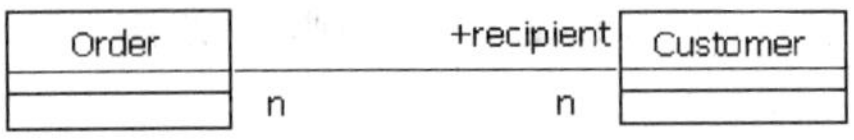

图 A.11 类图 B

(C)

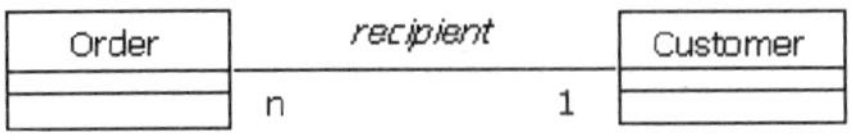

图 A.12 类图 C

(D)

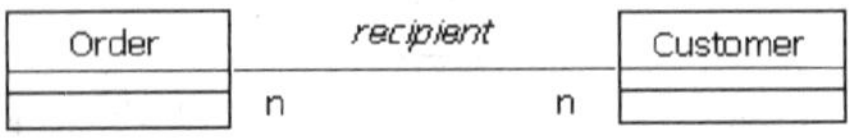

图 A.13 类图 D

17. 在一个课程注册系统中,定义了类 CourseSchedule 和类 Course,并在类 CourseSchedule 中定义了方法 add(c:Course)和方法 remove(c:Course),则类 CourseSchedule 和类 Course 之间的关系是:
   (A) 泛化(generalization)关系　　　(B) 组合(composition)关系
   (C) 依赖(dependency)关系　　　　(D) 包含(include)关系
18. 下面哪个图符表示 UML 中的实现关系?
   (A) 　　　　　　　　　　　　　　(B) 
   (C) 　　　　　　　　　　　　　　(D)

三、多项选择题(共 12 题,每题 2 分,每题选出所有正确答案)

1. 下面哪些陈述是正确的?
   (A) 状态图可以用来描述涉及多个用例的对象的行为
   (B) 一些高级的状态图可以用来描述多个对象之间的关系
   (C) 活动图可以用来描述多个用例间多个对象之间的行为
   (D) 活动图可以用来描述企业中的工作流
2. RUP 所提出的迭代开发过程是
   (A) 一种结构化开发方法,该方法给出了功能分解的具体步骤
   (B) 一种管理软件开发过程的复杂性和对变更进行规划的技术
   (C) 一种自顶向下的开发过程,且开发过程中没有使用数据流图
   (D) RUP 中最重要的特点
3. 一个银行业务系统采用如图 A.14 所示的配置图,则
   (A) 与 GUI 有关的类应该部署在 Branch Client 上
   (B) 这个图表示一个三层的体系结构,不管 Branch Client、Financial App Server、

Database Server 是运行在同一台机器上还是在不同机器上
(C) 为了系统的可伸缩性(scalability),与业务逻辑有关的对象应该部署在 Financial App Server 上
(D) 为了系统的可伸缩性,与业务逻辑有关的对象应该部署在 Branch Client 上

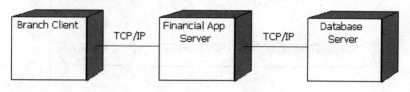

图 A.14　配置图

4. 参考图 A.15,下面哪些叙述是正确的?
   (A) A 和 B 是 Employee 的子类
   (B) 如果一个方法的参数类型是 Employee,则 A 的实例或 B 的实例可以作为参数传递给该方法
   (C) A 和 B 必须实现 getSalary()方法
   (D) 系统中不能创建类型为 Employee 的实例

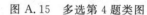

图 A.15　多选第 4 题类图

5. 在构件图中可以包含下面哪些建模元素?
   (A) 接口(interface)　　　　　　(B) 包(package)
   (C) 约束(constraint)　　　　　 (D) 依赖(dependency)关系
6. 在 UML 中,下面类的命名哪些是有效的?
   (A) Account　　　　　　　　　(B) Accounting::Account
   (C) Accounting.Account　　　　(D) Accounting;Account
7. 下面的 UML 建模元素中,哪些在 Rose 2003 中不能直接表示出来?
   (A) N 元关联(N-ary association)　(B) 静态方法
   (C) 抽象类　　　　　　　　　　(D) 类与类之间的组合关系
8. 根据活动图 A.16,下面哪些叙述是错误的?
   (A) 活动 Get property appraised、Verify assets、Check credit rating 可以并发进行
   (B) 活动 Generate closing paperwork、Schedule closing 可以并发进行
   (C) 活动 Get property appraised、Schedule closing 可以并发进行
   (D) 活动 Get property appraised、Generate closing paperwork 可以并发进行
9. 当开始编写代码时,交互图(interaction diagram)可以用来提供哪些信息?
   (A) 消息发送的顺序
   (B) 在什么条件下,消息将被发送
   (C) 一个对象在不同状态之间的转移
   (D) 类之间的关联的多重性信息

   10~11 题参考库存管理系统的类图(部分)A.17 和顺序图(部分)A.18:

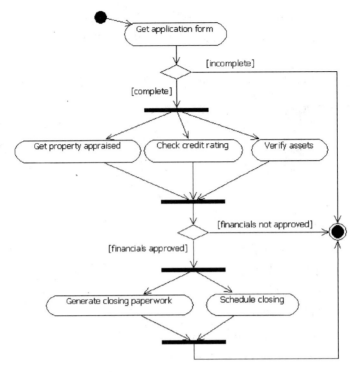

图 A.16 多选第 8 题活动图

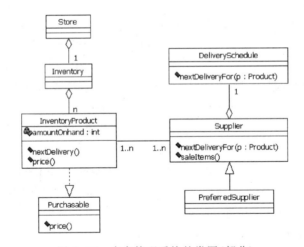

图 A.17 库存管理系统的类图（部分）

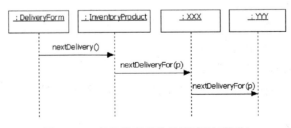

图 A.18 库存管理系统的顺序图（部分）

10. 顺序图A.18中缺了两个类名,用XXX和YYY代替,则XXX和YYY分别可以是什么类?
    (A) XXX = DeliverySchedule, YYY = Supplier
    (B) XXX = Supplier, YYY = DeliverySchedule
    (C) XXX = PreferredSupplier, YYY = DeliverySchedule
    (D) XXX = DeliverySchedule, YYY = PreferredSupplier

11. 如果有新的需求:(1)对已损坏(damaged)的货物的价格进行打折;(2)可以按货物的大小和颜色对货物进行查找。那么应该如何修改类图中相应的类比较好?(图A.19~A.22中的isDamaged()方法可以判断一个货物是否已损坏;location()方法返回货物所存放的具体位置。)
    (A) 增加类InventoryProduct的属性和方法,如图A.19所示,类图A.17中的其余部分不变。
    (B) 增加一个新的类PhysicalProduct用来表示仓库中具体的货物,并在类PhysicalProduct和InventoryProduct类之间建立关联关系,如图A.20所示,类图A.17中的其余部分不变。

图A.19 修改方案A

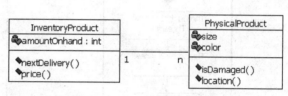

图A.20 修改方案B

    (C) 增加类Inventory的属性和方法。如图A.21所示,类图A.17中的其余部分不变。
    (D) 同时增加类InventoryProduct和类Inventory的属性和方法,如图A.22所示,类图A.17中的其余部分不变。

图A.21 修改方案C

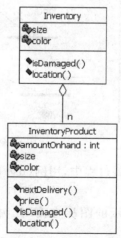

图A.22 修改方案D

12. 下面哪些陈述是错误的?
    (A) 在活动图中,一个活动结束后不能立即紧接着开始另一个活动。
    (B) 在顺序图中,从对象图标垂直向下延伸的一条虚线称为这个对象的生命线,消息可以用两生命线之间带箭头的线段表示。
    (C) 交互图往往用来描述一个或多个用例中多个对象之间的动态协作关系,以及协作过程中的行为次序。
    (D) 活动图可以用于描述一个算法的具体步骤。

四、填空题(共 10 题,每题 2 分,在空格上填入相应的内容,用中文或英文回答都可以)

1. UML 的 3 种扩展机制是版型(stereotype)、约束(constraint)和_____。
2. 用 UML 进行数据库设计时,索引是用_____的版型表示的。
3. 在 UML 的状态图中,表示历史状态的符号是_____。(说明:写出一个表示符号即可)
4. 对于如图 A.23 所示的活动图,最大可能的并发线程数是_____。

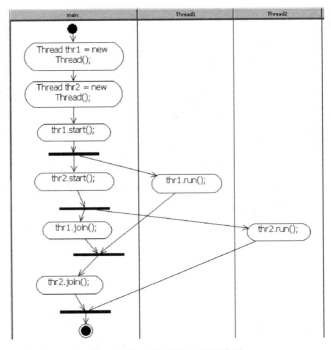

图 A.23　填空第 4 题活动图

5. 在 OO 技术发展过程中,用例(use case)这个概念最早是由_____提出并详细阐述的。
6. 如图 A.24 所示的图标在 UML 中表示 Employee 是一个_____,是类的一个版型。
7. 对象图的模型元素有对象和链(link)。对象是类的实例;对象之间的链是类之间的_____的实例。

8. OO 方法中的多继承可能会引起"命名冲突"问题。在实现时,为了解决"命名冲突"问题,不同的 OO 程序设计语言提供了不同的解决方式。C++是采用成员名限定方式,Eiffel 是采用_____方式。
9. 如图 A.25 所示表示类的图标中,Shape 类的属性 count 前有一斜线,表示该属性是_____属性。
10. 用 UML 进行建模时会涉及 9 个图,Rose 2003 只支持其中的 8 个,还有一个图如果要在 Rose 2003 中表示,则只能用别的图来代替。这个不能在 Rose 2003 中直接表示的图是_____图。

图 A.24　填空第 6 题所用图标

图 A.25　类及其属性

模拟试题(一)答案

一、判断对错题

1. (F) 状态图中只有一个初态,但可以有多个终态。
2. (T)
3. (F) 前半句话不对,应该改为:两个用例(use case)之间可以有包含(include)关系、扩展(extend)关系或泛化(generalization)关系,而包含关系和扩展关系是依赖(dependency)关系的版型。
4. (T)
5. (T)
6. (F) 是覆盖(override)而不是重载。
7. (F) 在顺序图和协作图中都可以表示要重复发送的消息。参见 4.9 节。
8. (F) 目前在 Rose 2003 中,还不能通过逆向工程得到顺序图。
9. (F) 对于抽象工厂这个设计模式,增加新的具体工厂较容易,但要要增加新的产品很困难。
10. (F) RUP 中有 9 个核心工作流。初始阶段、细化阶段、构造阶段、移交阶段等是对软件开发周期中每个循环的阶段划分。

二、单项选择题

1. (B)
2. (B)
3. (C) 注意:题中描述的是高层管理人员在讨论会上用,且是关于公司中的业务请求。
4. (B) A、B、C、D 这 4 个选项对于开发来说都是有用的。但在开发时,用状态图可以表示系统所处的状态,如等待用户请求、等待插入餐卡、等待插入纸币、给卡充值、退卡、打印数据等状态。一个好的状态图可以帮助开发人员更好地理解系统运行时的行为,对于开发很有用。

5. (B) 应该注意这个设计要求的是"同一时刻只能有一种角色"。(C)和(D)这两种设计中 Person 在同一时刻可以同时具有 3 种角色,虽然可以在程序实现时利用某些附加的约束来保证同一时刻只有一种角色,但这样设计毕竟不是好的设计。(A)和(B)这两种设计都可以保证同一时刻只有一种角色,但(A)设计的灵活性较差,别的类将直接使用 Cashier 类、Student 类或 TeachingAssistant 类,如果将来要增加一种新的角色,那么就要增加一个新的类并且继承 Person 类,同时系统的其他部分也要做相应的改动。(B)设计中由于使用了接口,因此系统有较好的灵活性,如果要增加一种新的角色,则只需增加新的类,并且该类实现了接口 PersonRole 即可,而系统的其他部分可以不用改变。(B)设计使用了多态和接口的特性,这种设计方法是 OO 设计的一个重要原则。

6. (C)

7. (B) 选项 A 的 LineItem 类和选项 C 的 Payment 类与 Transaction 类都是多对 1 的关系,所以由 LineItem 类或 Payment 类负责创建 Transaction 类不是好的选择。LineItem 类或 Payment 类创建 Transaction 类并不是不可能,只是这样做会增加系统的耦合度,降低了内聚性。Sale 类是 Transaction 类的子类,由子类负责创建父类也不是好的设计方法。

8. (C) BookStore 类提供了使用 StoreInventory 类的高层接口。

9. (C)

10. (D)

11. (C) 注意包之间的依赖关系没有传递性。

12. (A) 注意返回消息不用在 Account 类中实现。

13. (C) 顺序图是属于交互图,Java 是属于高级程序设计语言。

14. (D) 接口是类的版型,子系统是包的版型。

15. (A) 对象是类的实例,链是关联的实例。

16. (A) 选项 B 中 Order 类和 Customer 类之间是多对多的关系,所有生成的代码中,变量 recipient 会是 Customer 数组类型。选项 C 和选项 D 中的 recipient 是关联的名字,而不是关联两端的角色的名字,对所生成的代码没有影响。

17. (C)

18. (C) 其实 UML 中实现关系的表示图符就像是依赖关系和泛化关系图符的组合,虚线是从依赖关系来的,空心三角形箭头是从泛化关系来的。

三、多项选择题

1. (ACD) 状态图只能描述一个特定对象的所有可能状态,以及由各种事件的发生而引起的状态之间的转移,所以选项 B 不对。

2. (B) 迭代是 RUP 的一个特点,但不能认为是最重要的。RUP 的特点包括用例驱动、以体系结构为中心、迭代和增量开发等。

3. (ABC)
4. (BCD) Employee 是接口,类 A 和类 B 实现了接口 Employee。
5. (ABCD)
6. (AB) UML 中类的命名分简单命名法和路径命名法(即类名前还有所在包名)两种,选项 A 是简单命名法,选项 B 是路径命名法。
7. (A) 目前 Rose 2003 中还不能表示 N 元关联,如果想表示,只能利用 Rose 的扩展机制,用版型模拟出表示 N 元关联的建模元素。
8. (CD) 注意题目要求的是选出错误的叙述。
9. (AB)
10. (BC) 由于子类可以代替父类出现在父类能出现的任何地方,所以选项 C 也是正确的。
11. (B) 同一产品目录(InventoryProduct)会对应多个产品,其中某些产品可能是损坏的,在 InventoryProduct 类中增加 isDamaged()方法并不是很好,所以选项 A 不对;选项 C 在目录(Inventory)类中增加 isDamaged()方法是错误的,且把 size 和 color 属性放在 Inventory 类中也不对;选项 D 的设计是选项 A 和 C 的合集,这种设计没有道理。
12. (AC) 注意题目要求的是选出错误的叙述。交互图是用来描述一个用例(而不是多个用例)中多个对象之间的动态协作关系以及协作过程中的行为次序。

四、填空题

1. 标记值(或 tagged value)
2. 操作(或 operation)
3. Ⓗ(或 Ⓗ*),其中 Ⓗ 只记住最外层的组合状态的历史,Ⓗ* 可记住任何深度的组合状态的历史
4. 3
5. Ivar Jacobson
6. 实体类
7. 关联
8. 方法再命名机制
9. 派生(或 derived)
10. 对象

附录 B 模拟试题(二)及答案

模拟试题(二)

一、判断对错题(共10题,每题2分,对的标"T",错的标"F")

1. 在 UML 中,子系统可以用版型为 << subsystem >> 的类表示。
2. 两个类之间如果存在关联关系,则最多只能有一个关联关系。
3. 在设计类图时,可以不用对类图中的每个关联进行命名,但如果需要命名的话,最好用一个"动词"给关联命名。
4. 如图 B.1 所示,活动 Gesture 和 Stream audio 可以并发进行。

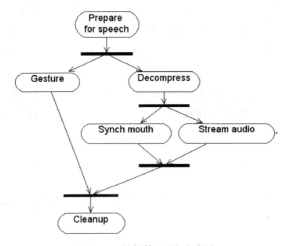

图 B.1 判断第 4 题活动图

5. CoolSoft 公司准备开发一套酒店辅助管理系统,其前端采用触摸屏技术。但各个酒店使用的触摸屏由不同的生产厂家生产,这些厂家包括 Touch Screen 公司、Smart Screen 公司、Small Screen 公司等。各种型号的触摸屏在组成部分上没有差别,只是在外观上有区别。CoolSoft 公司希望开发出来的酒店辅助管理系统可以支持各种类型的触摸屏,一旦前端设备从一种型号的触摸屏转换到另一种型号时,只需要改动一些配置信息即可,整个软件系统不需要做大的改动。那么在设计前端设备驱动程序部分时采用抽象工厂(Abstract Factory)设计模式较好。
6. 如果包 P 依赖于包 Q,则表示包 P 中至少有一个元素以某种方式依赖于包 Q 中至少一个元素。
7. 瀑布式(Waterfall)软件开发方法由 W. Royce 于 1970 年提出,这种方法是一种系统的和循序渐进的软件开发方法,其开发过程是属于迭代式(Iterative)的。
8. 在关联上加限定符可以把多重性是一对多的关联转变为一对一的关联。
9. 在下面的用例图中,用例 A 与 B 之间有扩展关系,C 与 D 之间有包含关系,除此之外 A、B、C、D 没有与别的用例有关系。则用例 A 一定是一个完整的用例,即是可以独立存在的用例,但用例 C 不能保证一定是一个完整的用例。

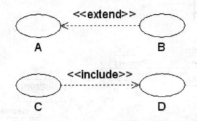

图 B.2　用例之间的关系

10. 在协作图中表示消息时必须要有消息顺序号。

二、单项选择题(共 18 题,每题 2 分,每题选一个正确答案)

1. 类和参与者(actor)的关系类似于下面哪种类型的关系?
   (A) 聚集(aggregation)和组合(composition)
   (B) 关联(association)和链(link)
   (C) RUP 和 UML
   (D) 包(package)和子系统(subsystem)

2. 在如图 B.3 所示的用例图中,label b 表示的是下面 4 个选项中的哪一个?

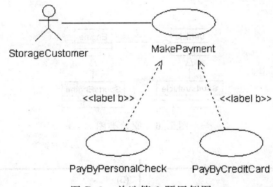

图 B.3　单选第 2 题用例图

   (A) include　　　(B) uses　　　(C) extend　　　(D) generalization

3. Innovation 公司正在为 Rose 开发插入件,使得 Rose 可以把 OOA/OOD 模型以各种图形格式导出,如 JPEG 格式、BMP 格式、GIF 格式等。在导出时,会根据不同的算法来生成相应的图形文件,这些算法很复杂。为了描述这些算法,在下面这些图中,哪个图是最适合的?
   (A) 活动图　　　(B) 状态图　　　(C) 类图　　　(D) 用例图

4. 如图 B.4 和图 B.5 所示是某订票系统的类图(部分)和顺序图(部分),其中顺序图中缺了两个类名,用 XXX 和 YYY 代替,请问 XXX 和 YYY 分别可以是哪个类?
   (A) XXX = BoxOffice, YYY = TourCoordinator
   (B) XXX = TourCoordinator, YYY = BoxOffice
   (C) XXX = Ticket, YYY = Sale
   (D) XXX = Sale, YYY = Ticket

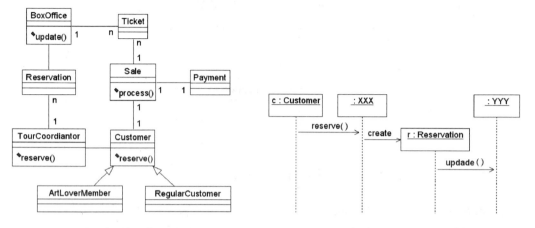

图 B.4 订票系统的类图(部分)　　　　图 B.5 订票系统的顺序图(部分)

5. 在如图 B.6 所示的原始类图中,根据 Liskov 替换原则,只要可以使用 Engine 类型的对象,就可以使用 SportsEngine 类型的对象,也就是说,在这个类图中,Vehicle 类型的对象可以使用 SportsEngine 类型的对象。请问如何改进这个类图,使得只有 SportsVehicle 类型的对象才能使用 SportsEngine 类型对象。如图 B.7 所示哪个类图是符合要求的?

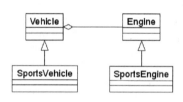

图 B.6 原始类图

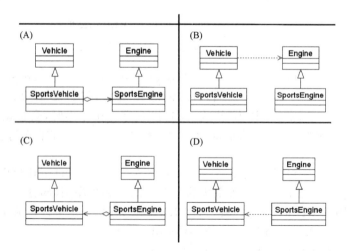

图 B.7 改进的类图

6. 下面4种类型的图中,哪种图可以描述一个用例中多个对象之间的相互协作关系以及协作过程中的行为次序?
   (A) 交互图　　　(B) 状态图　　　(C) 对象图　　　(D) 用例图
7. 如图 B.8～B.11 所示的几个模型图中,哪个能正确表示出"一个雇员(Employee)最多有一个经理(Manager),某些经理管理多个雇员,某些经理不管理任何雇员"这样的意思?
   (A)

图 B.8　模型图 A

   (B)

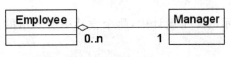

图 B.9　模型图 B

   (C)

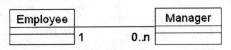

图 B.10　模型图 C

   (D)

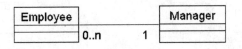

图 B.11　模型图 D

8. 在博物馆管理系统中,有 3 个用例,分别是"购买入场票"、"预订入场票"、"登记画家",其中"购买入场票"是高风险、高业务价值的用例;"预订入场票"是低风险、高业务价值的用例;"登记画家"是低风险、低业务价值的用例。在开发时准备采用迭代式开发,先实现其中的一个用例,那么首先应实现哪个用例?
   (A)"登记画家"用例　　　　　　(B)"预订入场票"用例
   (C)"购买入场票"用例　　　　　　(D) 3 个用例中的任意一个都可以
9. 如果要对一个企业中的工作流程建模,那么下面 4 个图中哪个图是最有用的?
   (A) 交互图　　　(B) 类图　　　(C) 活动图　　　(D) 部署图
10. 如图 B.12 所示中 BookStore 和 Station 之间的关联是限定关联,则 BookStore 类中的声明最可能类似于下面哪种形式?
    (A) class BookStore {
           public Station getStation();

```
            public void addStation(Number initialCash);
            ...
    (B) class BookStore {
            public Station getStation();
            public void addStation(int StationID);
            ...
    (C) class BookStore {
            public Station getStation(int StationID);
            public void addStation(int StationID);
            ...
    (D) class BookStore {
            public Station getStation(int StationID);
            public void addStation(Number initialCash);
            ...
```

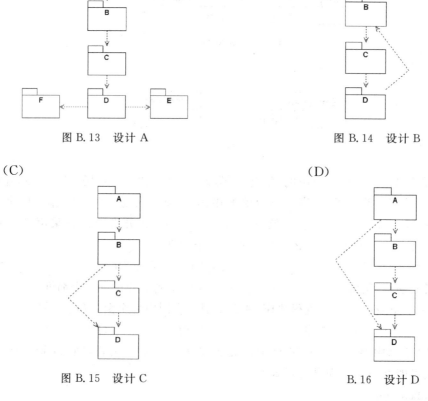

图 B.12 限定关联

11. 如图 B.13～B.16 所示的 4 个设计中,哪个设计中所表示的包之间的依赖关系是最不好的?

（A）

图 B.13 设计 A

（B）

图 B.14 设计 B

（C）

图 B.15 设计 C

（D）

B.16 设计 D

12. 在课程注册系统中,下面哪组方法名和类名的命名是最合理的?（每组中前面的为方

法名,后面的为类名)

(A) register(),VectorStudent　　　　(B) register(),Student

(C) reg(),VectorStudent　　　　　　(D) reg(),student

13. 如图 B.17 所示,类 PaymentController 必须实现哪些方法?

(A) create,process,reserve,acknowledge,commit

(B) process,reserve,acknowledge,commit

(C) payment,save

(D) payment,create,save

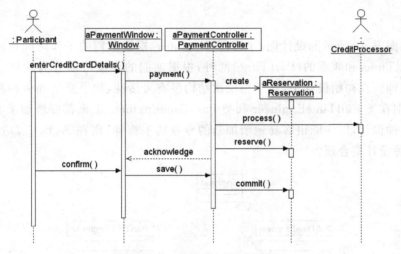

图 B.17　单选第 13 题顺序图

14. 计算机(Computer)由中央处理器、内存、软盘、硬盘、显示器、键盘、鼠标等组成。那么 Computer 类和其他类(CPU、RAM、FloppyDrive、HardDisk、Monitor、Keyboard、Mouse)之间的关系是:

(A) 泛化关系(Generalization)　　　　(B) 实现关系(Realization)

(C) 包含关系(Inclusion)　　　　　　(D) 聚集关系(Aggregation)

15. 参考图 B.18 和下面的代码,下面哪句话是正确的?

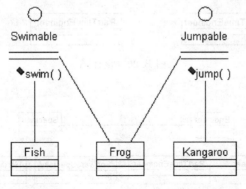

图 B.18　单选第 15 题类图

(A) XXX 可以是 Frog 或 Kangaroo,但 XXX 不能为 Fish
(B) XXX 可以是 Fish 或 Frog,但 XXX 不能为 Kangaroo
(C) XXX 可以是 Fish 或 Kangaroo,但 XXX 不能为 Frog
(D) XXX 可以是 Fish 或 Frog 或 Kangaroo

```
public class JungleSimulator {
  private XXX aVar;
  public void simulate() {
    aVar.jump();
  }
}
```

16. 参考如图 B.19 所示的设计图,工程师(Engineer)根据他们的工作时间可以分为全时的(FullTime)和兼职的(PartTime)两种,根据他们的专业可以分为软件工程师和硬件工程师。在初始设计中,整个类层次结构没有灵活性,如果要增加一种新专业的工程师,则在类 FullTimeEngineer 和类 PartTimeEngineer 下面都要增加子类。如果要改进这种设计,以便能很容易地增加新的专业的工程师,则在 A、B、C、D 这 4 个设计中,哪种设计最合理?

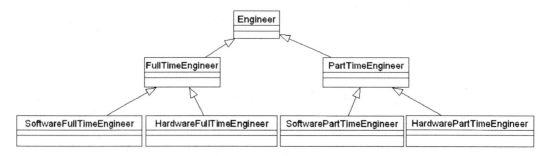

图 B.19 初始设计

(A)

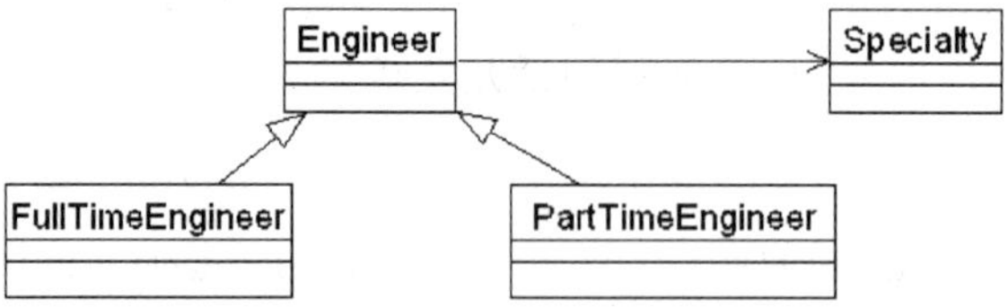

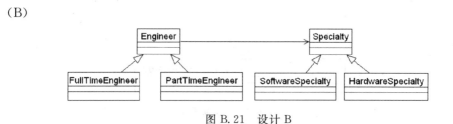

图 B.20 设计 A

(B)

图 B.21 设计 B

(C)

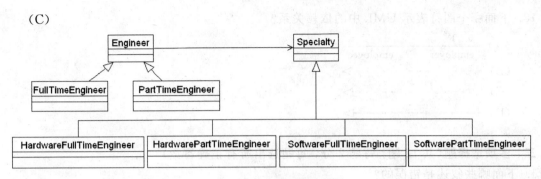

图 B.22　设计 C

(D)

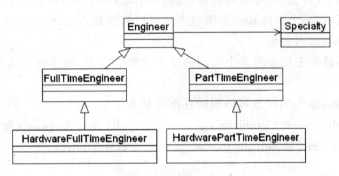

图 B.23　设计 D

17. 参考图 B.24，下面哪种叙述是正确的？
   (A) Component 是类，ImageObserver 是状态，Component 实现了 ImageObserver。
   (B) Component 是类，ImageObserver 是接口，Component 和 ImageObserver 是关联关系。
   (C) Component 是类，ImageObserver 是状态，Component 和 ImageObserver 是关联关系。
   (D) Component 是类，ImageObserver 是接口，Component 实现了 ImageObserver。

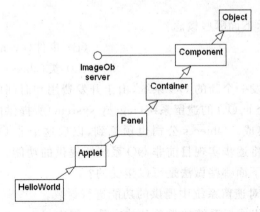

图 B.24　单选第 17 题 UML 图

18. 下面哪个图符表示 UML 中的依赖关系?

(A)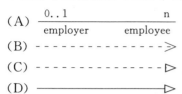

(B) - - - - - - - - - - - - - - ▷

(C) - - - - - - - - - - - - - - ▷

(D) ———————————▷

三、多项选择题(共 12 题,每题 2 分,每题选出所有正确答案)

1. 下面哪些叙述是错误的?
   (A) 消息可以从被动对象(passive object)发送到主动对象(active object)。
   (B) 在状态图中,动作(action)可以被中断,但活动(activity)不能被中断。
   (C) 在构件图中,一个构件和一个接口之间可以有实现(realization)关系,也可以有依赖(dependency)关系。
   (D) 状态图不适合于描述跨多个用例的单个对象的行为,而适合描述多个对象之间的行为协作。

2. 如图 B.25 所示,给定的对象可以同时在哪些状态中?
   (A) Testing devices 和 Command
   (B) Self diagnosis 和 Waiting
   (C) Testing devices 和 Self diagnosis
   (D) Waiting 和 Command

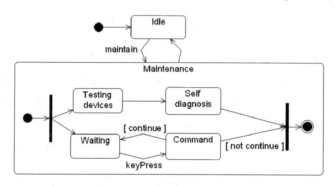

图 B.25 多选第 2 题状态图

3. 在状态图中可以表示下面哪些概念?
   (A) 动作(action)
   (B) 事件(event)
   (C) 转移(transition)
   (D) 类(class)

4. Objects 公司准备开发一个新的 OO 系统,由于开发费用和时间的限制,这个新 OO 系统将使用已有的一个非 OO 的遗留系统(legacy system)所提供的一些功能,因此需要和这个非 OO 系统集成。Objects 公司也预见到,以后这个非 OO 的遗留系统将会被放弃,新的 OO 系统将逐步实现目前非 OO 系统所提供的功能。那么在考虑系统体系结构方面的问题时,下面哪些做法是可以接受的?
   (A) 定义一个接口,对遗留系统中提供的功能进行封装。
   (B) 采用层次结构,组成新系统的类单独放在某一层中。

(C) 采用层次结构,定义一些类来解决 OO 系统和遗留系统之间可能存在的不匹配问题,并把这些类放在某一层中。
(D) 新系统中的类直接调用遗留系统所提供的功能,以增加整个系统的性能。

5. 如图 B.26 所示,下面哪些叙述是不正确的?
(A) 对于每门课程(Course),只能有一个教师(Instructor);对于每个教师可以不教课程或教多门课程。
(B) 对于每个学生(Student)可以学习任意多门的课程,对于每门课程可以有任意人数的学生。
(C) 一个教师可以是一个或多个系(Department)的系主任(chairperson)。
(D) 学院(School)和学生之间的关系是聚集(aggregation)关系

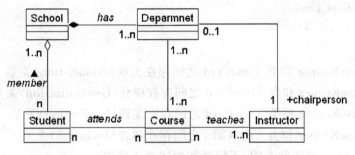

图 B.26　多选第 5 题类图

6. 下面哪些是"纯"OO 程序设计语言?
(A) Smalltalk　　　(B) Eiffel　　　(C) Objective-C　　　(D) C++

7. 如图 B.27 所示,下面哪些叙述是正确的?

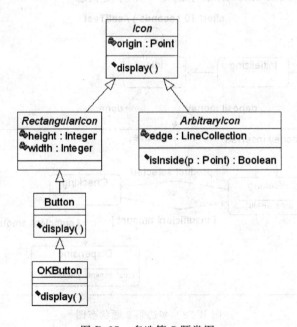

图 B.27　多选第 7 题类图

(A) ArbitraryIcon 是抽象类,ArbitraryIcon 不从类 Icon 继承 display 方法。

(B) 类 OKButton 从 RectangularIcon 中继承了 height 和 width 属性。

(C) 类 OKButton 中的 display 方法是对类 Button 中的 display 方法的重载 (overload)。

(D) 类 OKButton 中的 display 方法是对类 Button 中的 display 方法的覆盖 (override)。

8. 根据下面的代码,判断(A)、(B)、(C)、(D)中哪些叙述是正确的?

```
public class HouseKeeper {
    private TimeCard timeCard;
    public void clockIn() {
        timeCard.punch();
    }
}
```

(A) 类 HouseKeeper 和类 TimeCard 之间存在关联(Association)关系

(B) 类 HouseKeeper 和类 TimeCard 之间存在泛化(Generalization)关系

(C) 类 HouseKeeper 和类 TimeCard 之间存在实现(Realization)关系

(D) 类 HouseKeeper 和类 TimeCard 之间存在包含(Inclusion)关系

9. 根据如图 B.28 所示的状态图,下面哪些叙述是正确的?

(A) 图中的 product selected 表示的是一个事件

(B) 图中的 product selected 表示的是一个活动

(C) 图中的 sufficient amount 表示的是一个警戒条件

(D) 图中的 sufficient amount 表示的是一个并发状态

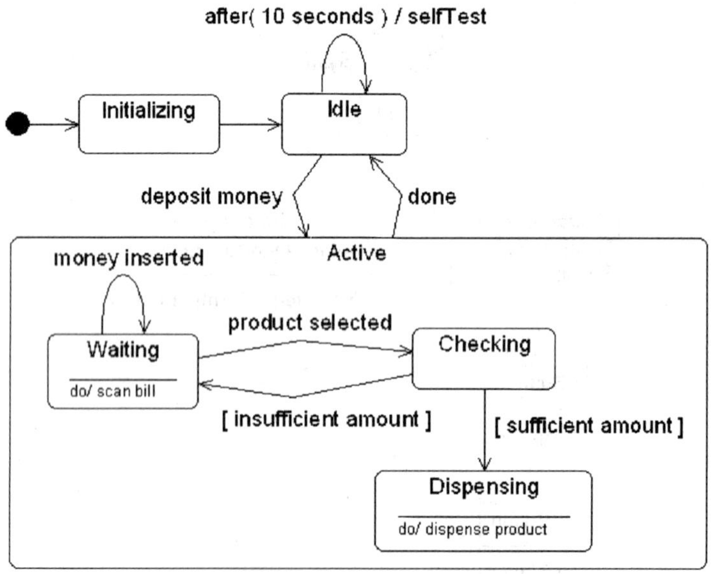

图 B.28 多选第 9 题状态图

10. 与某些 OO 程序设计语言中接口的含义不同,UML 中的接口只包含操作,不包含属性(UML 规范说明 1.5 版本,p3~50)。根据 UML 中接口的含义,下面哪句话是错误的?
    (A) UML 中的接口是可被泛化的元素,即可以定义某一接口的子接口。
    (B) UML 中的接口可以参与单向关联,接口可以是单向关联的源端。
    (C) UML 中的接口可以参与单向关联,接口可以是单向关联的目的端。
    (D) UML 中的接口可以参与双向关联。
11. 下面哪些建模元素不能在协作图(collaboration diagram)中表示出来?
    (A) 状态(state)   (B) 消息序号(message numbering)
    (C) 活动(activity)   (D) 多对象(multiobject)
12. 图 B.29 中没有使用到哪些概念?
    (A) 重载(overload)   (B) 控制焦点(focus of control)
    (C) 约束(constraint)   (D) 生命线(lifeline)

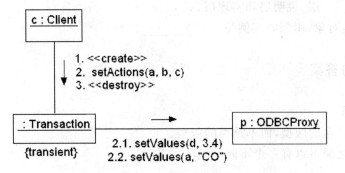

图 B.29 多选第 12 题协作图

四、填空题(共 10 题,每题 2 分,在空格上填入相应的内容,中文或英文回答都可以)
1. RUP 软件开发过程的特点是:_____、以体系结构为中心、迭代和增量式开发。
2. "Design by Contract"是一种较好的软件设计技术,其中的 Contract 包括 3 方面的内容,即前置条件(precondition)、后置条件(postcondition)和_____。
3. 如图 B.30 所示的类图中,"/works for company"这个关联前有一斜杠,表示该关联是_____关联。

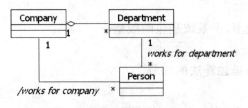

图 B.30 填空第 3 题类图

4. 用例(use case)和参与者(actor)之间的连线称作_____,是关系的一种。
5. RUP 把软件开发生命周期分为多个循环(Cycle),每个循环由 4 个连续的阶段(Phase)

组成。这 4 个阶段是初始(Inception)阶段、细化(Elaboration)阶段、_____阶段和移交(Transition)阶段。

6. UML 中,异常(Exception)可以用_____的版型来表示。

7. 如图 B.31 所示,如果需要描述类 UserGroup 和类 User 之间的关系本身的某些特性,这些特性既不适合放在类 UserGroup 中,也不适合放在类 User 中,那么可以创建一个_____类来描述这些特性,并通过一条虚线使这个类和这个关系相联系。

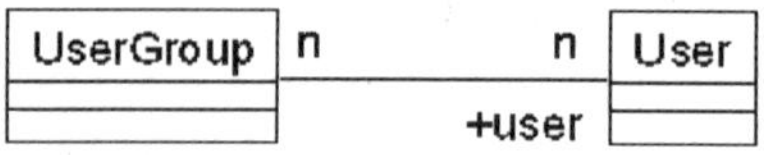

```
UserGroup  n       n  User
                +user
```

图 B.31　填空第 7 题类图

8. 如果把一个类的类名写成斜体字,则表示这是_____类,即不能由这个类直接产生实例。

9. 在软件开发的不同阶段使用的类图具有不同的抽象层次。一般类图可分为 3 个层次,即_____层、说明层和实现层。

10. 类的实例是对象,用例的实例是_____。

模拟试题(二)答案

一、判断对错题

1. (F) 子系统是包的版型,而不是类的版型。
2. (F) 两个类之间可以有多个不同的关联关系。
3. (T)
4. (T)
5. (T)
6. (T)
7. (F) 瀑布式软件开发方法不属于迭代式开发。
8. (T) 利用限定符把多重性从 n 降为 1 或 0..1,是使用限定符的一个目的。
9. (T)
10. (T)

二、单项选择题

1. (D) 参与者是类的版型,子系统是包的版型。
2. (C)
3. (A) 活动图可以用来描述算法的细节。
4. (B)
5. (A) 在实际项目开发中,应该学会这种设计方法。
6. (A)
7. (D)
8. (C) 在软件开发时,应该先实现高风险的用例。

9. (C) 活动图除了可以描述算法外，也可以描述企业的业务过程。
10. (C) 需要注意的是，该题中限定符 stationID 是用在 BookStore 类中，但这不是必须的，可以在别的类中有 stationID 这个属性，起到对 Station 类型的对象进行划分的作用。
11. (B) 包之间的依赖关系不要形成循环依赖关系。
12. (B) 选项 A 中类名 VectorStudent 规定了要使用 Vector 这种数据结构，这是一种不好的设计方法，如果将来类的内部实现用了别的数据结构，则还需要改类名。VectorStudent 类的命名规定了实现的细节，与类的封装性相矛盾；选项 D 的 student 类的名字以小写字母开头不好，一般类的名习惯是以大写字母开头，另外方法名 reg 是简写，也不如用 register 明确。
13. (C) 创建对象的消息不需要实现，如图中的 create 消息，不管是在消息发送者对象所属的类中，还是在消息接收者对象所属的类中都是如此。
14. (D) 在 UML 中，用例之间有包含关系，类与类之间没有包含关系。
15. (A) Jumpable 接口中声明了 jump( ) 方法，而类 Frog 和类 Kangaroo 实现了 Jumpable 接口，所以选项为 A。
16. (B)
17. (D)
18. (B)

三、多项选择题

1. (BD) 消息在对象之间发送，与对象本身是主动对象还是被动对象无关。消息可以在被动对象之间发送，也可以在主动对象之间发送，可以从主动对象发送到被动对象，也可以从被动对象发送到主动对象，所以选项 A 的叙述是正确的。
2. (AB)
3. (ABC) 状态图是针对对象的状态的，不涉及类的概念，所以选项 D 不对。
4. (ABC)
5. (AC) 这个题目不难。需要注意的是，对于多重性的表示，n 和 0..n 的意义是一样的。
6. (AB)
7. (BD) ArtibraryIcon 是抽象类，但不影响从类 Icon 继承了 display 方法，所以选项 A 是错误的。
8. (A) 注意类与类之间没有包含关系，选项 D 在任何情况下都是不成立的。
9. (AC)
10. (BD) 如果接口是单向关联的源端，则接口中会有属性，这与 UML 中的接口的定义矛盾，所以选项 B 这句话是错误的；选项 D 这句话的错误原因与选项 B 一样。
11. (AC)
12. (BD) 消息 2.1 和 2.2 表明 ODBCProxy 类中的 setValues 方法是重载的；{transient} 是作用在 Transaction 类的匿名对象上的约束。

四、填空题

1. 用例驱动（或 use case 驱动）

2. 不变式(或不变量、invariant)
3. 派生(derived)
4. 关联
5. 构造(或 construction)
6. 类
7. 关联
8. 抽象
9. 概念
10. 脚本(或情景、场景、情节、剧本、scenario)

参 考 文 献

[AIS77] Christopher Alexander, Sara Ishikawa and Murray Silverstein. A pattern language: towns, buildings, construction. Oxford University Press, 1977

[Amb03] Scott W. Ambler. The Elements of UML Style. Cambridge University Press, 2003

[BB02] Wendy Boggs, Michael Boggs. Mastering UML with Rational Rose 2002. Sybex, 2002,
——介绍 Rose 的具体使用方法,适合于 Rose 初学者。
——有中译本《UML 与 Rational Rose 2002 从入门到精通》,邱仲潘等译,电子工业出版社,2002 年。

[BRJ99] G. Booch, J. Rumbaugh, I. Jacobson. The Unified Modeling Language User Guide. Addison-Wesley, 1999
——英文版是学习 UML 的必备书。
——有中译本《UML 用户指南》,邵维忠等译,机械工业出版社。

[Bro87] F. Brooks. No Silver Bullet: Essence and Accidents of Software Engineering. Computer, April 1987, pp. 10~19
——软件工程领域中影响非常深远的一篇论文。

[Coc00] Alistair Cockburn. Writing Effective Use Cases. Addison-Wesley, 2000
——关于用例分析的一本非常好的书,有中译本《编写有效用例》。

[Con02] Jim Conallen. Building Web Applications with UML (2nd Edition). Addison-Wesley, 2002
——较早论述 Web 建模的一本书,书中提出的用于 Web 建模的版型已被多个 UML 工具采纳。

[EP00] Hans-Erik Eriksson and Magnus Penker. Business Modeling with UML: Business patterns at work. John Wiley & Sons, 2000

[FS99] Martin Fowler, Kendall Scott. UML Distilled: A Brief Guide to the Standard Object Modeling Language (2nd Edition). Addison-Wesley, 1999
——是学习 UML 的极好的入门参考书。

[GHJV94] Erich Gamma, Richard Helm, Ralph Johnson, John Vlissides. Design Patterns: Elements of Reusable Object-Oriented Software. Addison-Wesley, 1994
——设计模式的经典著作,有影印本和中译本。

[Gra01] Ian Graham. Object-oriented methods: principles & practice (3rd edition). Addison-Wesley, 2001
——该书的附录 B:"Seminal OOA/D methods"有对各种 OOA/OOD 方法的综述。

[HMJ00] John E. Hopcroft, Rajeev Motwani and Jeffrey D. Ullman, Introduction to Automata Theory, Languages, and Computation (2nd Edition). Addison-Wesley, 2000

[Jac92] I. Jacobson. Object-oriented software engineering: a use case driven approach. Addison-Wesley, 1992

[JBR99] I. Jacobson, G. Booch, J. Rumbaugh. The Unified Software Development Process. Addison-Wesley, 1999
——该书介绍的内容很经典,但讨论的内容是以 RUP 5.0 版本为基础的,稍显过时。

——有中译本《统一软件开发过程》,周伯生等译,机械工业出版社。

[Kru00] Philippe Kruchten. The Rational Unified Process: An Introduction (2nd Edition). Addison-Wesley,2000

——英文版是学习 RUP 的很好的入门书,介绍的是 RUP 2000 版本,比 Jacobson 写的介绍 RUP 的书[JBR99]要新,也较容易阅读。第 3 版即将出版。

——该书第 2 版有中译本《Raitonal 统一过程引论》,周伯生等译,机械工业出版社。

[Kru95] Philippe B. Kruchten. The 4+1 view model of architecture. IEEE Software, November 1995, Vol. 12, No. 6, pp. 42~50

[Lis88] Barbara Liskov. Data Abstraction and Hierarchy. ACM SIGPLAN Notices, May 1988, vol. 23, No. 5, pp. 17~34

[Mey88] Bertrand Meyer. Object-oriented software construction. Prentice Hall,1988

——该书已有第 2 版。

[Mil56] G. A. Miller. The Magical Number Seven, Plus or Minus Two: Some Limits on our Capacity for Processing Information, The Psychological Review, March 1956, Vol. 63, No. 2, pp. 81~97. Reprinted in [Yourdon,1982], pp. 443~460

[Ost87] Leon Osterweil. Software processes are software too, In: Proceedings of the 9th international conference on Software Engineering, 1987, pp. 2~13

[Par72] D. L. Parnas. On the criteria to be used in decomposing systems into modules, Communications of the ACM, December 1972, Vol. 15, No. 12, pp. 1053~1058

[Par76] D. L. Parnas. On the Design and Development of Program Families, IEEE Transactions on Software Engineering, March 1976, Vol. 2, No. 1, pp. 1~9

[Pet91] A. Spencer Peterson. Coming to terms with software reuse terminology: a model-based approach, ACM SIGSOFT Software Engineering Notes, April 1991, Vol. 16, No. 2, pp. 45~51

[RJB99] J. Rumbaugh, I. Jacobson, G. Booch. The Unified Modeling Language Reference Manual, Addison-Wesley,1999

——是深入研究 UML 的重要参考书,书中给出了很多 UML 的高级使用方法。

[SG96] Mary Shaw and David Garlan. Software architecture: perspectives on an emerging discipline, Prentice Hall,1996

[SY98] 邵维忠,杨芙清. 面向对象的系统分析. 清华大学出版社,广西科学技术出版社,1998

[SY03] 邵维忠,杨芙清. 面向对象的系统设计. 清华大学出版社,2003

——是《面向对象的系统分析》一书的姊妹篇。

[YYW97] 杨文龙,姚淑珍,吴云. 软件工程. 电子工业出版社,1997

读者意见反馈

亲爱的读者：

感谢您一直以来对清华版计算机教材的支持和爱护。为了今后为您提供更优秀的教材，请您抽出宝贵的时间来填写下面的意见反馈表，以便于我们更好地对本教材做进一步的改进。同时如果您在使用本教材的过程中遇到了什么问题，或者有什么好的建议，也请您来信告诉我们。

地址：北京市海淀区双清路学研大厦 A 座 517（100084） 市场部收
电话：62770175-3506
电子邮件：jsjjc@tup.tsinghua.edu.cn

教材名称：面向对象技术 UML 教程
ISBN：7-302-07740-1
个人资料
姓名：_____ 年龄：_____ 所在院校/专业：_____
文化程度：_____ 通信地址：_____
联系电话：_____ 电子信箱：_____
您使用本书是作为：□指定教材 □选用教材 □辅导教材 □自学教材
您对本书封面设计的满意度：
□很满意 □满意 □一般 □不满意 改进建议_____
您对本书印刷质量的满意度：
□很满意 □满意 □一般 □不满意 改进建议_____
您对本书的总体满意度：
从语言质量角度看 □很满意 □满意 □一般 □不满意
从科技含量角度看 □很满意 □满意 □一般 □不满意
本书最令您满意的是：
□指导明确 □内容充实 □讲解详尽 □实例丰富
您认为本书在哪些地方应进行修改？（可附页）
_____
_____
您希望本书在哪些方面进行改进？（可附页）
_____
_____